U0307081

T H E
CREATIVE
SPARK :

[美]
奥古斯汀·富恩特斯
———— 著

丙波
———— 译

GUSTÍN FUENTES

想象力
如何创造人类

有　与　一
关　创　切
　　造

信出版集团 · 北京

HOW IMAGINATION MADE HUMANS EXCEPTIONAL

图书在版编目（CIP）数据

一切与创造有关：想象力如何创造人类 /（美）奥古斯汀·富恩特斯著；贾丙波译 . -- 北京：中信出版社，2018.1
书名原文：The Creative Spark: How Imagination Made Humans Exceptional
ISBN 978-7-5086-8092-7

I. ①— II. ①奥… ②贾… III. ①人类进化 - 历史 IV. ① Q981.1

中国版本图书馆 CIP 数据核字（2017）第 211415 号

一切与创造有关——想象力如何创造人类

著　者：[美] 奥古斯汀·富恩特斯
译　者：贾丙波
出版发行：中信出版集团股份有限公司
　　　　　（北京市朝阳区惠新东街甲 4 号富盛大厦 2 座　邮编　100029）
承 印 者：北京楠萍印刷有限公司

开　本：880mm×1230mm　1/32　　印　张：11　　　　字　数：257 千字
版　次：2018 年 1 月第 1 版　　　　印　次：2018 年 1 月第 1 次印刷
京权图字：01-2017-6209　　　　　　广告经营许可证：京朝工商广字第 8087 号
书　号：ISBN 978-7-5086-8092-7
定　价：59.00 元

致过去、现在和未来勇于想象、创新和学习的每个人

目　录

第四部分　伟大的作品：人类是如何创造出宇宙的

序 宣扬创新和一项新综合研究

提到创新，我们可能会想到莎士比亚或莫扎特、爱因斯坦或居里夫人、查尔斯·狄更斯或玛丽·雪莱、安迪·沃霍尔或安妮·莱博维茨、杰米·奥利弗或朱莉娅·蔡尔德、碧昂丝或普林斯。我们经常会看到某个人或某个特定人群拥有创新的能力，但创新能力不限于美国和欧洲，或者有钱人、近500年来出生的人身上。毕竟，创新能力不限于某个天才或某个非常有创见的思想家在创作作品时的一次单独的努力。创新是由彼此联系的思想、经历和想象形成的。无论是在做物理实验、进行艺术创作，还是在维修机动车，甚至在安排自己微薄的收入不致沦为"月光族"的思考过程中，创新存在于人类生活的每个角落。我们每天都会创新，但我们并非独力完成这个神奇的壮举。

作家玛丽亚·波波娃（Maria Popova）告诉我们，创新是一种"能力"，这种能力可以使我们"进入我们的精神资源库，资源库里有知识、洞察力、信息、灵感以及构成我们思想的所有的片段……并以非凡的新方式把它们结合起来"[1]。考古学家伊恩·霍德（Ian Hodder）持有类似的观点，他认为创新是介于物质现实和我们的想象之间的一个空间，在这个空间里，智力、适应力、能动力、理解力和解决问题的能力集在一起。但他也强调，这是一个完全的社会化过程。[2] 人类学家阿什利·蒙塔古（Ashley Montagu）强调，人类拥有用我们的观念来影响世人并将其转化为物质现实的基本能力。[3] 本书阐述了这些关于创新的观点与人类进化的非凡故事之间的显著联系。

无数个体创新性思考的能力使我们人类这个物种得以繁衍生息，同时，任何创新性行为的首要条件都是合作。

　　一个好汉三个帮，但只有三四个人的合作较为少见，更多情况下，成百上千的人跨越时空通力协作才能出现意义最深远的创新时刻。舞蹈家泰拉·撒普（Twyla Tharp）写道："有时我们通过合作才能快速启动创造力，其他时间（合作）的重心只是简单地放在把事情做好上。在任何情况下，合作良好的团队成员都要比那些团队中最有才华的成员单打独斗取得更大成就。"[4]

　　通过钻研我们的历史，借助最尖端、最先进的科学知识，我们可以看到，创新正是我们如何进化而来、为什么我们是现在这个样子的根源。创新赋予了我们在"是什么"和"可能是什么"之间来回穿梭的能力，[5]这也使我们能够从一个成功的物种进化成一个卓越的物种。

　　人类创新性合作的本质是多层面的，也存在很大的差异，但我们人类所特有的共享意向和想象力成就了今天的我们。[6]

　　创新加上协作驱使着我们的身体、思想和文化向好的或坏的方向发展，这使人类有别于其他物种，因为未曾有其他物种能像人类这样出色地利用创新与协作。作为自然界中的一个物种，我们既不是最坏的，也不是最好的。我们既没有完全脱离生物性，也没有一味盲目地受其约束。并非受繁衍的驱使，并非出于对配偶、资源或权力的争夺，也并非我们对彼此照应使人类脱离于其他物种的倾向，而是创新塑造了我们并使我们变得卓越。[7]这就是关于人类这一物种进化的新故事，关于我们过去和现在的人性的新故事。

关于人类进化的四大误解

　　我们现代人类不就是凶恶雄性的后代吗？在进化史中自然选择偏

爱更凶悍的男性，从而导致了对暴力和性胁迫的生物倾向，我们不就是被进化史打上深深烙印的人类吗？换句话说，我们不是那个天性自私、好斗、酷爱竞争的善于行恶的物种吗？

不是！有位教授矢口否认。

我们人类的物种是这样的：天生具有同情心；无私；懂得合作，在进化的早期就有别于其他灵长类动物，因为我们看重分享食物和其他资源；懂得自我牺牲，并且把集体利益置于个人利益之上。难道不是吗？总之，我们是非常懂得合作与行善的一个物种。

事实也并非如此。

那么，难道我们的本质不是主要由我们赖以生存、带给我们机遇与挑战的环境中的偶然事件造成的吗？与现代化、机械化、城市化和科技化的生活相比，我们难道不是应该仍然更适应作为狩猎采集者的传统生活吗？难道不是我们与自己的进化根源出现了现代化脱节，才导致我们出现了心理健康问题，并对生活普遍感到不满吗？

难道我们的智慧没让我们超越生物进化的界限，不受自然环境的压力和限制，让地球为我们的意图服务，反而逐渐给地球带来了危机吗？难道我们不是普罗米修斯的后代，把整个世界都置于自己的统治之下，毁灭世界并最终毁灭我们自己吗？

对不起，仍然不对。

以上是当前关于人类进化和人性的 4 个主流观点。尽管它们都很引人注目，背后都有大量研究文献的支撑，还都有措辞雄辩的记者和科学家为其提供有力的证据支持，但是这些观点也都极其片面，每个观点都过度依赖某些证据和先入之见，主动抛弃或干脆忽视其他重要发现。其中包括过去 20 多年里人类学、进化生物学、心理学、经济学和社会学给我们带来的大量启示。虽然这 4 个观点一直有助于推动我们对人性的理解，但也由此导致了对人性的过度简化和一些严重的误判，比如我们天生就有斗争倾向、我们分属不同的生物种族等观点。也许最重要的是，这些普遍的说法已经掩盖了我们进化核心中的精彩故事，即从史前祖先开始，我们人类是如何通过非凡的创新性合作才得以幸存并且日益蓬勃发展起来的。

这是所有史诗故事的集大成者：作为易危物种和多数猛兽喜欢捕食的猎物，我们人类比任何灵长类远亲都更擅于利用聪明才智、运用集体力量生存下来，让世界变得有意义，让生活变得有希望，在改造世界的同时也改造着自己。

一项新综合研究

无论是躲避天敌、制作并分享石器、控制火、讲故事，还是应对气候变化，我们的祖先都创造性地通过合作来应对这个世界带给他们的每一个挑战。一开始，他们做得只是稍好于他们的先祖和其他类人猿物种。随着时间的推移，这个优势逐渐扩大并得到完善，从而推动他们成为一个独立的物种。

进化论和生物学的近期研究发现和理论变化，比如我们的环境和生活经历会如何影响我们的基因和身体功能的观点，以及在化石记录和古 DNA（脱氧核糖核酸）中的新发现，改变了我们对人类的基本认识。新的综合研究表明，人类获得了一系列独特的神经、生理和社交技能，使我们从很早就开始为了有目的的合作而一起工作、一起思考，而我们的基因只能从一方面解释我们如何在愈加复杂的情况下变得富有创造力。

利用这些能力，我们的祖先开始互相帮助照顾幼小，"幼吾幼以及人之幼"。出于营养层面和社交层面的原因，他们开始分享食物，也会在生存所需之外相互配合。他们以有益于群体的方式行事，而非仅仅为了个体或家庭，这种现象变得越来越普遍。这种创新性合作的准则——和睦相处、相互帮助、相互支持、用日新月异的高超技能思考和沟通的能力使我们转变成了人类，使我们有能力开创足以支撑大规模社区乃至国家的技能。这种协同创新也推动了宗教信仰、伦理制度和精湛艺术品生产的发展，当然也悲剧性地引发并促使我们用更加致命的方式进行竞争。我们用几乎一样的创造力杀死我们物种的其他成员，如同我们操控地球生态到濒临彻底毁灭的边缘一样。然而，尽管人类具有明显而又强烈的破坏性和残酷性，但我们的慈悲倾向在人类进化史中扮演着更为重要的角色。

相比以前的种种研究，本书的目的就是对我们的进化进行一个更加细致、完整和明智的描述。这个新故事基于综合全面的相关研究，研究中有新有旧，交叉了包括进化生物学、遗传学、动物行为学、人类学、考古学、心理学、神经科学、生态学，甚至哲学在内的各门学科。

我在本书中提出的新综合研究建立在近几十年才成形的对进化论最前沿研究的理解之上。自查尔斯·达尔文（Charles Darwin）和艾尔弗雷德·拉塞尔·华莱士（Alfred Russel Wallace）[8] 150多年前首次提出自然选择以来，进化论已发生显著变化。如今，我们对进化过程的最佳理解被称为 EES（延伸进化合成）[9]，其中不仅有自然选择，还包括一系列不同的进化过程，主要用于解释动物、植物和其他所有生命体如何进化、为什么会进化。

正如我们今天所知，进化可以总结如下：基因突变（DNA 中的变化）让我们知道了遗传变异，遗传变异与有机体的生长和发育（从受孕到死亡）相互作用，并在有机体中产生一系列的变化（身体和行为上表现出来的差异）。这种生物学变异可以随着个体迁入和迁出种群（称为基因流）而在一个物种内到处散播，有时偶然事件会改变种群中分布的遗传变异（称为遗传漂移）。这种遗传变异大多可以通过繁殖以及其他形式的传播和遗传代代相传。接着就有了自然选择。

自然选择并不像大多数人想象的那样。它是一个产生不同的变体以应对环境约束和压力的过滤过程，而不是在一个致命的生存竞争中那个最大者、最坏者或"最适宜者"通过争斗而适者生存的过程。让我们设想一个场景，有一个大过滤器，上面有多个特定尺寸的开口（尺寸大小随环境条件的变化而变化），然后再设想有一些不同尺寸和形状的生物体（变种），这些生物体必须依次通过过滤器才能繁衍并留下后代。那些能够通过过滤器开口的生物体能够成功繁衍，而那些没通过的则不能繁衍。一些成功的变异物种由于其特殊的尺寸和形状而比其他物种更便于通过过滤器的开口，这让它们留下了更多的后代（这些后代则遗传了其特殊的尺寸和形状）。这一基于环境压力而一代代过滤变种的过程就是自然选择。因此，在进化中，变异的类型与模式和环境的压力都非常重要。

目前我们认识到，以下4种遗传系统都能提供影响进化过程的变异模式。

1. 基因遗传是DNA编码的基因传递[10]，代代相传。

2. 表观遗传影响身体中与发育相关的系统的各个方面，这些方面可以遗传给下一代，DNA中未必有其根源。例如，母亲在怀孕期间的某些压力因素会影响胎儿的发育，胎儿可能会将这些被改变的特征再遗传给下一代。

3. 行为遗传是行为动作和知识的代代相传，普遍存在于许多动物中，比如雌猩猩们帮助其后代学会如何用石头打开坚果或是用树枝来钓白蚁吃。

4. 象征性遗传是人类独有的，是思想、象征和观念的传承，会影响我们生活和运用肢体的方式，可能会在传给下一代时影响生物信息的传输。

因此，我们必须认识到，与进化相关的变异可能以基因、表观遗传系统、行为，甚至象征性思维的形式出现。

还有另外两个对新综合研究意义非凡的重要的当代理论发现。它们是：一种独特的合作类型、生态构建的过程。

人类已经进化成为超级合作者。蚁群内，细胞间，猎犬、猫鼬和狒狒等动物内部都存在着合作，但它们的合作从来不及人类间的合作那么密集或频繁。合作有许多种定义，所有的定义都可以归纳为为了一个相同的目标一起工作。维基百科（其本身就是一种合作的体现）把合作定义为"有机体为共同利益或互惠互利而共同工作或行动的过程，与为了个人利益而参与竞争相对"。在线韦氏词典中对合作的定义是"共同利益者的联合"。我们每天都在合作，所以我们都知道合作是什么。在某些国家，我们商定在马路的右边行驶，而在其他国家则在左边；我们在杂货店结账时要排队；我们帮助需要帮助的人，不管是帮忙拿着购物袋，还是帮忙开门，抑或是传达联系信息；我们有各自的政府，举办生日聚会，上学，捐钱给慈善机构。合作是人类日常生活的核心。

大多数物种的合作只停留在较低的程度上：非洲猎狗和雌性狮子在狩猎时会合作，猫鼬轮流站岗防备天敌，许多猴子聚集在一起建立同盟关系以应对日常生活的挑战。许多动物聚集在一起么是为了防备天敌，要么是为了通过沟通交流给它们带来些好处。这类合作在大多数生物甚至细菌之间是很常见的。生活在你的肠道中的微生物群之间、它们和你的身体之间形成了复杂的合作和共生关系。生命历史初期，微生物间基本的合作互动为更复杂的多细胞动物形式的出现和发展打好了基础，其中包括狗、猫、鹰、霸王龙和人类。[11]

然而，除了人类以外，动物间有针对性的、复杂的、统筹的合作是不常见的，更不用说可能会付出高昂代价的、长期的合作了。没有其他动物能表现出我们人类合作时那样的强度、稳定性和复杂性。

为什么会这样呢？

一个流行的理论认为，进化主要的刺激是竞争而不是合作。达尔文认为刺激进化的因素是环境的冲突和挑战。许多研究人员一直认为，不仅仅是一般的环境挑战，在冲突中个体（甚至个别基因）之间的竞争才是生命历史长河里进化的真正驱动力。他们的基本观点是，不是物种或群体，而是个体在面临环境的挑战时相互之间的竞争推动了进化。因此，为谋求共同利益而做好事的合作并不是一个好策略。如果大多数生物个体都能合作而只有少部分不合作，那么作弊者不必付出与其他合作者同样的代价和努力，就能获取所有的好处。因此，作弊者就会出人头地，在进化博弈中"赢得"比赛。

人们已经注意到了这个观点存在许多问题。

如果群体中大多数人总是表现得很自私，那么当他们需要作为一个团队来应对挑战时，作弊并不会奏效，他们就会走向灭绝。如果置身于一个社会群体中是成功的关键，那么该群体的成员可以惩罚或驱逐作为威胁，来确保自私的作弊不失控。最近在进化论和经济学中的建模工作通过使用方程式来计算包括合作、背叛或是保持中立在内的投入与产出。这些方程式也把相关性和熟悉度考虑在内，据此我们可以设想各种情况，以了解有机体之间为什么会合作。这个复杂的数学模型[12]表明，作弊者和背叛者不会获得长远的胜利，而且在许多情况下，开展合作是一个很好的策略（即使某个个体不会一直这么做）。这个方程式证实了我们在自然界中所看到的情况。从普遍性上来看，合作和竞争在整个动植物王国里同样相当普遍。我们的祖先没有凭空虚构出合作，他们只是喜欢尝新罢了。

许多动物把合作行为集中在那些与它们有类似基因的动物身上，比如它们的伴侣、亲属，但人类的合作范围远远不止于此，我们与朋友、伙伴、陌生人、其他物种，甚至有时与敌人开展合作。我们也在世代之间、两性之间、群体之间开展合作。这些合作也会不时地发生在其他动物身上，但几乎没有哪种动物之间的合作像人类间的合作那样始终如一、那样广泛。

我们人类拥有回忆过去和展望未来的独特能力[13]（我们的"线下思维"），并通过语言和符号来传递信息。与蚂蚁间的合作不同，人类的合作会涉及一群个体，他们能认识到自己的个性，也会受个性的影响，但他们仍会合作。人类能更有效地计算出可能的合作或竞争所带来的结果，这种认知复杂性长期以来一直是我们倾向于合作的部分原因，不过它也使新颖的欺诈手段层出不穷，我们欺瞒的次数要多于大方承认的次数。我们并不总是合得来，但当我们这样做时，我们就能取得成就。我们之所以能够有别于地球上的其他物种，很大一部分要归功于我们精诚协作的能力，甚至在身处竞争、偶尔欺诈时，仍然能够开展合作。

EES 所有的过程都与人类进化（自始至终出现于本书）息息相关，其中的一个过程尤为重要，即生态构建[14]。这些新奇的观点听起来像行业术语，但我希望你能耐心听我道来。生态构建起源于20世纪80年代，它在进化科学中是一个真正具有突破性的新观点。

生态构建是指通过改造世界施加给我们（每个人）的压力，以应对环境挑战和冲突的过程。一个生态是一个有机体存在于世界中方式的总和，包括有机体的生态、行为和构成其周围环境的其他方面（包括其他有机体）。总之，生态是一个有机体赖以生存和生存方式的生态结合体。

许多有机体"从事"生态构建。河狸建造堤坝，改变了鱼和小龙虾的构造，以及它们巢穴周围的水温和水流量，从而改变世界给它们带来的种种压力。连蚯蚓也会构建生态：到达一个新地方后，它们钻入泥土中，通过摄入土壤，改变土壤的化学结构并使其变得松动，为生活在同一个地方的蚯蚓后代提供一个更好的环境。然而，当涉及生态构建的时候，人类有其独特的特色，如城镇、城市、家畜、农业，不胜枚举。我们通过合作和创新来应对世界带给我们的各种冲突，由此我们实现了自我改造，改变了周围的世界，也成就了我们的身体和心灵。我们人类物种能够实现自我创造——因为我们是一种非凡的生态构建者。

由于我们的行动和所面临的进化压力，我们共同改造了我们的身体、行为和思想。这个过程的历史正是这项新综合研究的核心部分，它不仅告诉我们，我们是如何成就了今天的我们，而且也为我们未来的走向和目标提供了重要的见解。

生命之树上的人类

要讲人类进化的故事，我们必须试着建立一个起点，但时空里单个的点会蒙蔽我们。也许找到人类在自然界中位置的一个更好的方法，是先问问我们在进化成人类之前是什么。

进化生物学家、作家斯蒂芬·杰伊·古尔德（Stephen Jay Gould）强烈主张，我们往往把人类进化看作一系列整队排列的形象的经典图像，从左侧的形似黑猩猩的生物一直成长为右侧完善的人类。这幅图像在科学上是站不住脚的，甚至无法成为一个有趣的故事。人类真正的进化树是用一张巨大而又密集的图表来表示的，图表显示人类是灵长类动物一个小分支上面的一个微小的枝杈，灵长类动物是哺乳动物那一大类里的一个小分支，哺乳动物是脊椎动物那一大类上的一个小分支，脊椎动物是被称为动物的那一个大类里的一个小分支，动物是这个星球上的生命树上面的许多枝权之一。我们知道，所有生命共有一个祖先，出自相同核心分支和边枝的生命类别的关系更为密切。一个人与一颗霞多丽葡萄的 DNA 相似度可能会达到 24%，与一只蜜蜂的 DNA 相似度能达到 44%，与一条狗的 DNA 相似度能达到 84%，与所有灵长类动物的 DNA 相似度能达到 90%，与我们人类最近的表亲黑猩猩的 DNA 相似度能达到 96%。[15]

与人类进化的误导线性图不同的是，黑猩猩（甚至类似黑猩猩的动物）不是我们的祖先，我们和黑猩猩都是大家庭（被称为"类人动物"或类人猿）的一部分，而每一支血统已经彼此独立地进化了 700 万—1 000 万年（人类的血统被称为"人族"，而黑猩猩的血统被称为"黑猩猩属"或"黑猩猩亚族"）。我们确实与黑猩猩和所有其他灵长类动物在生物学和历史中有相当多的相似之处，足以达到惊人的地步。但是进化有连续性和非连续性之分。为了了解是什么使得人类与众不同，我们需要知道我们与其他灵长类动物有哪些相同之处，但更重要的是，我们需要知道我们是如何与它们在进化中出现偏离的，以及为什么会偏离。所以，我们与其他灵长类动物之间的相同之处要比进化论早期批评者认为的多，但恰恰是我们与其他灵长类动物之间的差异而非相同之处更能告诉我们：作为一个物种，我们究竟是谁？

下面我们将开始讲述我们所了解的作为灵长类动物的人类和拥有 700 万年历史的古人类血统。然后，我们将深入钻研新综合研究带来的启示，并找到我们究竟如何成为创新性物种的答案。人类创新火花的秘密在今天仍然能够继续为我们服务。

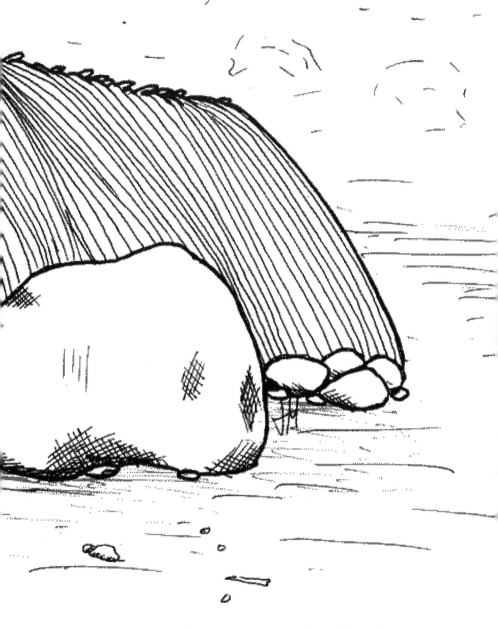

第一部分

棍棒和石头：第一个创新

第一章　会创新的灵长类动物

　　我坐在印度尼西亚巴厘岛的潘当特噶尔圣猴森林公园中央广场里的巨大榕树下，我在这里已经待了几个月，观察多个群体的猕猴，我已经沉醉于它们的社会中。一小群猕猴冲到了树上和位于主庙上面的梯田山坡上。处于统治地位的猕猴队伍漫步走来霸占了它们的地方。一只成年母猴名叫泪珠，给它取这个名字是因为在它的左眼下方有一个泪珠形状的白色胎记，它停留在其他猴子后面大约 30 英尺 ① 远，它总是与其他猴子保持一定距离。我没有刻意关注它，因为我的注意力转移到了占主导地位的雄猴阿诺德和雌猴中的老大短尾身上，它俩联手从两只级别较低的雄猴手里抢夺了一簇木瓜叶和半个珍贵的椰子。我往下看时又注意到了泪珠，现在它坐在离我只有 10 英尺远的地方，盯着地面上的叶子，漫不经心地挠着痒痒。我转过头环顾了一下广场，想了解这群猴子的规模，雄猴、雌猴和小猴子簇拥到一起像一个个小家庭。我感觉有东西轻微地压在我的右腿上，才发现泪珠正在我的旁边，它把左手放在了我的大腿上。在接下来的几分钟里，它安静地靠着我，我们没有注视对方，也没有移动，就这样过了大约 10 分钟，然后它就起身，环顾四周，侧身瞥了我一眼，走开了。1

　　我后来发现，泪珠无法生育，因此它无法融入任何雌猴群和年轻猴群，而它们则是猕猴群体的社会构成核心。但泪珠偶尔会贴近旁边

---

　　①　1 英尺 ≈ 0.305 米。——编者注

的人并靠着他们，像所有的猴子一样，它也需要通过身体接触和社交来让自己活下来。[2] 像所有的猴子一样，它偶尔会用创新的社交来满足需求，毕竟还有一些体型较大、毛发相对较少、似乎乐意与它接触的灵长类动物能让它偶尔接触。它虽然面临困难，但它想出了一个解决问题的新方法。

泪珠是灵长类动物，我们也是，因此我们共同享有社交创新的特性——这也是我们进化成功的主要原因。为了了解人类的故事——我们创新之旅的传奇故事，我们需要认识到，我们（指人类）是哺乳动物，是一种特殊的哺乳动物（灵长类动物）。我们是被称为类人猿（猴、猿和人类）的灵长类动物中一个特定子集的成员，也是被称为古猿（猿和人类）的类人猿中一个特定子集的成员，还是被称为古人类的古猿中一个特定子集的成员。古人类也是人类，是我们的祖先，是一系列已经灭绝的类人动物。

想象一下，把这个星球上的生命史看作一株巨大的有很多分支的灌木，拥有数百万个树枝、枝杈和叶子。那些挨得最近的叶子之间和枝杈之间有亲密的进化关系，因此，我们确实与泪珠处在同一个分支上，但我们各自的枝杈在 3 000 万—2 500 万年前分别走向了不同的方向。所以，不论我们与所有的猴子间有什么共同点，这都是我们的共性，都出现在原来的分支上，我们和猴子的两条线（枝杈）就是在这个分支上出现的。如果我们关注与我们亲缘关系离得最近的灵长类动物非洲猿（大猩猩和黑猩猩），我们的血统从 1 000 万—700 万年前由一个共同的祖先分离开来，因此我们可能会认为我们和猿之间的共同点要多于我们和猴子之间的共同点。在任何情况下，在了解人类的独特之处之前，关于人类，我们需要知道的是，我们得先把自己看作灵长类动物，而不是一开始就把自己当作人类。

正如泪珠，它用自己的方式向我说明了社交关系在猴子和猿的社会中处于中心地位。与它们的亲戚、朋友和潜在的伴侣相处、抚摸和相互陪伴是这些灵长类动物最重要的事情。听起来耳熟吗？社交活动是所有灵长类社会的关键因素，它或多或少是由等级关系、友谊、攻击行为和性等因素构成的。

想象你自己身处巴厘岛的潘当特噶尔圣猴森林公园里的其中一个猕猴群中，但这一次我们要观察那只叫短尾的雌猴，我们为它取这个名字是因为它只有一截尾巴。有人可能会认为，对于长尾猕猴这个物种来说，没有尾巴会是一个问题，甚至会被当作残疾。事实并非如此，短尾在一个近80只猴子的群体里地位最高，地位与泪珠的相反。它会趾高气扬地穿过由它的女儿、孙女甚至重孙女环绕的森林和寺庙。其他的雌猴在它走近时会为它让路，或做个鬼脸屈服；它最喜欢的女儿们和它们的朋友们会把它们的孩子抱来让它梳理打扮；它能吃到最好的食物；当它所在的猴群与那里的其他猴群发生打斗时，它总是占据焦点位置，它甚至经常打头阵，捍卫群体空间的强悍程度都要超过体型较大的雄猴。

雄性长尾猕猴在体型上比雌性长尾猕猴大50%，它们巨大的尖牙（精确地说是犬齿）可以很利落地把肉撕碎，因此在大多数情况下，这些雄猴在任何一对一的冲突中都能轻易控制住雌猴。但是，级别高的雌猴从未出现在一对一打斗的场景中，因为它们比较精明。短尾周围有一帮准备保护它的亲戚，这就意味着级别高的雄猴不会试图去统治它，而是会找它、帮它梳洗打扮、和它一起玩耍，尤其是当它们需要好处时。

社会等级不是等级

在两只猴子中间的地上扔一根香蕉，十有八九它们不会同时来争，而是其中一只会迅速观察一下对方，然后不战而逃，把香蕉让出来。

找到你在等级层次中的定位，知道谁比你级别更高，可以帮助指引灵长类动物的日常生活。在一个等级森严的群组里面，对于谁将获得更好的食物、睡觉场所、梳理伙伴、潜在伴侣等问题，其答案是不言而喻的。当等级关系不明时，群组里可能有一个或两个"老大"（或猴王），其他成员差不多处于平等地位。不管怎样，灵长类动物的等级制度既不森严，也不固定，支配关系是从与朋友和敌人的协商中得来的。大多数情况下，只要快速观察对方，就能确定谁更有权力。这种灵活性反映了灵长类动物在找到创新性社会解决方案方面有窍门。

灵长类动物一生都在交换它们的统治地位和角色，每个灵长类物种都有不同的模式，通过这些模式，某些个体获得支配权或者夺取资源。年青一代在成长过程中必须通过直接的打斗、积累支持者、操纵对手来习得这些模式。支配关系一旦以这种方式确立下来就会相对稳定，但依然会改变。

巴厘岛当地人把一只特别恶毒又好斗的雄性猕猴叫作萨达姆，他们给它取了伊拉克独裁者的名字（这是 20 世纪 90 年代末的事情），我和我的同事们叫它米。在潘当特噶尔 3 个猴群中最小的那个猴群里，它是唯一的成年雄猴，猴群由它、几只快成年的雄猴、6 只雌猴和大约 10 只小猴组成。人们能很容易地认出米所在猴群中的一只雌猴，因为它总是要么头上少皮无毛，要么背上带着伤疤，这些都拜米锋利的犬齿所赐。米以铁腕手段统治着猴群中的每一只猴子。事实上，它甚至统治了附近的人们。当它想赶走他们或者偷他们的食物时，它会经常追赶或者去咬他们。它是个残酷的独裁者，但后来一切都改变了。

米摔了一跤，把腿摔断了。它仍然可以四处走动，但脚步慢下来了，也不能追赶或攻击其他猴子和人了。猴群中有两只年轻雄猴，它们以前对米卑躬屈膝，现在它们很有创意地发挥它们的优势。它们开始推搡米，起初只是试探性的，随后变得更加频繁。与此同时，它们黏在玛的旁边，帮它梳理，讨它的欢心。玛是米猴群里体格最大、最年长的雌猕猴。这一招奏效了，社会潮流转向了，它们采取了行动。米失去了它的地位，最终离开了这个猴群。

统治不是个体的生物学特征，而是一种社会地位。一个个体一生可以经历不同的统治阶层。在你自己的生活中，你可能会发现灵长类动物统治的某些方面，但对于人类来说，统治要复杂得多。人类在如何建立关系以及如何改变或破坏关系方面是复杂的。然而，猴子和其他灵长类动物创造性地操纵它们社交世界的方式给我们提供了指南，灵长类创新的火花在人类世界里变成了创造力的 5 级火警。

当我们思考其他动物尤其是灵长类动物时，我们常常会想到好斗和暴力，但社会创造力远不止于此。和许多灵长类动物一样，雄性长尾猕猴长有尖牙，如果它们在人的大腿上狠狠咬上一口的话，就可以撕开一个 8 英寸① 长、2 英寸宽的伤口。如果它们习惯在攻击时就使用牙齿，我们就会经常看到由牙齿造成的巨大伤害，但是我们没看到。灵长类动物之间大多数的争斗仅限于比较克制的威胁和追逐，真正的肢体搏斗远没有那么频繁。当攻击真正发生时，产生的创伤不如我们所预期的后果严重。灵长类动物会克制住自己的暴力冲动，[3] 通常通过创新性的解决方案来应对社交生活的挑战。

被从猴群赶出后，米四处游荡，独自坚持了近 4 个月。然后，渐渐地，它开始围着核心猴群（短尾的猴群）转悠，但仅限于外围。接下来，它接近几只级别较低的雌猴和它们的孩子，然后做了件真正令所有人惊讶的事：它向它们示好。它会主动帮这些雌猴梳理毛发，甚至和它们的孩子一起玩耍。起初，雌猴们都很警惕，在它当猴王时这

---

① 1 英寸 = 2.54 厘米。——编者注

些雌猴只是远远看过它，知道它不是"暖男"。但是当米坚持再三，它们逐渐改变了态度。几个月后，米来到了猴群中间，与五六只小猴子一起玩耍，惬意地和一群雌猴待在一起，看上去完全变成了一只老实敦厚的猴子。当猴群的其他雄猴来的时候，米就会表现出一副屈服的模样，雄猴们一般不会干涉米的活动。此后不久，米开始与很多雌猴多次交配，得益于它举止沉着，殷勤地帮别的猴子梳理毛发，与小猴子们玩耍，米赢得了好感。几年里米始终如一，它似乎完全改头换面，变换了性格。但事实并非如此，作为灵长类动物，它只是在做它该做的事，并且做得很好。那就是如果你生活在复杂多变的社交生活中，当环境使然时，你就需要找到一个创新性的解决方式来解决问题。等级并不能支配它的生活，米需要的只是顺势而为。

这种能力很容易被忽略和低估，但是我要再说一次，正是由于这种特殊的创新让我们登上了历史舞台，让我们的血统能够世代繁衍下去。

肥皂剧里的故事

生物体需要改变自身并适应环境，否则就要承受相应的后果。动物必须要应对世界的压力才能生存，但灵长类动物不同于以死掉的蜗牛的壳为家的寄居蟹，也不同于通过消化来改变土壤化学成分并使其宜居的蚯蚓。为应对周遭环境的压力，灵长类动物不仅生理上要做出反应，而且还要与周围其他猴子构建起一个和睦、积极的关系网络——一个社会生态。因此，灵长类动物生活中上演的所有的交际、打斗、和解、对地位的争夺可能类似于肥皂剧中的情节，这些行为反映了其对生活压力的一系列成功反应，为其提供了大多数其他物种所没有的缓冲。[4]如果灵长类动物能成功地使用这种缓冲来应对生活的压力，就可以像潘当特噶尔的猕猴一样在生活中开拓出更多的创新空间。[5]

这些巴厘岛猕猴做得很好。它们从周围的森林以及寺庙工作人员和游客那里获取食物；它们身体健康，也不必去很远的地方觅食；它们所获取的食物营养价值非常高，也易于食用。剧情以科学家们所称的"生态释放"为结局。这并不代表猕猴们不用应对来自环境的压力，只是它们所面临的压力并不是特别严峻，因此这些猕猴会有很多闲暇时间。

那么我们就有足够的时间来说说猕猴的新爱好了。

在潘当特噶尔，不论长幼妇孺，猴子们都喜欢玩石块，它们围成一圈在地上、在水坑里磨石块。它们把石块仔细地堆在一起再分开，然后重新堆起来。它们用树叶或纸把小石块包起来，在地上来回滚动石块。它们时不时会用石块作为工具来砸食物或者挠痒痒。[6]除了观赏性（对人类来说）和好玩（对猕猴来说）以外，这种行为没有明显的目的性，而关键就在于此。在闲暇的时候，这些猕猴将把玩东西的嗜好和好奇心（通常与觅食有关）结合起来，能形成相当新奇的行为。玩这种游戏光有闲暇时间是不够的，它们必须要有创造力。

并非只有潘当特噶尔的猴子钟情于此，泰国和缅甸的同类猕猴也以石头和贝壳作为工具。研究人员迈克尔·甘默（Michael Gumert）和他的同事曾描述猕猴使用石头来打开贝壳的情景，他在报道中还提到，猴子在海滩岩石上握住一种锋利的螺旋形的蜗牛壳，并用它撬开猴子们最喜欢的一种食物：贻贝。[7]非洲的研究人员曾历时50多年在数个地点研究过黑猩猩，他们发现黑猩猩用石头砸开坚果、用树枝钓白蚁吃、用树叶喝水。哥斯达黎加研究人员也发表过猴子使用石头和木棍的研究成果。人类不是唯一使用工具的灵长类动物，灵长类动物也不是唯一使用工具的动物。不仅仅是使用岩石、棍棒和贝壳能反映灵长类动物创新的火花，不同群体使用工具的多样性也能反映出创新。

当你自西向东穿越中非，沿途在各个黑猩猩群落驻足时，最惊人的发现之一就是石头和木棍的多样用途和用法，以及什么时候用不上。在某些地方，雌性黑猩猩把锋利的木棒当作小梭镖，把熟睡中的小型灵长类动物夜猴穿起来；在其他一些地方，黑猩猩成群地聚集在坚果树下用石头砸开坚果，有证据表明，在某些地方，这个传统已经延续了200多万年。在另一些地方，黑猩猩携带轻便的树枝走到自己喜爱的白蚁丘旁，用以前留在那里的大树枝砸开白蚁丘，然后用轻便的树枝钓美味的白蚁吃。[8]

在所有这些情况下，创新的作用表现在觅食时借助于实物的帮助，这是在觅食条件不足的情况下想到的解决办法。许多其他动物也做到了这一点，但它们的创造力稍弱一些，只有灵长类动物把工具的使用发挥到了极致。环境中的诸多压力，比如食物匮乏，能够很好地解释很多动物的进化史，而人类将创新的火花烧成了一蓬篝火，压力并非唯一的火种，并非自然界中创新产生的唯一原因。这里我们要注意，觅食方法的多样性不仅仅体现在不同灵长类群体对工具的使用上，也体现在它们的社会传统中。如果这个火花不是特别有创意，那么它仅仅是一个对环境压力的应对之策，我们也不可能有这么多样的觅食方法。

社会传统是创造性的点滴共享，[9]它是群体社交生活的一个组成部分，是通过某种社会学习方式来传承的。在灵长类动物中，一些社会传统与用作工具的石头或木棍有关，但还有许多社会传统则与之无关。

许多人类群体会用特殊的方式彼此问候，从口头问候到亲密的握手致意，其他灵长类动物也如此这般。比如，两只黑猩猩在分开一段时间后会彼此问候，它们经常会走近对方，高高举起双臂，抚摸彼此，好像举手击掌。在黑猩猩群体中，它们在问候时有的会鼓掌，有的会交叉手腕，有的会肘部弯曲互按手臂。更有趣的是，当一只雌猩猩从一个群体转到另一个群体时，它会把原来群体鼓掌的习俗带到新群体中来，有时会成功传播到新群体，有时则不会。[10]

灵长类动物的创新火花来自它们的社交生活方式和以应对环境压力为核心的社会创新。在与人类在生物学和生态学上共同点最多的这些物种身上，我们看到的是社会传统中越来越多的复杂性，这不仅体现在对工具的使用上，更重要的是体现在对新型社交行为的创造上。虽然没达到接近人类的程度，但其他灵长类动物确实能创造出新方法来应对生活的挑战，并发展出新的联系彼此的方式。

我们知道灵长类动物群体包括猴、猿、人类和类人猿，这些群体均表现出了复杂的社交生活。我们和猿类的祖先古猿可能有过更复杂的社交生活。相应地，起源于古猿的古人类最终演变成了人类，他们追随社会复杂化的趋势，开始产生社会生态、制作工具并建立社会传统。[11]

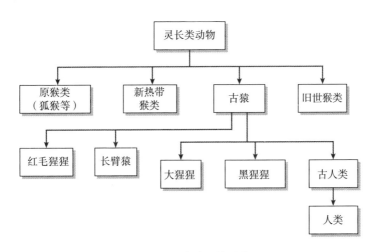

图 1 灵长类动物的分类

在古人类进化的 700 万年里，我们见证了日益复杂的社会生态构成，充满活力的社会群体、社会传统以及简单的工具制作和使用。我们也看到灵长类动物创新的火花被提到了一个新的高度，它们制作工具不仅仅是图实用，还加强了社会学习与合作。总之，它们构建了一条全新的在地球上的谋生之路，那就是一种最终会一劳永逸地战胜一切的方法。

第二章 古人类血统中最后站立的人

如果我们乘坐时光机回到 1 100 万—800 万年前的非洲森林，可能会瞥见人类进化中最受追捧的目标：人类和黑猩猩最后的共同祖先。科学家们称呼其为"最近公共祖先"，我们从很多科幻故事中了解到这些生物不是"缺失的一环"。事实上，没有单一的缺失一环这回事，因为我们的祖先不可能是唯一的，人类进化的过程并非如此。最近公共祖先确实是一个种群或是多个种群，是遍布非洲大部可能也包括地中海地区的群居猿类动物。最近公共祖先们很有可能既在树上生活，也在地面上生活，但它们更多时候会在树上生活。它们大约 4 英尺高，肯定是猿族成员，与黑猩猩、人类或任何其他的类人猿在外形上没多少相似之处，但它们的 DNA、身体和行为方式在黑猩猩和古人类的进化中都起到了关键作用。

最近公共祖先们可能生活在有 10—30 个个体的小群体中，它们一天中会花大部分的时间以更小型群体的形式去寻找果实、嫩叶和长在树皮上的菌类。它们很可能会在晚上一起回到树上睡觉，提防那些夜间捕猎的大型猫科动物和其他猎食动物。它们相互梳理毛发，积极参与到灵长类动物所上演的标准的肥皂剧中的各种关系中：打斗、和解和交配。它们一次只生育一个儿女，生育出的后代可能需要 5 年的时间才能成长为一个能够独立生存的年轻人。最近公共祖先们对黑猩猩和人类的基本影响并不仅限于此。它们可能也会用树枝翻找昆虫和小蜥蜴，也可能已经想出了用石头或重木头砸开坚果的方法。这种技能——这种小小的创新优势[1]使它们有别于周围其他灵长类动物和其他动物。它们与其他猿类动物、猴子、大型猫科动物、小蹄的哺乳动物和一些早期猪类动物等生活在一起。

在900万—700万年前，不同种群的最近公共祖先开始分化。它们迁徙到新的地方，遭遇到新的进化压力。这些不同的群体进化成了许多其他种群和猿类动物，最终横跨非洲中部、东部和南部，形成了两个不同的谱系：古人类和原黑猩猩（黑猩猩属）。黑猩猩的血统不在我们的故事之列，而古人类则进化成了我们人类。

我们没有时光机，无法实时捕捉到这些过程，但我们的确有一些最好的证据：化石和我们最早的祖先所留下的其他活动迹象。利用这些证据，我们可以追踪创新的稳步增长。

人类创造力的早期一瞥

想要从化石记录中了解人类创造力的萌芽，我们面临两个核心问题：

1. 从什么时候起早期的猿类动物不再是猿，而是变成了古人类？
2. 能展示新创意的早期古人类化石是什么样的？

古人类习惯于用两条腿走路，而正因如此，呈近90度角位于脊柱上方的头骨，以及骨盆和下肢的形状反映了这种独特的移动模式（称为两足动物）。所以当我们想知道一个化石是古人类还是其他猿类灵长目动物时，只需要寻找两足动物的标志。

猿类偶尔会坐直或两条腿站立，但当它们走动时往往会四肢并用，所以它们的头骨连接的角度让它们不论坐着还是行走时都能使自己的头部舒适。对于古人类来说，这种移动并非易事。当我们人类试图用四肢行走时，我们不得不抬起头来看着前方，不论时间长短，这样做都很不舒服。对于人类能够直立行走、直视前方的解析在枕骨大孔处遇到了挑战，枕骨大孔就是科学上所说的大洞，它连接大脑与脊髓，古人类的枕骨大孔位于头骨的正下方，而（用四肢行走的）其他猿类的枕骨大孔则更靠近头骨的背面。这就是说一个类人猿的枕骨大孔如果在头骨正下方而非头骨的背面的话，那他就是两足动物，即古人类。此外，古人类的犬齿稍小，与其他的牙齿更相似，而猿类，尤其是雄性的犬齿更大、更突出。

最早的古人类之所以是我们的始祖，是因为他们有三个区别特征：他们都比较像猿类，但他们的化石证明他们是两足动物；他们的犬齿已经变小了；他们都来自非洲。

- 乍得沙赫人（*Sahelanthropus tchadensis*）。其化石发现于今天的乍得，距今已有700万—600万年的历史，头骨上的一些特征显示其能直立行走。现存标本只有几块头骨碎片和几颗牙齿，别无其他证据。

- 图根原人（*Orrorin tugenensis*）。与乍得沙赫人大约出现于同一时间，发现于肯尼亚中部的图根山地区。发现他们的研究人员认为，被发现的几块骨头表明图根原人也是两足动物。这两处最早的疑似古人类都没能给我们提供太多关于创新新途径的线索，也没让我们感到兴奋。第三块化石给我们提供了一个更好的起点。

- 拉密达地猿①（*Ardipithecus ramidus*）。这种古人类游荡在距今580万—440万年的非洲东部森林和混交林地带。这个物种中有一个成员，昵称为"阿迪"，是迄今发现的最完整的化石之一

---

① 拉密达地猿，又称始祖地猿。——编者注

（她大部分的骨骼被保存下来）。在地面上时，阿迪用双腿行走，头部高高昂起，但她的手臂长，抓指长，抓趾大而长，这使得她在树顶和地面之间移动时能够无缝衔接。我们能想象得到，由于她的大脚趾能像大拇指一样伸到侧面，所以她的直立行走与今天的我们不同。与大多数的古猿或猿类动物不同，雄性拉密达地猿只比阿迪稍大一些，雄猿和雌猿的犬齿尺寸差不多大。[2]拉密达地猿的牙齿和颌骨显示他们是杂食性动物，他们在树上和地面觅食。在树上安家、在地上直立行走的能力使他们在行走的过程中解放了双手，而他们的双手也没有闲着。

我们可以想象一下，阿迪和她所在群体中的其他五六个成员在清晨走到结满果实的大无花果树那里，怀里抱着采集来的果实，走过一条浅浅的小河，然后回到他们最喜爱的栖息之地——树上，和群体的其他成员会合。他们坐在那里，狼吞虎咽地吃着成熟的果实，而对岸的猴子、小鸟、松鼠和一群树栖鼠正在为了无花果树上剩余的果实而争斗。

拉密达地猿可能是我们人类血统里第一个经常用双手和胳膊携带东西的物种。我们没有直接证据来证明他们把棍棒或石头当作工具，但鉴于最近公共祖先所有其他的后代都会这么做，拉密达地猿可能至少和他们一样会创新。拉密达地猿可以携带更多、更大的棍棒、石头和采集的食物走更远的距离。"两条腿走路"提供了许多新的交通选择。

阿迪和她的物种创造了新的社交空间，为此后的古人类提供了选择。在许多灵长类动物中，包括类人猿，雄性的犬齿较大，身体比雌性大得多，两性之间存在着高度的冲突和竞争。所以，在拉密达地猿中犬齿尺寸差异和性别差异相对较小的情况表明，阿迪和其他雌性拉密达地猿与雄性拉密达地猿之间保持着更亲密的社交关系和合作关系，这暗示着一切水到渠成。[3] 虽然我们不能肯定，但很有可能由于他们能够用手来搬运并很好地操控物品，从而两性间和个体间开展了更多的合作，我们能从中看到创新模式的雏形，这一模式随后成为古人类成功进化的核心。

到目前为止，前文所述的唯一问题就是，对于拉密达地猿是不是人类的直接祖先这个问题，现在的科学界还未能达成一致。拉密达地猿算是古人类，但可能只是我们人类的一个表亲。抛开直接关系不说，它表明了包括我们在内的人类血统早在 440 万年前就已经获得了创新行为的能力。在接下来的 150 万年里，全部的古人类（有些直接进化成了人类，有些没有）从早期的古人类群体中进化而来，将这些创新行为的能力发扬光大，这比其他任何物种都要更进一步。

从前在埃塞俄比亚的阿法尔地区，17 个古人类[4]（9 个成年人、3 个青少年和 5 个孩子）走在树木丛生的开阔草原上，但他们没有到达他们的目的地。在 300 多万年以后的 1975 年，科学家们发现了他们的残骸，他们身上覆盖的细细的淤泥在他们变成化石时将他们聚拢在了一起。这群古人类，有时被称为"第一家庭"，属于一个被称为南方古猿阿法种（*Australopithecus afarensis*）的古人类物种，他们是在400 万—300 万年前生活在非洲东部的两足动物，但他们的手臂很长，手指也很长（像拉密达地猿，但更像人类），这表明他们知道爬树时能用得着长手臂和长手指。

他们相隔不远变成了化石，这使我们能够合理地确认，这 17 人差不多同时间死亡，但并非由山洪或当地的灾害造成的。虽然有些人假设他们的死亡原因是集体中毒，但一个更好的假设是，他们可能是集体被一只或多只非常大的猫科动物或其他大型猎食动物所袭击了。

我们不知道这群人确切的数目有多少，有可能超过 17 个，但也不太可能过多。我们知道，猎食动物即使三五成群一起狩猎，也只会杀死猎物中的一个或者几个，接着就会停止捕猎，然后就地吃掉猎物或者把猎物的尸体运到另一个地方吃掉。所以，这就意味着这群人中的大多数人甚至所有人可能是留下来试图帮助别人的，而最终他们全都死掉了。如果事实果真如此，那就说明在面对巨大危险的时候，团队成员间选择了一种终极合作，对于大多数动物来说这是不常见的，即使是大多数灵长类动物也不会这样。这样的悲剧事件或许可以作为早期的证据来证明古人类群体能够通力协作，能够比其他动物以更强、更有凝聚力的方式合作，甚至不惜牺牲自己的生命。

大约 320 万年前，现在被称为露西的著名化石，曾是一个活生生的身高近 4.5 英尺的成年女性。这具南方古猿阿法种化石，像阿迪一样，改变了我们对人类历史的看法。露西是由唐·约翰松（Don Johanson）和他的同事们在 20 世纪 70 年代发现的，起名露西是因为他们在发现她的当晚碰巧正在听披头士的歌曲，歌名中带有"露西"。露西是在当时发现的最古老、最完整的古人类化石，她的出现最终平息了一个古老的争论，那就是我们人类变成两足动物是在脑容量变大之前还是之后，结论是我们是在脑容量变大之前变成了两足动物。一系列能追溯到几乎与露西死亡同时代的脚印化石告诉我们，她的直立行走方式与阿迪的相比，更接近于我们人类。因此，虽然她的脑容量并不比拉密达地猿或最近公共祖先的大，但是她更像人类一样能直立行走，她的头在身体上部，目视前方，有时能抬头仰望夜晚的天空。约翰松和他的同事们认为她是我们最早的祖先，是我们的创新之源，以披头士的"缀满钻石天空下的露西"为她命名，的确创意十足。

露西和她同类的创造力在埃塞俄比亚的迪基卡遗址变得尤其显著，那里有动物屠宰最古老的证据。2010 年，研究人员发现了 360 万—340 万年前动物骨头的痕迹，[5] 是迄今发现的最古老的动物屠宰的证据。几乎可以肯定的是，这些痕迹并不是狩猎所致，而是一种投机取巧的食腐行为——获取别的猎食者留下的肉。这些留在像羚羊大小动物的肋骨和股骨上的最早的痕迹是由石器造成的，但研究人员在遗址现场没有发现任何工具。骨头上一些带有清晰痕迹的线条和刮擦，表明肉是切下来或者刮下来的。其他痕迹也说明，石头被用来敲打骨头，要么打碎骨头，要么使肉脱离骨头。在这种情况下，一群动物得到了带肉的骨头，用石片和石块来把肉弄下来，然后把肉和石器都带走。最有可能这么做的就是南方古猿阿法种或当时与其血缘很近的其他两个古人类物种[6]［肯尼亚平脸人（*Kenyanthropus platyops*）和南方古猿近亲种（*Australopithecus deyiremeda*）］。

迪基卡遗址被屠宰动物的骨头说明，在地球史上一个动物破天荒地想出了一个主意：用锋利的石片更有效地把肉从骨头上切下来。锋利的石片可以让古人类把肉从骨头上切除，并把肉带到一个安全的地方，从而提升了获取肉的效率，也减少了获取肉的处理成本。

2015年，在肯尼亚图尔卡纳湖附近一个叫洛迈奎3号地点[7]的地方工作的研究人员有了一个突破性的发现：他们找到了明确的石器的最早证据。这些石器大多是通过有意剥离石片在石头上形成特殊形状和刃缘的石核工具。制作工具的地点还有更大的"石砧"，小石器就是以"石砧"为平台被加工并最终成形的。这些石器已有330万年的历史了，是迄今发现的最古老的石器的例证，是我们的祖先已经跨越了创造性的临界点的一个明确信号。

300万年前，古人类发挥群体优势，通过加工石器[8]来发明新的应对世界的方法。他们从一开始接受世界的馈赠，最大限度地加以利用，到后来获取像石头一样坚硬的东西，并从中看到新的可能性，然后通过改造石头的形状以满足他们的需要。古人类开始改造自己的世界。而且，如果你仔细想想就会知道，石器的构思、试验和制作的创造过程，以及石器的使用和携带方法是需要相当复杂的沟通与协作的。

如果你我看到有人在制作石器，也想试着做一个，我们就会问："你在做什么？""你从哪里得到这些最好的石头？"一旦我们学会这个技能并教给别人，我们会告诉他们"这样做效果更好"。但这些古人类没有语言，他们的脑容量还不及我们的一半，那么这一切是如何发生的？这有点儿神秘，但我们知道，一些灵长类动物有能力通过观察他人，获得制作过程的要点，然后进行大量的反复试验，并把制作过程弄明白，以此来学习如何把石头和石块当作工具使用。然而，古人类把学习过程提高了一个层次：他们开始互相展示如何选择石块、根据不同的形状来制作石器，他们通过手势和敏锐观察的能力而不是语言去彼此观察、学习和模仿。古人类能更好地关注并尝试共同完成一个特定的任务。

进化丛林里出现的人类

回顾一下我们找到的 400 万—200 万年前所有的化石证据，我们所看到的不是一条清晰的一个接一个的人类祖先的线索，而是一大群疑似人类祖先的古人，我们人类就起源于此。

我们在非洲东部和南部的树木繁茂、大草原般的环境里都发现了古人类化石，他们分为几个不同的类型或种别。[9]我们在非洲东部发现的 400 万—300 万年前的古人类主要包括：

- 南方古猿湖畔种（有少量发现）。
- 南方古猿阿法种（发现最多）。
- 南方古猿近亲种（只有一个发现）。
- 肯尼亚平脸人（有少量发现）。

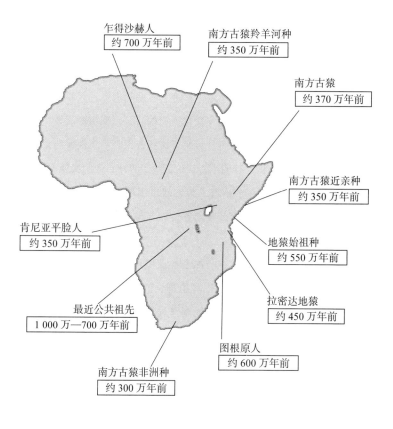

乍得沙赫人
约 700 万年前

南方古猿羚羊河种
约 350 万年前

南方古猿
约 370 万年前

南方古猿近亲种
约 350 万年前

肯尼亚平脸人
约 350 万年前

地猿始祖种
约 550 万年前

拉密达地猿
约 450 万年前

最近公共祖先
1 000 万—700 万年前

图根原人
约 600 万年前

南方古猿非洲种
约 300 万年前

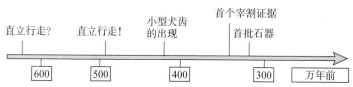

直立行走?

直立行走!

小型犬齿
的出现

首个宰割证据

首批石器

600　　500　　400　　300　　万年前

图 2　首批古人类血统（化石位置及代表物种与年代）

大多数研究人员认为南方古猿阿法种起源于南方古猿湖畔种，但没有多少研究人员认为肯尼亚平脸人或南方古猿近亲种起源于南方古猿湖畔种。肯尼亚平脸人与南方古猿不同，他们的脸很平，南方古猿近亲种的牙齿与大多数已知的南方古猿的牙齿也不同。肯尼亚平脸人和南方古猿近亲种很可能只是南方古猿阿法种的变种，他们也有可能是古人类的独立物种。我们知道，在这一时期的末期，气候变得日益不稳定，栖息地和生态出现诸多变化，物种间有可能相距甚远，也有可能会产生各种别的物种。而且，所有这些古人类小规模聚居，数量上从未很多，来自猎食动物的压力让他们疲于奔命，他们实属不易。

　　从300万—200万年前，古人类的故事出现了一个新转折：古人类中兴起了明显不同的血统，并向各自的方向进化，其中之一便是我们人类。

　　主要出现了两种古人类：一种咀嚼肌和下颌发达，另一种嘴巴和脸稍显细长。我们人类来自嘴巴和脸细长的那一种。极有可能的是，所有这些古人类都曾使用也有可能制作过简单的石器，但只有其中一种的脑容量开始变大，也只有这一种生出的后代最终遍及全球并统治了这个世界。这两种古人类从脖子以下的身体看上去都与露西和第一家庭的身体略有差别，所以南方古猿阿法种有可能是所有出现于大约300万年前古人类的共同祖先，就像最近公共祖先是人类和黑猩猩的共同祖先一样。300万—200万年前的大多数古人类的手脚比起像露西的更像我们的，这些古人类开始完全在地面上生活，永远离开了灵长类动物喜爱的树上生活（尽管我们现在仍然乐此不疲地喜爱树屋）。

　　咀嚼肌发达的那一支，出现在非洲东部和南部，被称为傍人（*Paranthropus*），他们不直属于人类这一支，而是我们的近亲，是两足动物，会制作简单的石器，遭受到很多猎食动物的捕食。他们以能用宽大的牙齿和发达的咀嚼肌嚼碎坚硬的食物而著名。所以当食物短缺的困难时期来临时，他们发达的下颌、咀嚼肌和牙齿能使他们以草和种子为食，不需要找到更有创造性的方法来勉强维持生活，嘴就是他们的主要工具。[10] 他们会使用简单的石器，再加上群体成员之间一定程度的合作（从露西和她的同类那里继承而来的能力），并能在困难时期依靠坚硬粗劣的食物生存下去，这是他们适应世界变化的方式。他们实际上很会使用这个策略，并从 270 万年前一直存活到大约 120 万年前。但在这段时间里，他们没有发生太多变化，他们的脑容量并没有多少增长，他们的工具和行为可能一成不变。

细长脸这一支的故事则不同。发现最早也是最著名的是被称为南方古猿非洲种（Autralopithecus africanus）的物种，他们与露西和她的同类很相似，只是在手脚上有一些细微的差别。他们在非洲南部生活了大约 60 万年（300 万—240 万年前）。在非洲东部还有另一支被称为南方古猿惊奇种（Australopithecus garhi）的类似物种，他们使用的石器（约 260 万年前）看起来或许比 330 万年前的洛迈奎的工具更高级一点，但这类物种的化石很少，所以我们对他们知之甚少。

在非洲南部的南方古猿非洲种要么与最近发现的团队成员（于 2008 年被发现）南方古猿源泉种（Australopithecus sediba）[11] 同时代，要么发展成了南方古猿源泉种。南方古猿源泉种生活在大约 180 万年前的非洲南部，他们的长相奇特，看上去很像人们可以想象到的南方古猿阿法种和最早期人类的混搭。其中最引人注目的是，南方古猿源泉种直立行走的方式在某种程度上不同于那些稍早的人种（阿法种和非洲种），也与同时代的其他古人类略有不同。这表明这个时期有很多古人类的变种，进化中有很多自然实验，环境多变、猎食动物的捕食和其他诸多的进化压力给这些散布在非洲大陆上的小群体带来了挑战。

细长脸那一支面临的挑战则是建立一个生态来使他们与其他所有类似的物种相比能够轻松地直立行走。

我们的血统（人属）作为研究人员所称的古人类"适应辐射"的一部分，在形态与功能上都是一个宏大的进化实验。在250万—200万年前，非洲大陆上生活着三群古人类：非洲东部和南部的傍人、非洲南部细长脸的南方古猿非洲种和源泉种，以及非洲东部和南部细长脸的我们称之为人属（我们就起源于此）的古人类。我们对南方古猿惊奇种不甚了解，因为我们所拥有的化石样本太少，因此我们对此暂且不说。

　　适应辐射是生命形式多样性发展的一条关键途径，这一点在许多物种中已经被发现。如今非洲的湖泊中差不多有上百种不同种类的慈鲷鱼（类似罗非鱼），它们都起源于一个共同的祖先种群。原始种群一度蓬勃发展，后来它们开始相互排挤，由于竞争过于激烈而不利于其中任何一个种群。许多种群因而出现了分支，尝试新的谋生方式：慈鲷鱼扩展的生态范围之广令人惊讶。当一系列新环境得以开发或当压力迫使一群类似的物种以不同的谋生方式竞争时，进化过程促进了一系列形态和行为的实验，一些物种进化成功，另一些则以失败而告终。在这种情况下，多种慈鲷鱼开始经历不同程度的进食压力，这导致了它们嘴部的进化；其他的慈鲷鱼则改变了交配的方式或生活水域的深度。慈鲷鱼在适应辐射的影响下具备了一系列新的形态和功能。

　　我们人类是古人类适应辐射的一部分。今天的人类隶属于人属智人种：我们是古人类血统中最后直立行走的人，是整个700万年的古人类实验中唯一进化成功的人。我们有一些外在特征，使我们与其他一些古人类区别开来；我们的脑容量、体型变大，牙齿变小，但关键的区别，也是一个真正至关重要的问题，就是我们的生活变得更加危险重重，我们更会协作，更加有创造性。

　　疑似人属最早的化石是一块有280万年历史的下颌骨，发现于埃塞俄比亚的莱迪－葛拉鲁遗址。[12]这块下颌骨和上面的一些牙齿既像属于早期的物种（如南方古猿阿法种）又像属于后来的人属，它看起来像一个处于进化过渡期的下巴。并不是所有人都认为这个下颌骨属于人属的一员，但它至少非常接近人属。在南非一个洞穴中还发现了一个有趣的化石群，研究人员称之为纳莱迪人（*Homo naledi*），[13] 这些化石尚未确认具体年份，但是具有像人一样的手和一个真正确切的头骨形状。纳莱迪人在某些方面与其他早期的人属成员类似，但在其他方面则表现出不同。目前还不清楚这些化石在我们人类进化故事中的位置，但它们很可能是人类进化谱系上根源的一部分。我们发现的240万—200万年前的头骨化石、牙齿化石和一些四肢骨骼化石，被大多数人认为属于人属，有充分的证据表明，它们的脑容量变得越来越大。[14]

几乎我的所有同事都一致认为，200万年前的具有我们人类独特血统的古人类在非洲东部及南部均有发现，就是在那时开始有了真正意义上的变化。在数十万年里，伴随着古人类辐射影响下其他血统的兴起，我们的祖先做了古人类未曾做过的事情：他们迁徙的速度加快、距离变长。一些人属群体离开了非洲。我们在中亚（在格鲁吉亚的一个叫作德马尼西的遗址）和东南亚（在印度尼西亚的爪哇岛）发现了大约180万年前的人属化石和使用工具。

180万—40万年前，由于来回迁徙，不断地进出非洲，在亚洲中部、南部和东南亚周围地区徘徊并进入东亚，我们的人种变得越来越多样化。在这一时期还出现了很多不同的人属群体，他们的身体、制作并使用的工具以及他们的行为方面各不相同。在致力于这一时期化石记录的研究人员中，对于有多少人种来回迁徙过存在着激烈的争议，而且这个争议不会在短时间内平息。

新的工具类型、新的行为、新的求生方式，以及人属在非洲、亚洲的大部分地区和欧洲的南部地区的冒险变得司空见惯。这些人属的群体规模仍然很小，他们经常四处奔波，无法与其他群体保持稳定联

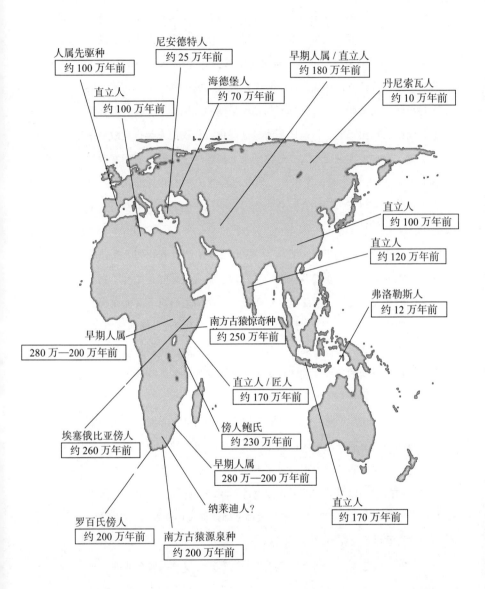

人属先驱种
约 100 万年前

尼安德特人
约 25 万年前

早期人属 / 直立人
约 180 万年前

丹尼索瓦人
约 10 万年前

直立人
约 100 万年前

海德堡人
约 70 万年前

直立人
约 100 万年前

直立人
约 120 万年前

弗洛勒斯人
约 12 万年前

早期人属
280 万—200 万年前

南方古猿惊奇种
约 250 万年前

直立人 / 匠人
约 170 万年前

傍人鲍氏
约 230 万年前

埃塞俄比亚傍人
约 260 万年前

早期人属
280 万—200 万年前

罗百氏傍人
约 200 万年前

纳莱迪人？

南方古猿源泉种
约 200 万年前

直立人
约 170 万年前

26

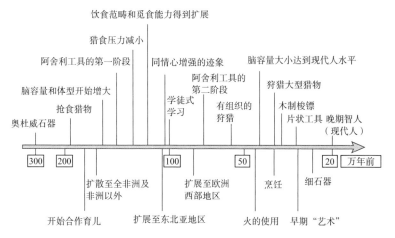

图3　蔓延世界的古人类及其新物种

系，因此他们很容易灭绝。化石记录表明了很多人属群体从出现到消失的历史，有的走到了死胡同，有的出现了小小的失误，有的则完全失败。很难说生活在180万—40万年前的这些人属群体中究竟有哪些给我们留下了基因和行为的遗产。许多群体给我们留下了，但更多的则没有留下什么。

小小的赢家

如果我们在大约180万年前踏上非洲东部的林地，我们会惊讶于我们早期的人类体型有多小，捕猎他们的猎食动物有多大、多密集。当时大多数人属成员身高大约5英尺，一个群体的成员有15—25个，他们在地面上四处奔波，寻找食物和居所，仅有的武器是一些简单的石器和结实的棍子。在非洲大陆上到处走动着巨大的鬣狗、剑齿虎、大狮子、豹子，甚至老鹰，它们都特别喜欢吃这些四处走动的容易消化、蛋白质丰富、两条腿的动物。这些无角、无尖牙利爪的小体型的、直立行走的、赤裸的灵长类动物是如何幸存下来的呢？因为他们开始会创造性地应对这些威胁了。

早期人属还拥有傍人属的其他古人类作为同伴。我们知道，虽然其他古人类与早期人属在身体上相似，甚至可能会制作或至少会使用人属使用过的简单石器，但他们的生态环境要求他们在食物短缺时能咀嚼粗糙的食物。早期人属走了一条不同的道路：他们的脑容量变得越来越大，他们开始更多地依赖工具和其他自身以外的东西来应对来自世界的挑战。我们不知道人属和傍人属之间如何相处，或者他们之间是否存在相互影响，但他们的确居住在同一区域，证据显示大型猎食动物会同时猎杀他们。被吃掉的威胁和对蛋白质的追求是两个关键的挑战，我们的祖先能创造性地应对，而傍人属可能注定因此要灭亡。

显然，人属和傍人属都想避免被吃掉，都想尽力摆脱猎食动物，但他们都缺乏天然的武器和速度，这让他们处于劣势。我们的祖先偶然发现了求生之道，就是让自己与傍人属相比不太可能成为猎物，但他们是如何做到的呢？

更大的脑容量将人属和其他古人类及周围其他的动物区别开来。大脑是最耗时耗力的器官，要想让脑容量变大，需要两样东西：一个更长的成长期（成长时间）和更多的卡路里（构建和运行更耗时耗力的大脑所需的能量）。这导致了一个两难的境地：获取更多热量和蛋白质最容易的方法是吃肉，最好随时可吃到大块的肉，但通过少量的棍棒和石器来捕获到肉食又不太可能。然而，捕猎并不是获得肉的唯一途径，猎食动物有时会剩下一些肉。因此，食腐是一个选择，但这又需要与其他食腐动物竞争。如果有人找到一种方法，能从猎食动物口中夺食，或者确保一旦猎食动物离开就能得到剩余的肉会怎样呢？

受限于棍棒和石器以及简单的沟通方式（当时还没有语言），180万年前的人属既不可能通过直接对抗来打败主要的猎食动物，也不能让傍人（或任何其他共同生活在同一区域的被猎食动物，比如狒狒、羚羊或者猪）主动把自己贡献出来当作人类的主食。没有语言，没有讨价还价的筹码，没有实质性的武器，人属该何去何从？

彼此合作。

携手合作，通过手势和实例交流，我们的祖先学会了其他古人类所不会的合作方式。[15] 人属可能开始慢慢地通过观察大型猫科动物和鬣狗，知道了猎食动物何时占据某些区域，当它们不猎食时做什么，以及它们之间如何互动（或者不互动）。我们的祖先学会了如何确定哪些猎食动物饿了，正在觅食；哪些已经吃饱喝足，不会构成任何威胁。他们发现，当猎食动物有幼崽时特别危险，同时又很脆弱。他们认识到猎食动物之间也有争斗，很多猎食动物会偷其他猎食动物的猎物，食腐的时候要比狩猎的时候更多。人属有可能从那时就开始以手势和声音为信号，不仅仅用以表示猎食动物来了或走了，而且也当作在猎食动物靠近时让群体一起行动的手段，甚至通过信号猜想猎食动物接下来的举动，在猎食动物了解事态之前做好应对的准备。这比大多数其他灵长类动物使用过的交流方式更复杂、更具创造性。这种交流方式为语言的出现打好了基础。

在群体成员之间通过协同合作的方式利用并分享这些经验，最终人属学会了比猎食动物先行一步（在大部分时间里），他们时常会在猎食动物离开后冲向被猎杀的动物残骸，然后用锋利的石器迅速有效地把大块的肉剔除，并安全地带回他们的栖息地。作为一个合作群体，他们是这么做的：一些人剔除肉块；一些人站岗放哨，驱赶前来争食的秃鹫和较小的猎食动物；还有一些人向远处眺望，以确保没有大型猎食动物靠近。而所有这些都需要彼此用咕噜声和手势沟通、彼此信任并合作，这创造出了合作的新水平。

我们可以断定，一些早期人属群体偶然抓住了机遇。在通过协调合作来保护动物残骸和了解猎食动物习性的基础上，他们可能会抓住一个机会，选择一个较为老弱的猎食动物并跟随它。然后，当这个猎食动物捕到猎物后，人属群体就会步调一致地起身、站立起来，摇晃着他们的棍棒，发出咕噜的叫喊声，向猎食动物扔石头——总之他们想把猎食动物吓跑。猎食动物则会逃离这群协调一致、手持棍棒并投掷石头、尖叫着站立起来的古人类。

如果这样奏效的话，猎物就是他们的；如果不奏效的话，这个人属群体的下场就是人数变少。通过每一个新的经验教训，他们都会进行改进。随着这个地区大多数的人属群体都擅于这么做，一个新的生态就构建完成了。

毫无疑问，猎食动物也会注意到，它们以前容易捕食到的一种猎物变得不再那么容易捕猎了，并且越来越难找到他们了，捕猎他们的话也会变得更有风险了，有时走到他们周围都会变成一件危险的事情。如同食物链在不同生态系统中的情况一样，当一种猎物变得难以猎取时，它在优选猎物类别中的排位就会下降，猎食动物会把焦点转移到另一个更可靠的来源，以弥补这个差异。这也许就是傍人属能重回到人类进化故事中来的原因。尽管这并非出于本意，但我们的祖先用创新的方法来对付猎食动物、汲取蛋白质来满足脑容量增长的需求，这么一来，那些与他们生活在同一片非洲森林和草原的其他血统的古人类的生活可能变得更加困难。鉴于傍人面临很多其他的艰难困苦，比如他们长得很矮、直立行走、赤手空拳，作为生活在更新世的猿类动物，傍人的灭亡是不可避免的。我们通过合作创新来应对挑战的能力很可能加速了至少一个其他古人类近亲血统的灭绝。

一旦我们的血统遍布非洲并走出非洲（从大约180万年前，由于非洲和欧亚大陆之间的板块连接已经确立），不同的人种遭遇到了各种各样的新生态和新挑战，这加速了各大洲人种创造力的多样化。有时当人种间或群体间接触时，这些创新成果就会散播开来；群体间通常由于相隔甚远、隔深海冰山相望而经常没有联系。想象一下，欧洲大部分地区和亚洲北部都被冰雪覆盖，冰雪融而又积，形成了山谷和山脉；地中海地区和南亚地区经历数十万年的历程从平原变成了森林，然后又变成了沼泽甚至沙漠；东南亚地区，随着海平面的上升和下降，从数百个孤岛转变成了一大片陆地，随后又重回原来的地貌。随着早期人类的散播，他们发现的地貌是动态的，对他们来说很有挑战性，所以创造力才零星地发展着。

合众为一？

直到最近的 1 万年左右，在任何时间里，地球上生存的人属都不多，可能在超过 100 万年的人类历史的时间里只有一两百万人，而且直到最后的 3 万—2 万年里还不到 800 万人。这意味着，在人类历史的绝大多数时间里，地球上的总人口都不可能填满纽约市（他们或将填满曼哈顿区，也许还能剩余一些住在布鲁克林区）。如今地球上有超过 70 亿的人口，足以填满 1 800 个曼哈顿区。今天我们都是同一物种，甚至属于同一个亚种，但以前并不总是如此。

在我们人属近 200 万年的历史中，出现了很多不同的种群，他们有外形、体型和行为方面的差异。关于如何将他们进行最佳归类，学术界存在极大分歧，但大多数研究者认为一般应将他们归为 4 类，进而划分为多达 11 个不同的物种或亚种[16]：早期形态（能人和卢多尔夫人，也许还包括纳莱迪人），中期形态（直立人、匠人和前人），后期形态（海德堡人、弗洛勒斯人、尼安德特人和丹尼索瓦人）和我们（智人）。我们已经看到了早期形态，但最有趣的故事是从中期形态开始展现的。

直立人是用来描述 180 万—40 万年前几乎所有的人属种群的。[17]直立人散布于非洲并走出非洲，遭遇到了各种新环境，被迫开始了创新与合作之旅。完全现代人模样的两足直立人是在直立人时代出现的，他们的脑容量达到 750—1 000 立方厘米（现代人的平均脑容量约为1 250 立方厘米），他们的童年期变长，新型的石器和木器、新的觅食狩猎方式，甚至火的使用相继出现。不同的直立人种群由于这些新压力和新变化的出现，经历了进化转变期，并产生了后来的人种，包括海德堡人、尼安德特人、丹尼索瓦人、弗洛勒斯人和我们的祖先。其他人种似乎已经偏离了我们的主线，不断在独立的状态下进化，他们并没有和更大的人类基因库产生联系，并最终灭绝。这些单独进化的晚期直立人中的最后一小部分被发现于 4 万—3 万年前生活在东南亚印度尼西亚一个现在叫爪哇岛的地方。

后期形态一般分为 3 类：进化成尼安德特人、丹尼索瓦人的海德堡人，弗洛勒斯人和我们。

弗洛勒斯种群（弗洛勒斯人）是一群体型很小的古人类，他们起源于东南亚的直立人种群。他们有可能约 100 万年前在弗洛勒斯岛（今印度尼西亚的一部分）孤立而居，在 10 万—6 万年前灭绝，此前他们历经一些非同寻常的进化，包括一种极端的侏儒。我们在人属中尚未发现像他们一样的人种。有可能人属进化过程中出现过很多像他们这样的独立的小群体人种。我们的地球一度似乎真的很大——直到最近，因为当时没有很多古人类去占领它，而他们中的大多数已经灭绝了。

海德堡－尼安德特人体型较大，脑容量也大（有的比我们的还大）。他们狩猎觅食，生活在 40 万—3 万年前，分布在非洲北部、欧洲大部分地区、中东和欧亚大陆中部。他们看起来与我们相似，但并不完全相同。丹尼索瓦人只是通过在西伯利亚发现的一些骨骼[18]（可追溯至 4.8 万—3 万年前）和研究人员从这些骨骼中提取到的一些 DNA 为人所知的，所以我们对他们的生活知之甚少。有些人认为海德堡—尼安德特—丹尼索瓦这条线上的人种也曾在东亚被发现，[19] 但在该地区还没有一个足够完好的化石记录可供确认。

这个血统的种群使用日益复杂的石器，后来使用复杂的木器、用火，并能在相当寒冷和恶劣的环境中生存（他们是首批进入北欧和俄罗斯的人种）。他们还制作了一些艺术品和用作装饰的首饰，至少有时会埋葬死人。[20] 他们有创新精神，会创造，相互之间很会合作，今天的我们甚至携带少量他们的 DNA，[21] 但他们不是我们的直接祖先。

我们体内为什么有一些尼安德特人和丹尼索瓦人的 DNA？或者他们的 DNA 是如何进入我们体内的？这两点我们还不完全清楚，但有一点是显而易见的，我们的祖先和他们之间有过交配。我们的血统混合不止体现在一个方面。我们在基因上、行为上甚至可能在思想上都有过混合。这一切是何时以及如何发生的，我们尚不清楚，但 DNA 不会说谎。所以，尼安德特人和丹尼索瓦人可能与我们的直系祖先同属相同的物种。他们更像是来自一个共同祖先（直立人）的旁系群，只不过他们的种群与我们的种群有些偏离。他们当然也是人类，也做过我们的直接祖先做过的很多事情，但并非所有的事情。

直立人种群进出非洲，在非洲四处流动。受这些移动的影响，他们历经身体和行为上的进化。不同地域的变化让他们四处流动，他们对此所做出的反应以及基因方面的转变和混合，开始在这些小种群人类的身体和行为上产生一种特定的模式。就在不到 20 万年前，[22] 非洲的一些人种在头骨、大脑、身体和思想上都得到进化，就像我们的进化一样。

大约 10 万年前（可能更早），我们的一些直接祖先来到了欧洲、

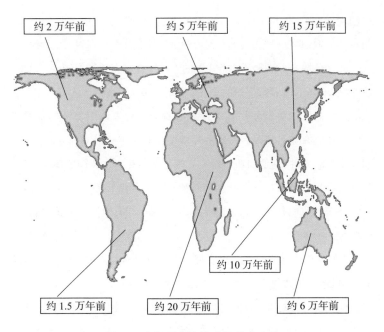

约 2 万年前　约 5 万年前　约 15 万年前

约 10 万年前

约 1.5 万年前　约 20 万年前　约 6 万年前

图 4　晚期智人在地球上的分布情况

中亚和东亚。大约 6 万年前他们发明了航海技术，这让他们能够到达东南亚和澳大利亚附近的岛屿。2 万—1.5 万年前，他们占领了冰冷的北极，跨越北极南下来到了美洲。在数十万年里，他们在四处遇到了其他的人种——尼安德特人和丹尼索瓦人，甚至可能有弗洛勒斯人。我们知道，有时他们之间会交配（至少与尼安德特人和丹尼索瓦人交配过），分享做事的方法、思想和情感，但有时可能也发生过打斗，或者更有可能是他们彼此躲避，小心提防和他们长相类似而又紧张不安的其他人种。无论如何，大约 2.5 万年前，"其他人种"已经不复存在了。[23]

我们肯定有一些独特之处。

我们共同的轨迹

上述所有这些为生存而竞争的古人类亚种在某种意义上会让人混乱不清，因为这让他们听起来像不同的种族。在生物学意义上，一个种族是物种上的一个种群或一组种群，它们与该物种中其他种群有着不同的进化轨迹，生物学家称之为"亚种"。亚种仍处在同一个物种中，与其他物种相比，它们可以相互交配，并有更多的共同之处，但它们处在不同的进化压力下，它们的后代虽是同一物种，却有着明显的区别。有许多方法可以用来测量同一个物种内的种群之间的差异是否足以让它们被划分为不同的亚种，其中包括基因和形态（身体）的测量。这听起来像黑人、白人、亚洲人等诸多类似分类，就像我们现在在人口普查表格（以及普遍的种族观念中）上所看到的，但情况并非如此。

使用任何生物种族（亚种）的测量方法来测量今天的人类，我们得到的答案总是人类只有一个种族[24]，我们都属于同一个亚种。无论是基因、行为、身高、身体、脸部、头部的形状、肤色、鼻子、头发类型，还是任何其他的生物测量，都不能把现代人类划分为不同的亚种。[25] 如果你比较一下来自世界上任何一个地方的两个人之间的遗传差异，都要比来自非洲东部和西部的任何两个黑猩猩之间的遗传差异小得多，这是一个令人震惊的事实。人类遍布全世界，而黑猩猩只有在非洲中部一个相对较小的区域才能找到，但人类之间基因的相似度要高得多。这种比较模式与所有人类和其他任何哺乳动物之间的比较模式几乎是相同的，我们是世界上最具遗传凝聚力和分布最广泛的动物之一，这种组合在动物王国里是极为罕见的。这种测量方法得出的结论与其他测量方法的结论一样，我们是真正与众不同的。

3万年前，甚至更早以前，曾有人类亚种的存在，比如尼安德特人，很有可能曾经有不止一个人类物种共同生活在地球上。尽管如此，现代智人不是人们通常所指的"种族"。我们仍然用白人、黑人和亚洲人作为人类群体的标签，如同这些标签与生物种族有关一样，然而并非如此。

今天我们使用种族这个术语，是指在社会、历史和政治意义下创建和保有的一个类别，而并非指一个特定的、可以识别的遗传或形态变异的集群，它并不能反映我们的进化史。作为一种社会现实，它的影响还需要长期周到的关注，但这些不是本书的重点。[26]

人类进化的故事证明了为什么说种族主义根本就是一种误导，也说明了所有的人类在生物学上的相似程度高到多么令人惊奇。尽管当今世界上各国社会都存在着广泛的差异，但各个社会和人类群体在服饰、语言、饮食、宗教、体育、生活方式和政治信仰上的不同，都来自一个关键特征，这个关键特征让作为现代智人种族的我们成为古人类血统中最后站立的人。

我们人类的创新过程在我们祖先获得食物的方式、应对来自地球和彼此之间的压力、将创新的能量与能力注入不断发展的创新中起了什么样的作用？在知道这些细节后，我们可以更好地占据在世界中的位置，帮助我们塑造自己的未来。我们人类的进化故事是我们如何从古人类血统中的一个小群体起步，到制作一些简单的石器，创造性地合作以免被吃掉，到后来可以控制火的使用，能进行大规模的捕猎，继而成为艺术、农业、科学、宗教、城市和国家的创造者，甚至可以驾驶宇宙飞船到其他行星以及更远的地方，去探索整个宇宙的起源。我们将来最好也要懂得创新。

Reculver.

第二部分

晚饭吃什么：
人类是如何变得会创新的

第三章　让我们一起做把刀吧

在 20 世纪后期的几十年里，学者们认为正是我们祖先的捕食能力把我们与其他古人类区别开来，我们才得以进化成功。一个名为"人——狩猎者"[1] 的著名会议在 1966 年召开（随后有书出版），会议阐述了一个基本的概念：早期人类（只指男性，不包括女性）为他和他的群体在世界上建立家园，他们团结一起，用尖尖的木棍和锋利的石头猎取动物，把它们杀死并吃掉。这在灵长类动物的世界里开了先河，并产生了一个级联效应：表现突出的猎人成了首领，在首领的带领下，狩猎和侵略成为人类进化故事中的核心部分。男人狩猎、战斗并提供一切；女人采集食物，养育孩子，生火做饭。我们获取食物的方式让我们能够认识到性别、侵略和人性。

除非这是错的。

主动和有组织的狩猎在我们的进化轨迹里出现得很晚，食腐、采集食物和开发不同的食物都先于它。事实是我们人类的血统一开始是被猎食者而不是猎食者，[2] 我们今天看到的与食物相关的性别差异在我们遥远的过去并不明显。[3] 人们过去常说的"人是猎人"的情况，只是一个神话，被化石、考古和基因的证据攻破了。

的确，狩猎和与之相关的创造力在人类进化中扮演着特殊的角色。但是，在我们成为成功的猎人之前，在我们的血统中究竟发生了些什么，在我们拥有顶级猎食者的能力之前又是什么情况，这比任何神话或电视节目都要迷人。

顶级厨师

在电视节目《顶级厨师》里最重要的考验是消除挑战。在节目中顶级厨师们只分配到特定的配料、一套有限的工具和准备方案，在这样的挑战下厨师要尽可能做出最好的食物。在其中的一集里，在毫不知情的情况下，厨师们被派往一处沼泽地，他们要接受的挑战是使用一些当地食材（短吻鳄、乌龟或青蛙）和户外炊具做一道具有创新性和颠覆性的菜。各个团队饶有兴趣地完成了任务，获奖的菜是咖喱龟肉丸子、佛手瓜卷心菜沙拉和葡萄干酸辣酱。当顶级厨师们的创造力受到挑战时，他们通常会做得很好。一位训练有素的厨师所拥有的这种烹饪艺术天赋有着数百万年的形成历史。

近 200 万年前，在肯尼亚东部边境图尔卡纳地区曾有一片湖，我们的祖先在湖边预演了一场《顶级厨师》的"挑战赛"，他们的食材是鲇鱼和乌龟。居住在紧靠着沼泽和林地的湖泊边缘地带，这给很多动物提供了很多机会，但几乎所有的动物都只吃它们所能找到的食物：食草动物吃草；食肉动物吃食草动物；小型哺乳动物和鸟类吃浆果和种子，并试图避免被吃掉；水里的生物吃生活在水里的其他生物。生态系统也得以运转，每种动物有各自的生态位置，但生活在东非生态系统中的人属成员却并没有固定的食谱。

食物短缺是要命的事，即使是在 200 万年前的图尔卡纳地区这样富饶的环境中，温度的变化、干旱，甚至是火山爆发或地震都可以将一场盛宴转为饥荒。因此，生物体建立食物选项的能力越强，食物来源的选择就越多，找到并获取食物的创造力就越强，从而找到和获得食物的机会就越多。

我们的祖先在 200 万年前就已经非常擅长搜集水果和树叶了，更擅长偶尔从食肉动物留下的猎物残骸上得到一些残食。但不同于其他物种，当食物短缺的挑战来临时，我们的祖先并没有完全依赖自己一贯喜爱的食物，而是扩大了食物范围。[4]

早期人属并没有局限于他们的身体所能提供的工具或武器，他们有能力制作和使用锋利的石片、石锤，也能携带或搬运棍棒、石头和食物走上一段距离，而且他们越来越彼此依赖并同心协力地把事情做完。他们能够利用周围物品创造出工具和齐心协力解决问题，也就让他们能更加认真地看待周围的环境。

人属有时会在湖边和沼泽地里觅食，吃青草和植物性食物，偶尔也会捕捉任何身边伸手能及的小动物。他们看到周围的狒狒涉水到浅滩，挖起水里的蜗牛和水生植物的根。在湖边，他们有时会看到一只豹子抓住一只乌龟，把它翻过来，但常常无法打开乌龟的壳；他们也会看到体型中等的猫捕鱼，它们张开爪子击打游到浅滩的鱼；有时鬣狗甚至会冲进水中想去抓住泥里的大鲇鱼，但通常是无功而返。像在路易斯安那海湾的顶级厨师一样，我们的祖先也很有创意。

把他们所看到的画面和所经历的事情都合计起来，我们的祖先开始扩大食物的范围。我们在肯尼亚库比福勒的弗瓦吉遗址 20 号地点[5]发现了他们食物范围扩大的具体证据，这些证据可以追溯到大约 195 万年前。一些龟壳上有明显的石器切割痕迹，这表明乌龟壳被切开了，里面的肉也被取走了。一些大的鲇鱼被切成了肉片，迹象表明肉是被工具从刺上刮下来的。

我们不知道早期人属究竟是如何捉到这些优质的淡水资源的，但我们确实知道他们把肉从鲇鱼刺上取下来，从乌龟壳里面割下来。这些水生食物，为陆地饮食提供了有营养价值的替代品。报道这一发现的研究人员发现了这样觅食的优点：

• 可以减少捕获和处理营养丰富的食物所需的能量。

- 减少与其他物种的竞争（大多数的其他物种都不能这样觅食）。
- 降低吃大型陆生动物尸体残食的风险（遭遇到猎食动物或与之竞争）。

人属经过漫长的岁月才懂得把水果、坚果和种子搬运到安全的地方来加工处理，他们已经创造了一份新菜单。

我们的祖先在接下来的150万年的时间里用创造性的新方法来得到他们大脑、身体发育和行为发展所需的能量。他们通过改进石器和木器，齐心协力来扩大他们的食物范围，并最终学会了生火。越来越多获取食物的创新方式加快了我们人类血统从主要的被猎食者变成顶级厨师的进程。他们所吃的东西发生了变化，最终使我们能够赢得挑战，进化成功。

得到刃缘

食物为我们身体的机能、生长和生存提供能量。如果一个生物体能够正面地面对食物的挑战并取得最终胜利，那么它在进化博弈中会做得很好。然而，这些挑战不是那么容易应对的。

卡路里是我们测量身体所用能量的一个单位。在一个人吃掉动物或植物的一部分后，第一步就是将储存在水果或肉里面的热量转化为可以储存并在身体需要的时候消耗的热量。这就是我们所说的"宏量元素的挑战"。宏量元素包括碳水化合物、蛋白质和脂肪（专业术语为脂质），它们为身体提供能量。第二步是要获得身体良好运行所需的微量元素。这些微量元素包括维生素、矿物质和至关重要的水，这些重要的元素能调整和润滑身体，保持身体正常运行。不同种类的植物和动物产生和储存不同的宏量和微量元素的组合。我们的饮食目标是两者的最佳搭配。

当然，动植物会尽力保护自己，它们会让你费些工夫。一个人觅食所需要投入的工作越多，他就需要消耗越多的热量和水，也就需要越多的宏量和微量元素来补充能量。获得足够合适的食物是一个积极的过程，因此，动物们会采集或狩猎，或者两者都做。

像狮子和猎豹这样的肉食动物通过追捕大型猎物捕食；豹子通过偷袭和伏击来捕食猎物；狐獴能花大半天时间来寻找蜥蜴、昆虫的幼虫和甲壳虫，偶尔也会吃一些果实和根茎作为食物补充。它们都有特殊的身体能够让它们撕裂、撕咬、用爪抓、加速奔跑。一般来说，灵长类动物没有太多猎食动物的方法，但人类是一个极端的例外。

大多数猴子不猎杀动物，它们主要吃水果和树叶，这需要它们每天花1/3甚至更多的时间来寻找适当的植物和植物机体结构来吃。大多数猿整天吃水果，黑猩猩有时会猎食其他动物，红毛猩猩偶尔也会这么做。猴子或猿都没有熟练的狩猎技能或身体武器。其他灵长类动物也没有像人类那样饮食比较广泛。你可能见过海鸥把贝壳扔到马路上或岩石上来将它打碎，但没有任何其他动物能把食物加工到人类所能达到的程度，也没有其他动物会烹饪。人类的觅食、狩猎和进食都很有特色。

我们人类血统创造了新的方法来获取食物，增加了食物的多样性，创造了加工食物的新方法，甚至研制技术来改变食物的化学和生物特性，使食物变得更好、更容易食用、更美味。这种非凡能力的迹象始于我们的祖先变石头为工具之时。

美国国家航空航天局在 2007 年发射了一个太空探测器，它于 2015 年到达冥王星并传回了距离地球 30 亿英里[①]之遥的惊人图像。这

---

① 1 英里 ≈1.609 千米。——编者注

个探测器是人造工具，这个创造性革新背后是对数百万年前把石头改造成有锋刃石器的一个直接传承。别说太空飞船了，从当今的钢刀和食品加工器的优势角度来看待早期的石器，它们之间的相似点看起来并不多，至少乍看起来不多。但是这些经过加工的石头是我们大脑和身体发生变化的独特历史的起点。最早工具领域的这些简单的石片和带刃缘的石器是首个强有力的证据，能证明在这个世界上，我们人类血统有能力在看似简单的东西上看到更多的东西，并把它开发出新的形态和功能。

乌鸦用石块砸开蜗牛；山雀在英国家庭的门廊里用木棒刺穿牛奶瓶盖；海豚用海绵来帮助它们抓鱼；一些灵长类动物经常使用石头、棍棒和其他物品来砸碎坚果、钓白蚁、喝水，甚至猎食其他动物。把石块或木棒当作工具，特别是在觅食时，在动物王国并不少见，但通过显著地改造石头或木棒来做出更好的工具不常见。

在人类血统之外，最有创意的工具使用方法在我们的表亲黑猩猩中被发现。50多年前，我们就已经知道黑猩猩选择特定的石块来砸碎坚果，它们为了喝上溪水会把叶子折成杯子的形状，也会把叶子从小树枝上摘干净，再把小树枝折成合适的长度来钓白蚁。人类学家克里克特·桑斯（Crickette Sanz）和她的同事们发现，黑猩猩会通过使用多种工具来完成单一的任务。[6] 在非洲中部的古瓦卢古三角地带他们观察到黑猩猩携带小"钓竿"走很长一段距离，到达它们喜爱的白蚁丘，蚁丘旁边是它们以前吃白蚁时留下来的多条大木棍。黑猩猩一旦来到蚁丘，就会把小"钓竿"放进嘴里，用一只脚和一双手抓起地上一条大木棍，像使用大铲子一样用大木棍从底部把巨大的蚁丘拍开，打开蚁丘后，它就把大木棍放在一边，蹲下身子，把小"钓竿"从嘴里拿出来，巧妙地将其插进土堆，稍微晃掉前来攻击它的白蚁。然后，它快速地把爬有数十只甚至上百只白蚁的小"钓竿"放进嘴里，开始享受一"叉子"多汁而又富含蛋白质的食物。自始至终，它的小儿子一直紧紧趴在它背上或站在它身边观察，偶尔会伸手从它嘴角处抓几只白蚁吃。研究表明，幼年黑猩猩们和它们的妈妈相处多年，在这段时间里，它们会密切关注妈妈如何使用工具（和一系列其他的行为），然后慢慢地经过反复试验，最终学会了工具的使用技巧。[7]

这个例子和相关的研究告诉我们三件事。首先，黑猩猩会非常熟练地使用稍加改进的棍棒和未经改进的石头作为工具；其次，因为这种技能组合在所有的猿类和人类中都出现过（在一定程度上），其可能有相当久远的历史，甚至和我们的最近公共祖先一样古老（猿类和人类之间的最近公共祖先），这种工具的使用变成了古人类的基本能力，也成了我们人类血统进化的起点；最后，这种使用工具的方式并不是一个个体仅仅创造了新一代的工具，而是通过接触其他群组成员而习得的，这是一种社会便利化，甚至可能还具有一些教学性质。

事实上，黑猩猩会把树叶从一根用于钓白蚁的树枝上摘掉，甚至把树枝折成恰当的长度，或者，它们会在一个地点留下一根大木棍方便以后使用，说明它们已经能够明白，木棍有形状和尺寸的差异，根据这些差异分别有不同的用途。这种能力不局限于灵长类动物，我们在乌鸦和其他鸟类身上也看到了，因为它们也会使用不同尺寸、形状的石块和棍棒。使用工具的动物倾向于选择符合预期任务的尺寸或形状的石头或木棒。对于幼年黑猩猩来说，通过观察来学会如何有效地钓白蚁或用石头来打裂坚果，可能需要数年时间。但是在自然环境下的其他动物，甚至黑猩猩，不能像人那样观察一个石块，知道石块里面含有另一个更有用的形状，并且还知道用其他石块、木头或骨头来改进那个石块，然后和它的群体里面的其他成员共同分享这些信息。这正是在300万—200万年前开始发生的，这是我们人类血统的正式起点。事实上，制作和使用石器涉及的信息、协作、创造力要比选择一个石块或木棍来使用多得多。与我们人类血统直接相关的最简单和最早的石器[8]出现在奥杜威（Oldowan）文化中，该文化得名于坦桑尼亚的奥杜威峡谷，这些工具是在20世纪30年代由考古学家路易斯·利基（Louis Leakey）发现的。

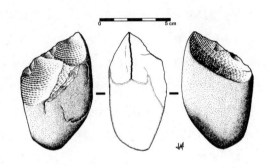

图 5　奥杜威石器

奥杜威工具的制作需要一套可能像我们人类一样的手工操作，还需要一种能够预测以不同方式敲击（手工制作）石块得出不同石器的能力。最重要的是，每个群体似乎都有许多石器制作者（可能每个成员都是石器制作者）。这说明了制作石器是一个在群体内部代代相传的通过信息共享、知识传递来制作并使用工具的过程，这是我们合作创新的第一个真实迹象。

但是，要想用石块制作出锋利的薄片，需要怎样的"创造力"呢？事实上，这比表面上看起来要困难得多，尤其是正如我们所知是头一遭的情况下。

最常见的奥杜威工具是一个锋利的石片，它是用叫作石锤的另一块石头敲击一个石核（通常称为鹅卵石）所得。为了使石器制作效率更高，要按步骤去做几件事情。[9]首先，你必须找到尺寸、形状和石材合适的石核和石锤。并非所有的石块都能制作出同样好的石片，因为不同石头的密度、纹理和晶体结构各不相同。这意味着你不得不去寻找、确定石块位置，并反复回到相同的地方来找石块，或至少能够得到相同类型和相同尺寸的石块，以获得最佳的原材料。一旦你收集到了所需的石块，就需要找到一个安全的地方来制作工具（这是一个喧闹而密集的过程——一起静静地试着敲打石块）。请记住，有许多大型猎食动物与早期人属同时生活在同一个区域。

制作石片会碰到一系列的挑战。他们必须先检查石核的形状和形态，然后找到特定部位来敲打石核，才能制作出最好的石片。他们必须要用某种方法支撑住石块，然后才能干净利落地敲打，敲打时必须抓紧并挥动石锤。这是一门艺术。

一旦石片被剥离下来，就不得不重复整套工序，但顺利的话，可用一个经敲打后的石核做出新工具：在得到新形状的石核后，他们选择在哪个部位敲打，然后生产石片的整套工序又要重新开始。如今，大学生们通常需要很多个小时甚至几周的时间才能确保学会如何制作出优良的奥杜威工具，[10] 这还是在师从一位技艺娴熟的教师，借助语言、视频教程、书籍和拥有已经送到实验室或教室里的最好的石材的情况下，而这些都是我们的祖先所没有的。大学生们也不用面临被猎食动物捕食的危险。

这个简单的石器制作工序为我们的祖先打开了大脑生长和提高社会认知复杂性的空间，这也是我们进化史中的两个核心特征。

我们知道大脑生长耗时耗力，在大脑生长高峰期需要耗费身体20%—30% 的能量！[11] 在化石中我们看到，200 万—50 万年前脑容量巨大的增长需要大量加强营养。[12] 人属的最早成员（230 万—180 万年前）的脑容量在 600—650 立方厘米的范围内（约比体型差不多的猿类大 30%）；150 万年前直立人的脑容量达到 750—900 立方厘米，这接近于 50 万—40 万年前出现的现代人的脑容量（1 000 立方厘米以上）。[13]

巧妙地发明和使用工具，可能使人类增加了热量消耗。[14]

这些工具还有一个有趣的副产品。[15] 在制作工具的过程中，人们之间的行为和协作实际上改变了我们祖先使用大脑的方式，并促进了他们（和我们）大脑运行方式的改变。

我们有化石证据表明，脑容量在我们人类血统进化过程中得到增长，我们也有基于实验的研究来帮助我们了解这是如何发生的。近来，来自苏格兰圣安德鲁斯大学和美国埃默里大学的两个团队开启了培训人们把石头加工成工具（包括奥杜威风格的工具）的项目。研究人员把工具制作过程与一系列脑部扫描做对比，研究大脑哪部分的特定区域可能会受到学习如何制作这些工具并熟练掌握制作技巧过程的影响。两个团队研究人员的报告中都提到了人的脑部连接与组织的变化，这些变化与培训时间和制作工具的实际表现有关。[16]

埃默里大学团队证实，在学习如何制作奥杜威工具的过程中，大脑后部的视觉皮层会产生不同的活动模式，这说明工具制作的行为塑造大脑对刺激的反应方式，而学习（当制作石器工具时）可以改变大脑活动。较为复杂的工具制作活动对大脑影响最为明显，这些受影响的区域在顶叶的缘上回和前额皮质的右侧额下回。这些大脑区域与设计复杂的行动、高级认知有关，也可能与语言技能的发展有关。埃默里大学团队也提出，有经验的当代石器制作者的顶叶缘上回脑部活动增加比较显著，但他们也发现，其他只是观看石器制作过程的人，在相同的大脑区域也会增加一些脑部活动。这表明，工具制作的行为，以及对工具制作的观察、模仿和交流，可以引起并扩大大脑特定区域的活动，带动并增强大脑特定区域的活力。我们知道，大脑这部分区域是从 200 万—100 万年前开始增长的，并且最终与语言或其他高级认知行为联系在了一起。

工具制作的复杂性和工具种类的多样性随着脑容量和食物类型的

增加而增加，这看起来像一个行为的反馈过程。正如我所提到的，这就是我们所说的生态构建——工具、大脑和行为都相互作用，促进人属和他们的周围环境之间的关系产生了一种特定模式。这引发了一系列相互影响的反馈循环，从而提高了效率和有效性，但大脑工作方式的改变不是一蹴而就的。

在大约150万年前的非洲以及我们人类血统在旧大陆的其他所到之处所发现的考古记录中，我们开始看到一种新型的石器。这些工具与奥杜威工具相比种类增多了，并且出现了新特点和新形状，这使得这些新工具更好用，但制作起来更麻烦。这一石器文化被称为"阿舍利文化"（Acheulean），可分为早期（约150万年前到90万—70万年前）和晚期（70万—25万年前）。

早期阿舍利文化制作的工具不仅仅是石斧和石刀，并且采用了越来越普及的方法，即通过剥离边缘两侧较小的薄片来修整石器，从而使刃部更锋利、更有弹性。正是在这一石器时代，手斧开始出现，并作为人类的基本工具一直持续到当代。

这些创新的关键在于要对石核做一个更大的预先改进（从石块上剥离薄片），提前通过观察规划好在石块上能获取多少个薄片，然后在石核表面做下一定的标记，以便更容易获取优良的薄片。与奥杜威工具的制作方法不同，这种制作方法在工具制作之前有更多的准备步骤，还要计划好制作过程的多个步骤。[17]这就需要大脑的不同领域更多地参与进来，需要更加灵活的认知功能。

要制作这样一个工具实际上意味着我们的祖先群体不得不到附近的一些小悬崖找外露的岩石，或者到干涸的河床附近找一些杂乱的石块，有可能他们的群体多年前就已经来过这些地方，找到了很多石块并带回安全的地方。如果找到石块的区域相当安全，他们也可以轮流放哨，就地开始把石块锤打成工具（又一次，他们开始了喧闹的石器

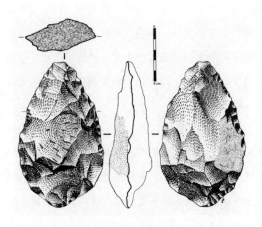

图 6　阿舍利石器

制作）。但做好之后，他们还得把这些石器带回栖息地或任何他们喜欢储藏的地方（注意，这些都是石头，非常重）。史密森学会的古人类学家里克·波茨（Rick Potts）认为[18]，将一匹体型较大的蹄类动物（比如一匹小角马）去皮、取肉，需要大约10—25磅①的石头和50—100个石片。想象一下，一些人携带着5磅或10磅的石块穿过崎岖的地形，冒着约30℃的高温，寻找食物并把它切碎。团体的每个人都不可避免地要分担这些重量，由此，合作文化得到了发展。

我们发现可以证明他们已经找到一些新颖的方式来储存这些工具的证据。我们知道，我们的祖先从很早起就在自己所到之处留下很多工具[19]，以供他们捕猎、食腐或者采集蔬果使用，或者只是将这些工具藏在别人找不到的安全地点。也许这些工具实在太重了，一直随身携带的话太累。100多万年前，我们的祖先把他们的领地划出一部分来作为工具室（或橱柜），以确保在需要的时候手头或一个可靠的地点

---

① 1磅 ≈0.454 千克。——编者注

始终有一些工具可供使用。这样新颖的工具储存方式又需要大量的协作和创新性的问题解决办法。这种物资——财产也会有被盗窃的风险，这促使我们的祖先思考、规划和创造出更多的应对方法。

为了制作阿舍利工具，我们的祖先不得不通过多次轻轻敲击石块的某个地方来改进石核，以准备好敲击的地方，直接用石锤敲打石块来得到第一块有用的石片。一旦他们改进了石核，找到敲打目标，他们会抓住石核（或者几个人一同把石核固定住），然后一个人会抢起石锤，做出关键一击。试着制作过石器的人们都知道这一步会让人受伤。由于石块硬度很高，石头碎片（当敲打石块时飞落的小碎片和小薄片）很锋利，很容易使人受伤。毕竟，这才是关键之处。即使是现代最好的石器制作者也会时不时地受伤。

第一块石片被剥离下来后，它将被放到一边或交给另一个人，然后那个人就要开始修整这块石片。工具制作者则会检查一下石核，用手拿着石核来回转一下，可能会敲敲这里、敲敲那里，为下一个步骤做好准备。这些活动把大脑的多个区域都调动起来，共同参与空间和旋转的分析、信息处理、手眼协调，也有可能会参与这些概念的沟通。

在更高级的阿舍利文化中，石器的整个制作过程会变得更加复杂，随着硬锤和软锤（包括骨锤）的采用以及多套准备工序的使用，经过四套、五套或六套工序，再加上去除其他薄片，才能把一个石块削成理想的片状。归根结底，在 50 万年前，我们的祖先能够通过计划、细致入微的交流、教学以及大量灵巧的手动加工来制作出新型的工具。

奥杜威工具被用来切割和捣碎植物的构成部分及肉。新型阿舍利工具提供了更可靠的石器使用方法，有刃部更锋利的工具，也有更灵活、更高效的大型工具，还有更多类型的工具，使更广泛的石器用途成为可能。最晚在 50 万年前，尖利的木器变得极为重要，刮刀、手斧，以及更小、更精细的刃缘出现在工具中，最终精制石核、预测和打制石片的新技术出现了，连通过打制工具来对其重新加以使用也变得司空见惯。在 20 万—10 万年前的工业中，我们除了开始见到石叶（长度至少是宽度的两倍的石片）和一系列称为细石器的小型工具，以及骨器和木器外，还可以见到数十种不同的工具类型。在过去的 1 万年里，我们历经了工具材料从石头、骨头和木头到青铜、铁和钢等金属工具（一直到塑料的出现）的历史变迁。

虽然我们不是世界上唯一一个使用身体以外的东西来改变周围世界的种族，但我们必定是创造和创新工具、提高工具复杂性和使用工具的大师。到你的厨房看一看，你一定会陶醉在经过我们深加工的独特而有创意的产品中（即使你从来都没有费劲去改造过这些产品）。但是在我们因近 200 万年前一直到 2.5 万年前的工具制作方面的进度而感到过度兴奋之前，我们会发现与过去几千年我们所看到的进步相比，我们所说的技术进步的飞速发展并不存在。奥杜威工具和阿舍利工具在人类生活中占主要地位长达 200 多万年，这并不是因为我们的祖先安于现状，不愿意或者没有能力去做一些改变。

首先，奥杜威人和阿舍利人做得很好，比当时任何其他物种做得都要好。其次，请记住，开发更为复杂的工具，需要大量的脑力劳动和复杂的交流：正是通过早期的工具，我们的祖先开启了提供改变的可能性的进程（营养增加、脑容量增长、创新合作、对环境的掌控等新生态）。所以，在综合调动身体、大脑、行为、交流和思想来高效地发挥作用之前，需要花费大量的时间才能促进复杂的下一步的开展。

我们看到，创新确实断断续续地出现了，有一些创新最终在我们祖先的种群中被广泛接受、传播——这在我们人类历史最初的 150 万年里花费了相当长的一段时间。为什么这个过程会如此缓慢呢？我不得不重申一遍，以前地球上只有为数不多的人属，直到最近人数才增多。虽然一些群体会接触到少数其他群体，还有一些群体会长途跋涉迁徙到新的地方，但一般来说，我们人类的大多数成员在一生中都没有与很多其他个体或群体发生过交流互动。这意味着大多数群体已经灭绝了，有的群体还住在偏远地带，有的群体虽生活了几个世代，但只是与他们周围的其他小群体有过交流。所以当一个群体或一些群体中有创新的工具出现时，最常见的结果是，这些创新最终在传播到其他地区之前会与拥有它们的群体一同灭绝。我们人类的大部分历史和这些历史中的个体，永远消失在了考古记录和人类进化的洪流之中。

在我们人类血统大约 200 万年的历史进程中，我们的祖先从第一个制作石器的生物发展成为地球上的技术大师，这一过程是从想出一个更好的方法来获取食物开始的。尽管越来越擅于获取食物仍然是生存的关键，但是还有一个与食物相关的主要挑战：如何才能避免成为别人的食物呢？

避免成为别人的食物

人类的肉体是非常容易消化的（没有刺、鳞片、毛皮和倒钩刺），于是人类就成为许多其他动物的非常理想的食物。我们的祖先要做一个特别冒险的权衡，一方面要获取更好和更多样化的食物，另一方面还要把自己越来越频繁地置于猎食动物的视线之内。他们所消耗的营养价值的提高就意味着得到、制作和使用工具，获得更多的肉类，吃到更多样化的食物，花更多的时间来寻找最好的食物，采集这些食物并把它们带回到自己的大本营。所有这些活动需要白天在开放区域大量走动，被捕食的风险不会完全消失，直到现在仍有狮子、老虎、短吻鳄鱼、鳄鱼、甚至大型蛇类攻击并吃掉人的例子。[20]

要制作简单的石片，人们必须连续不断地敲打石块，这类似于大喊"嗨，在这边，没有角、没有利爪、没有刺的肉质哺乳动物在这边"。人们要尽量降低敲打石块的声音，尤其是当周围有大型剑齿虎和大鬣狗的时候。由于抱着一堆石头并不总是可行或可取的，他们不得不在领地不同的地方留下一些工具和原材料，这就意味着他们要走更多的路，有更多活动，将自己更频繁地暴露在野外。

要吃到混合性的食物，他们也要经历同样的事情。很多猴子把水果、树叶和昆虫混合在一起当作食物，但它们只是从树上找到这三种东西。而其他种猴子，比如狒狒则把这些东西混合起来，既吃地上长的，也吃树上结的，但是它们生活在相当大的群体中，并且花大量的时间戒备提防猎食动物，而大的雄性狒狒还有很大的犬齿，即便如此猎豹和其他食肉动物的捕食仍然可以给狒狒群体造成重大伤亡。对于我们的祖先来说，只是待在几棵树上摘果实，或者总是待在猎食动物去不到的地方，吃在那里可以找到的东西是相对容易的事情，但是由于他们把更多的肉类、更多种类的植物，甚至一些水生动物纳入了自己的菜单，他们反而开始穿越更多不同的地形，花费更多的时间来加工食物，而且当他们穿过不同的地方时，常常会双臂抱满东西。随着他们的菜单越来越有创意，我们的祖先开始做与大多数动物甚至我们的近亲们恰好相反的事情。吃得好意味着要冒更大的被猎食动物吃掉的风险。

饮食的多样性和复杂性随着我们脑容量的增加而增加。更大的脑容量可以让我们具备更多的认知能力，能创意性地处理石块、木头、食物等。由于大脑发育的时间更长了（这是获得脑容量增长的方式），脑容量的增长变得更为复杂，这导致在孩子的发育期大脑发育的速度减缓了，所以大约150万年前，人属的年轻成员越来越依赖其他成员的照顾，并且需要照顾的时间也变得更长。

在这里没有"先有鸡还是先有蛋"的难题，究竟哪个出现得更早：更大的脑容量还是复杂的行为？这个相互影响的过程代表了早期人类生态的重要组成部分，这是我们祖先在世界上谋生的方式。两者都没有出现得更早。在我们祖先的身体和智力之间有一个相互反馈的机制，通过改变行为和增加营养，使人类能够调节大脑并让脑容量增长。创新是一个过程，当我们的祖先开始构建他们的新生态，以新的方式来获得食物，越来越多的选择开始出现了，而食物仅仅是其中的一部分。

怀抱着石块、孩子和食物，游走在猎食动物出没的高风险环境里，我们的祖先又没有尖牙、利爪、犄角或者真正的武器，这听上去似乎并不是一个成功进化的好策略，但这的确是一个好策略。

第四章　杀死并吃掉，等等

　　我们的祖先需要吃肉。他们在 200 多万年前就已经擅于食腐，用石器从猎食动物留下的猎物残骸上割肉。但被动地食腐，吃残羹剩饭对人类来说是远远不够的。他们想要最好的、最多的肉，所以他们开始"抢夺猎物"：在猎食动物吃猎物之前就先接近猎物，并试图从猎食动物那里抢走猎物。在他们通力协作和在为避免被吃掉而了解猎食动物行为的基础上，我们的祖先变得非常有创意。当他们碰到刚刚被猎杀的猎物，或刚吃剩下的动物残骸时，尽管猎食动物仍然在场，他们中的一些人还会冲向前，摇晃手里的木棍，挥舞着手臂，发出喊叫声和咕哝声，其他人可能站在后面，向猎食动物扔石头，在这个时候，猎食动物可能落荒而逃，我们的祖先就得到了新鲜的猎物和大量的肉。如果不顺利的话，猎食动物可能会杀死他们中的一个或多个成员。但实践是最重要的，随着时间的推移，这些人属变得越来越聪明，并且更加擅于预测事情的结果。

　　最重要的是，要在猎食动物吃掉最好的肉之前，迅速地靠近被杀的猎物。在赶走猎食动物后，这群人可以协调起来把肉切下：首先，他们会用锋利的小薄片切断韧带和肌腱；其次，换用更大的手斧，劈开猎物的肌肉；最后，从大块骨头上面把肉一条条或一块块地取下来，递到其他成员的手中。这些成员虽然不参与割肉，但他们有的站岗放哨来提防猎食动物，有的赶走其他的食腐动物（大秃鹫、豺狼，甚至还有离群的鬣狗）。猎食动物或更大群、更危险的食腐动物能快速返回现场，所以时间的掌控至关重要。不同个体的四肢和腰部都装备有石器，这群人能相对较快地把大猎物腰部的肉、腹部的脂肪、肋骨和四肢上的肉取下来。剔除掉他们能携带的肉之后，这群人会把猎物的尸体留给小型食腐动物。

如果一个地区的大多数人属能够成功做到这一点，那么他们的联合行动将迫使整个生态系统发生微小的变化。猎食动物不得不改变它们的行为，以应对其他动物。如果人属群体继续保持他们的创造性活动，一个新的生态就可以构建起来。事实果真如此。在人类狩猎之前，抢夺猎物[1]是人属生存手段的一部分，也是我们祖先在他们历史的第一个 100 万年左右开始发展的革新的一部分，这套革新包括工具制作、采集食物种类的增多、食物加工方法的增多。

这种行为，以及这种行为脱胎于相对消极的食腐模式的证据，在大型食草动物的骨骼化石和我们祖先留下的工具中被发现。在一些最早使用工具的地方，[2]即那些甚至早于我们的血统（人属）出现的地方，有一些证据能证明食腐行为的存在：等到杀死猎物的猎食动物吃饱之后，再把剩下的肉取走。被更新世时代的猎食动物吃掉后又被石器处理过的动物骨骼留下了痕迹，这使我们能够重现当时的情境。大型猫科动物或鬣狗把肉从骨头上咬下来时，它们是把肉放进嘴里撕咬，当碰到骨头时，它们强壮的牙齿会在骨头上留下非常独特的凹痕和刻痕。在吃掉容易取下的肉之后，猎食动物经常会啃咬这些骨头（啃咬在骨头表面的肉，因为骨头表面有许多我们称之为软骨的结缔组织，味道很不错）。想想在自然纪录片里狮子吃角马的画面或者一条狗在欢快地啃咬带有肉屑的骨头画面，我们就能够很好地理解上面所说的了。专家们可以检查一块骨头化石（或者一块还没有变成化石的骨头），然后告诉我们不止一个猎食动物吃过这块骨头，甚至能告诉我们是什么样的猎食动物，体型有多大。[3]另外，专家们也能看出来"餐桌上最后的食客"——食腐动物和啮齿类动物留下的全部其他标记。鸟类和小型哺乳动物通常是最后的"食客",它们会留下非常明显的痕迹,而甲壳虫和蚂蚁可能会把骨头上的肉彻底吃干净,以至它们留下的痕迹最难被发现。

这些鉴识技术使我们能够知道石器何时被用于骨头上,因为石器同样也会留下可以鉴定和识别的标记。在切割连到骨头上面的肉时,石器的刃缘会切到骨头并留下切痕,但这个切痕与一个猎食动物或啮齿类动物的齿痕是有明显区别的。[4]如果石器切割的痕迹覆盖在猎食动物的齿痕上面,那说明在猎食动物啃咬之后才由石器切割。大多数早期被石器切过的骨头化石(330万—200万年前)都是这样的,因此这就成了食腐的证据。然而,在大约200万年前的化石中,我们开始找到了相反的证据:食肉动物的齿痕和其他食腐动物留下的痕迹覆盖在石器留下的痕迹之上。这表明,先由石器把肉从骨头上割下来,然后其他动物才吃剩下的猎物残骸。现在,我们没有发现任何早期使用石器捕猎动物的证据,所以我们没有实际证据来证明那个时候实际捕猎的存在。但是,可能杀死猎物的猎食动物没有很多的机会来吃猎物,这个事实让我们得出了一个具体的结论:我们的祖先把猎物偷走了,他们正在主动抢走猎物。

虽然食腐需要一定的创造力,但主动抢走猎物则把创新过程提高到了一个新水平。选择什么时候从猎食动物那里抢走猎物,协调整个群体的行动来完成这项任务,手头有合适的工具,快速而有条理地从猎物身上取下肉来,在更多的猎食动物到来之前撤离,这些都不是很容易的事情。

对西班牙阿塔普尔卡格兰多利纳洞穴遗址的研究[5]清楚地表明在大约80万年前就出现了这种协作。该遗址有大量动物骨骼,其中很多动物的骨头上往往是先有人属的痕迹,后才有其他动物的痕迹。很多体型中等和大型的动物留下了被石器肢解的迹象，肉被从骨头上剥离，特定的骨头（上面带肉）被从动物尸体上切割下来。猎物的四肢、肋骨和其他带好肉的特定骨头比比皆是，而其他的骨头（例如头部和脊骨）则没有，因为这些骨头较重，上面的肉较少，这表明格兰多利纳洞穴的人属成员共同合作屠宰猎物，并把猎物的不同部位带到不同的地方分享，甚至可能储存起来以后食用。这个项目的研究人员甚至从他们发现的证据中得出结论："我们可以推断，有几个人参与到了狩猎派对和／或者猎物搬运中。尽管参与者有多少人是一个复杂的问题，但这仍然是一个群体内部社会合作的明显标志，他们分享食物，可能在群体内进行分工，这样就可以确保群体的生存。"

在 200 万—100 万年前，我们的祖先来到了非洲东部和南部的草原和林地，然后扩散到气候很不稳定的欧亚大陆。那里的温度、降水和天气变化波动很大，这些因素给各种动物包括我们的祖先带来了挑战，一个成功应对这些挑战的方法就是灵活地适应不同的食物、懂得创新。观察这个时期我们祖先的牙齿化石就能发现，他们开发了一种混合性的饮食，而不是依赖某一类食物。[6]

肉类并不是菜单上唯一的菜肴。[7]借助于石器，人属能比身处同一环境的大多数灵长类动物或其他动物吃到更多种类的水果和坚果。剁碎、切开、压碎坚果和较大的水果甚至未成熟的水果可以给人类提供更多种类的植物营养，我们的祖先分享食物的本能使这种营养在群体中散播开来。他们知道分担任务：一些成员负责制作石器，而其他成员负责采集坚果和水果并带回栖息地。平等的劳动分工似乎是人类觅食成功的特点。[8]第一个格兰诺拉燕麦卷就是这样发明的。

有些时候他们会有组织地去抢夺猎物，而其他时候他们可能使用相同的协作技巧从另一种被称为地下储藏器官（地下水生植物）那里找到超级丰富的食物来源。这些新发现的食物基本上都是一些大块的根茎，饱含水、碳水化合物和热量，人属日常所吃的有番薯、甜菜和土豆。很多研究人员认为，这些东西可能是早期人属饮食的一个重要组成部分。[9] 要得到地下水生植物，需要认真挖掘，并常常要经过某种加工处理（捣碎或榨汁）才可以食用（如果你还不知道怎么做，可以用上述方法）。我们没有他们用木棍来挖掘的具体证据，因为木棍很少能变成化石保存下来，但我们确信，早期人属有这种能力以这种方式来使用木棍，毕竟这要比制作石器更为简单。

如果群体一起劳作，包括老人和儿童，他们可能会带着他们的挖掘木棍出发，来到美味的地下水生植物的最佳挖掘地点，花上大半天的时间来挖（同时还要提防猎食动物）。挖出大量的根茎后，他们就会用一些石器把它们切成小块，然后再把所有的劳动所得带回安全的栖息地（他们可能会把石器留下来，方便以后再用）。他们会再花上一下午的时间轮流回到栖息地，用石器把根茎捣碎，加工成包含足够维持整群人几天生存的碳水化合物和热量的食物。

猎物残食和植物并不是餐桌上仅有的东西。我们祖先很有可能很早就学会了抢夺其他动物的劳动成果，而不仅仅是从猎食动物那里夺走猎物：他们会从蜜蜂那里抢走蜂蜜。大多数动物在获得蜂蜜后就会吃了它（一些黑猩猩甚至使用工具来获取蜂蜜），所以蜜蜂将蜂巢筑在枯树干上或高处等一些黑猩猩所够不着的地方，但这对我们的祖先来说算不上很大的挑战。

人类学家阿丽莎·克里滕登（Alyssa Crittenden）和其同事们[10]的研究表明，蜂蜜可能是早期人属蛋白质和糖的重要来源。两三个人会爬到树上，用挖掘木棍撬开树干上的树皮，露出密密麻麻、滴着蜂蜜的蜂巢。蜜蜂一开始对人类的这种接近方式感到困惑，会在周围飞来飞去，这对人类来说更是一种烦恼，而不是威胁。其中一人可以挥动木棍把蜜蜂赶走，同时另外两人用木棍和一些石片切下蜂巢，并往下扔给等在树底下的其他人。他们把黏糊糊的蜂巢块粘在大树叶上，还可能会把叶子卷起来使其不粘手且更易于搬运，让蜂巢的搬运变得更为简单。我们没有直接的证据来证明他们是这样做的，但这不难推测。因为同样也是这群人，他们可以走很远的路程去寻找合适的石块，用石块创造出工具，并用它来切下从大型猎食动物那里抢来的猎物的肉，他们是能够想出如此简单的搬运办法的。

而摘取蜂巢可能引发更为有趣的下一步，在采集过程中，蜂蜜可能洒落在地上，一些小块的蜂巢也可能散落在树底，有些小动物会被散发着浓郁香气、营养丰富的资源（蜂蜜）吸引过来。有些人可能会注意到这种情况（毕竟他们擅长观察、跟踪，甚至推测大型猎食动物的活动），他们会意识到，一旦他们离开，有些小动物就会出现并吃掉散落在地上的蜂蜜；他们也意识到，自己有棍棒和石器……有些群体可能把这两件事联系在一起。

如果这群人中有几个人有空，正拿着蜂巢蹲守在树附近的高草丛中，他们或许会使用棍子和石头捕捉些小动物，在自己的菜单上加点肉。从把猎食动物从猎物那里赶走到自己狩猎就只要跨出这一小步，特别是在自己狩猎（主要是对小动物的捕猎）的风险成本很低的时候。获取食物的创造力很自然地为早期狩猎的试验奠定了基础。

狩猎派对

三种类人猿中有两种（黑猩猩和大猩猩）现在仍会在某些条件下狩猎，这表明偶尔对小型动物的捕猎可能在最近公共祖先那时就出现了。这两种类人猿（以及一些猴子，比如狒狒等）也会伺机捕猎小动物。举个例子，当碰巧遇到一头小鹿或小南非野猪时，类人猿就会抓住、杀死并吃掉它。这两种类人猿有时也会有预谋地进行狩猎。

与我们最近的近亲黑猩猩会用两种方式狩猎：集体狩猎和独自狩猎。在集体狩猎中，一大群黑猩猩（大多是雄性，但有时也有雌性）在遇到爬到树上高处的猴子后开始变得有些狂躁，兴奋地喘着粗气，大声喊叫，爬到树上追赶猴子（黑猩猩最喜欢的猎物是一种叫作红疣猴的猴子[11]）。其实黑猩猩在狩猎中并不擅于互相协调，而一些比较好的猎手不会理会集体行动，它们会观察猴子的动向，如果可能的话就把猴子拦下并捉住。当它们这样做的时候，场面很血腥。成功的猎手会把红疣猴的头咬得粉碎，或者把它狠狠地摔到树上使其昏迷，然后它会走到树上一个牢固的地方或者地面上，其余的黑猩猩展开双臂围着它，呼喊着、鸣叫着，向它讨肉吃。大多数猎手得不到肉，成功的猎手通常只会分享一点给它最亲密的盟友（可能是它的妈妈）。有时，如果成功的猎手是低级别的雄性，级别较高的雄性黑猩猩会扑过来把猎物抢走，然后与自己的盟友一起分享猎物，而真正的猎手什么也得不到。这些狩猎，特别是如果狩猎成功的话，在群体内部会引发疯狂的争斗。黑猩猩们兴奋异常，时常会爆发小规模争斗，因为肉是非常珍贵的物品，它们很少吃得到。猎食所得的肉类在黑猩猩的饮食中只占不到5%，大部分黑猩猩群体不会在与狩猎有关的任何活动上花很多时间。

黑猩猩的独自狩猎就有点不同了，主要是由雌性使用工具来完成的，这种工具确切地说是像梭镖一样的棍子。[12]灵长类动物学家吉尔·普吕茨（Jill Pruetz）在塞内加尔做的研究发现，雌性黑猩猩会把结实木棍上面的叶子和小树杈去掉，折断木棍以获得一个尖头，然后它（通常背上骑着小猩猩）会走到树林中寻找带有洞口的大树干，这里是一种叫夜猴的在夜间活动的灵长类动物的栖息地。一旦雌性黑猩猩发现夜猴的窝，它就会把梭镖刺进去，乱捅一通直到它刺到夜猴，然后把刺到的夜猴从洞里拿出来吃。有趣的是，普吕茨在这个地方看过的大部分狩猎中，地位高的雄性黑猩猩很少从雌性黑猩猩那里抢夺这些猎物。

吉尔·普吕茨所研究的黑猩猩是唯一被观察到经常用武器狩猎的非人类灵长类动物，并且这是在热带草原地区，黑猩猩生活在这样的地区实属罕见。其他黑猩猩群体只是偶尔狩猎，特别是在果实充裕的时节，但当一大群黑猩猩碰到一群疣猴或其他猴子时，它们就会出击。黑猩猩这个时候狩猎既不是由于缺乏营养，也不是因为迫切需要肉食。事实上，当它们有大量可吃的水果和周围有很多同类时，黑猩猩似乎会进行更多次的狩猎：狩猎是一种社会活动，而不仅仅是获得食物的一种动力。这是一种狩猎派对。

在红毛猩猩中，狩猎不常见，[13] 并且主要由雌性完成。在已被观察到的几次狩猎活动中，一只成年雌性红毛猩猩抓住一只被称为懒猴的夜间活动的小型灵长类动物（只生长在亚洲，但与非洲夜猴有亲缘关系），把它摔到树上或者把它的头咬碎。与黑猩猩的狩猎不同，红毛猩猩似乎只有在水果和嫩叶稀缺时才狩猎，因此少数红毛猩猩的狩猎是对营养缺乏的一种比较罕见但有创意的应对方式。

因为人类和一些类人猿会狩猎，所以很有可能我们的最近公共祖先能够伺机狩猎。但在某些时候，可能大约在100万年前，我们的祖先从抢夺猎物和伺机狩猎转变为经常打猎，这不仅改变了他们的世界，也改变了他们捕猎的那些动物的世界。人属群体采集蜂蜜或者挖掘地下水生植物并把它剁碎，或者从大型有蹄类动物身上切下肉来时，就已经偶尔会抓住一些小动物并把它们杀掉。大约100万年前，他们埋伏着等待小动物，谋划着捕猎它们。

一旦人属成功地捕捉到（并吃掉）在他们走后想食腐的那些小动物，只需稍微动一动脑子便能注意到这些小动物分布在许多不同的栖息地。通过大量的反复试验，人属的某些群体变得非常擅于突袭和捕获小型哺乳动物，并渐渐意识到这不仅是一个重要的食物来源，而且这些小动物有许多种类，可能捕猎不同种类的小动物的方法不一，营养价值也不同（可能味道也不同）。早期人属获取食物的社会性和创造性的方式生成了一个塑造他们的进化的反馈回路，而狩猎则加快了进化的过程。

把脑容量增长和身体生长的觅食压力、从石块和木头到工具的制作过程、抢夺猎物及采集与加工地下水生植物和蜂蜜连接在一起的这一反馈回路所需的合作与交流，加快了人属大脑和行为变化的进程，增强了他们的创造能力。人类有组织的狩猎很快就出现了。

什么推动了交流技巧的发展

人类的协同狩猎远远不只是一群灵长类动物跑来跑去，试图捕猎动物来吃，而是一群人利用交流、协作和工具来捕猎难以捉摸的、时而危险的猎物。想象一只像鹿或羚羊大小的硕大而多肉的动物，重120磅或120磅以上，它身上的肉足以让一个20人的群体吃上四五天（当然要辅以植物和水果）。如果能够从猎食动物那里抢夺到这样的猎物当然很好，但如果这群人可以避开猎食动物自己捕猎到这只鹿，那会更好。成为真正的猎人就意味着他们将不再依赖于找到并尾随一个猎食动物，希望它能捕猎成功，并能成功地、不损兵折将地把猎物从猎食动物那里抢走。狩猎意味着获得食物的整个过程可能会变得对他们更加有利。主要问题在于鹿跑得非常快，并且对猎食动物非常警觉，它们会竭力避免被吃掉（这一点也不奇怪）。我们的祖先肯定已经注意到了猎食动物捕食猎物的方法，狮子经过漫长的追逐最终捕获猎物，猎豹会埋伏并袭击，鬣狗会发动群攻，他们可能开始想到模仿其中一些狩猎方法。但在每一种猎食动物的狩猎方式中，它们选用的武器是各自的身体特征：奔跑的速度、巨大的牙齿和颚肌、锋利的犬齿、致命的利爪，等等。我们的祖先没有这些东西，但他们用他们自己所拥有的东西来捕猎，那就是他们的创新性合作，他们这样做已经有100多万年的历史了。

这并不代表其他动物在狩猎时不交流。狮子会互相留意，寻找线索来推算猎物会往哪个方向逃跑；鬣狗、非洲猎犬和一些黑猩猩群体会跟从领头者的行动，或者加入首次攻击，或者围成一圈拦截猎物。但这些猎食动物都要依赖自己的身体作为武器，并根据它们以往的狩猎经验来弄明白下一步该做什么。年轻的鬣狗通过反复试验来学习，它们经常会犯些错误，有时会因为犯错而得不到食物。而人类的社会性狩猎与动物狩猎的区别是双重的：我们依靠工具或通过扩展我们的生理能力来进行狩猎，我们还通过语言来分享信息。我们可以详尽地交流关于过去、现在和未来的信息，一个没有狩猎经验的人也能够成功地参与到有组织的狩猎中来。

尽管100万年前的人属可能不是用语言来交流的（当时还没有语言），但他们可能有一个独特的沟通系统，比其他灵长类动物的交流都更细致。在那时，如何沟通才能高效完成日常工作呢？在制作阿舍利石器、采集蜂蜜、觅食根茎的同时，还要与群体里所有不同年龄阶段、不同体型的二三十人打交道：需要照顾的婴幼儿，大脑发育耗时耗力、快速成长中的儿童，一些老年人。整个群体既没有把身体当武器，也没有奔跑速度，还迫切需要躲避整天想吃掉他们的大型猎食动物的捕食。这需要可靠的、细致的沟通。

很多动物过着群体生活，有的甚至过着非常复杂的社交生活（比如鬣狗、猴子、类人猿和鲸鱼），但它们都不需要人类群体所需要的、我们祖先所形成的那种协调和沟通水平。我们的祖先不单能够就眼前的状况互相沟通，还能暗示一个人在狩猎、采集蜂蜜或者遇到猎食动物袭击的过程中及事后应该待在哪个位置，这为人属提供了一系列全新的选择。这是在他们拥有真正好用的武器之前的情况。

转变成猎人是重要的下一步，也是非常有吸引力的一步，但像在旷野中追上一头鹿这样明显的狩猎是行不通的。人属别无选择，唯有创新。群体里的一个人把一头鹿赶入一个茂密的灌木丛中，其他人则手持石块和锋利的棍棒在那里等着，这又是另一回事。群体里的一些成员把一小群羚羊逼到一个水坑附近，一些成员从三个不同方向围攻上来把羚羊困住，让它们无处可逃（至少无法离开水坑边），其他成员则围过来用石块和棍棒捕猎那些沿着水坑疯狂逃命的羚羊。有些群体甚至可能已经注意到，当猎物陷入泥泞中后行动会变得十分缓慢，或者当一只猎物跌进峡谷或跌落悬崖后会产生什么样的直接结果。追赶一群有蹄哺乳动物的目标并不总是要活抓它们，如果想让它们死亡，那么把它们赶下悬崖或者让它们陷入泥泞就可以了。无论选择哪种策略，一个人属群体必须要有能力沟通并协调足够多的信息，才能成功捕获猎物。

一旦这些过程开始，食物、工具、行为和狩猎之间的反馈使人属能够生产出新工具，真正专为狩猎而造的新工具。我们有证据表明，最晚在 50 万年前，人属成员就使用过坚硬的梭镖，[14] 他们可能在大约 30 万年前就学会了投掷梭镖。我们看到了 50 万—10 万年前一系列更好的工具种类的发展，为了获得更精细、更锋利的梭头，人们更多地使用骨头和木材作为原料，石叶在那个时期也出现了。石叶，长度至少是宽度的两倍的石片，它的出现是制作出真正好用的刀的第一步，最终可以制作出像石予和石剑一样的工具。在同一时期，有用胶和绳子把石器和骨器固定在木器上的证据，这是首批复合型工具，也是工具（武器）制作方面一个巨大的进步。

随着工具和狩猎武器的复杂性越来越高，有证据表明人属的饮食种类更多样化了，猎杀的动物体型也更大了。此时一些小群体的人属已经遍布非洲、地中海、中东、印度次大陆和东南亚，甚至欧亚大陆北部地区，从海边到山顶，从温带森林到广阔的热带草原，再到茂密的热带雨林，我们的祖先遍布各地，改变并适应着他们的饮食，开始吃新的动物和植物。

在如今的以色列的距今 40 万年前的凯塞姆洞穴遗址[15]发现的一些遗迹，特别是牙齿化石，显示截至这个时期，人属已经走到多远的地方，他们的饮食结构发生了哪些变化。这个遗址出土的牙齿化石上覆盖着沉积物，以及带凹槽和条纹的标记和沟槽。牙垢表面不饱和脂肪酸的迹象表明他们吃大量的种子，像黄连木（开心果的原始形态）和松树（松子）这样的植物种子等是他们最可能的食物来源。但是他们的饮食要比这些更为多样化，有证据表明他们吃一些真菌孢子（也许是蘑菇）、一些花粉、多叶植物原料纤维（耐嚼的蔬菜，或许是一些花），甚至一些昆虫的外骨骼，包括一只蝴蝶（难道它飞到别人嘴里去了吗）。上面的淀粉质表明他们也吃植物根茎，上面还有他们吃肉食的一些证据，他们的饮食真是非常多样化，也很有创意。但最有说服力的遗迹是那些说明早期人属创造性饮食的最后一个主要组成部分，它使狩猎（和其他所有的食物采集）更加有效：在凯塞姆洞穴成员的牙垢里嵌有一些微碳屑，说明他们吸入了大量的烟雾，并吃烧焦的食物。很显然，他们经常用火。

烹饪的力量

人类是地球上顶尖的（实际上是独一无二的）厨师。

那些认为生食对人最好的观点是错误的。当然，从生蔬菜、生多叶植物和水果，甚至生肉（尤其是鱼肉）中，我们可以汲取诸多养分，但现代人如果只吃生食，无法获得足够的营养[16]来应对我们祖先所面临的那些挑战。烹饪使植物软化，可以分解含有纤维素的细胞壁（人类无法消化），减少脂肪的化学键以及肉类和纤维的其他关键组织，这通常使得咀嚼、吞咽和提取食物营养的过程（所有这些称为消化）更为容易。烹饪能把淀粉类植物的消化率提高12%—35%，蛋白质的消化率提高45%—78%；[17]烹饪能使植物（尤其在地下水生植物）中的毒素失效，也能杀死附着在暴露在外的肉上（比如猎食动物捕杀的猎物）快速生长的危险的细菌。[18]烹饪带来了很大的变化，但想要烹饪还需要学会如何用火。

有一些好的迹象（烧骨残片和加热过的石块）表明，至少有几个人属群体早在160万年前就使用过火，但是直到45万—35万年前的古人类遗址，我们才发现他们经常用火的证据（比如炉灶、骨头和牙齿上有烟的证据[19]）。早期的用火案例很可能是雷击或者森林大火后留下的零星火堆的产物。小型人属群体会在草原大火熄灭后从躲避处里出来，他们饥肠辘辘，同时也被大火发出的声响、烈火的高温和造成的混乱吓坏了。在曾经郁郁葱葱的草原上游荡时，他们会碰到被烧焦的动物尸体，作为食腐大师，他们会立刻检查肉是否能吃。大多数肉已经被烧成了灰烬，但有些肉只被烧焦或只熟了一点，依旧温热的肉会从骨头上脱落下来，变得很容易咀嚼和吞咽。烤熟的肉尝起来甚至味道也有点不同，吃起来更柔软、更美味。人属很擅于把因果联系在一起，在这一点上他们能在肉眼直接观察之外想象出更多的可能性（想想石器和抢夺猎物），一些早期人属最终会发现火焰的高温炙烤和混乱给肉带来的变化，肉变得更好吃了。这可能会促使一些群体积极地寻找发生过大火的地方，看看还有没有这样的肉，也许一些群体甚至意识到他们可以找来燃烧的树枝，然后在上面放些干草和木头使之继续燃烧。曾经找到这种火的群体很快会发现火还有其他两个非常重要的作用：被火光和火势吸引来的猎食动物很容易又被火焰赶走了；火焰本身也提供照明，给工具的制作和社会交往提供了额外的时间。

不受日光限制而劳作和玩耍的能力成了我们祖先变成人类的一个关键转折点，火光成为我们创造力和生产力巨大增长的催化剂。[20]

在从大约 79 万年前的以色列盖舍·贝诺特·雅各布遗址到大约 40 万年前的英国山毛榉坑遗址、德国舍宁根遗址与中国周口店遗址，再到许多更晚期的 30 万年前的遗址中，我们发现了取火和保留火种的证据，[21]包括火坑和木炭化石、烧焦的骨头，把石器烧热以便于更好地获得石片，甚至把木头削尖并加热，使其硬化用以制作梭镖。

这些用火的证据在时间上与经常狩猎的证据差不多吻合。这段时间（大约 40 万年前），最有可能也是我们祖先的脑容量已经发育成现代人脑容量的时间。也就是在这段时间里，我们开始看到工具的种类和复杂性急剧增长，以及我们可能称之为艺术品的物件首次出现。火的使用可能是这个时间点人类生态系统中的一个重要组成部分，是在我们的进化故事中支持技术和社会变革加速的反馈系统的一个核心方面。火给我们提供的帮助不仅仅是食物，它也给我们带来了烹饪。

你可以坐在东京、雅加达、新德里、开普敦、马拉喀什、马德里、赫尔辛基、纽约、墨西哥城、利马和阿皮亚（萨摩亚），吃一盘白色的鱼片，但在每个城市中品尝到的鱼的味道不尽相同。现代人类饮食中最强大、最具创造力的一方面就是食物的种类、多样性和烹饪的独创性。我们只需要把食物加热然后吃掉就可以了，并没有理由做任何更神奇的事情，但我们偏偏要加上一些花样。每种文化、每个族群、每个当地社区都会有自己的烹饪方式，食物成了我们种族和国籍的标志。我们的祖先对食物的追求和获取食物的创造力为炸鱼、薯条、西班牙海鲜饭、玉米粉蒸肉、法式杂碎、寿司、咖喱、沙爹和粥的出现创造了条件。遍布世界的顶级厨师比赛、高档餐厅、辣椒烹饪比赛、星期日聚餐和食品外卖店的存在归功于我们近 200 万年前开始的进化轨迹。

人类饮食的故事是一个有关创新、合作和实验的故事。在我们人类的历史中，食物、工具的制作和携带，以及扩大食物和工具范围的能力，使人类接触到了新的食物种类和新的挑战。要想有效地应对这些新的食物种类与新挑战，就需要一些新能力：抢夺猎物，最终能够狩猎，增加食物的多样性，增强获得食物的能力，从制作和使用简单的工具转向制作和使用复杂的工具，成为超过猎食动物的专家。这些能力降低了外因造成的死亡概率，从而有效地延长了人类的童年期，并为人类身体的生长和脑容量的增长提供了条件。这些变化的每一个方面都需要在个体层面和群体层面上的创新与合作——人类的创新。

要理解数十万年前的这些特征的发展、壮大，我们不得不把注意力转向另一个独特的人类模式：我们在群体中的创新方式和生活方式。对工具、食品和狩猎的重点关注已经让我们知道 20 万—10 万年前发生了什么，但我们还没提到我们的祖先在群体中是如何创新和生活的，他们的群体生活促成了我们今天所看到的村庄、城镇、城市和国家的产生。我们也没有触及当今最重要的关于食物的真相：它们主要来自种植的作物和家养的动物。当然，这两个真相是交织在一起的。将群体的创新理解为我们进化轨迹中的一种力量，而不仅仅是一个结果，这是下一章的重点。

第五章　排队的美好

如果你安排一群相关的和不相关的黑猩猩、猴子、狼或鬣狗在一张堆放着火鸡、地瓜、蔓越莓、肉汤、一份精美的沙拉和一个南瓜派的桌子上，你会看到一场非常暴力的节日活动。人类不会这样做（至少不常这样做）。坐下来与家人和朋友一起吃节日大餐比独自享用火鸡、争论政治要有意义得多。其他物种不像我们人类那样一起采集、烹饪、分享食物，它们当然也没有像我们人类这么普遍和热情地一起做这些事。

作为一个群体，人类要解决世界给他们带来的所有问题——食物、居所、安全、创新、照顾孩子、疾病，甚至死亡，但我们人类群体不像鱼群或角马群那样只服从集体活动，我们甚至不同于其他有复杂社交生活、被社会纽带联系在一起的灵长类动物。人类有独特的凝聚力，这是我们生态的一部分，是我们能够在世界上"立于不败之地"的方式。

当你下一次走向电影院、超市结账柜台或公共汽车站时，你会看到一队人正在排队，至少暂时放下你的烦躁，这是人性的奇迹：一群素不相识的人，他们可能以前从来没有见过彼此，都想买同样的商品（或服务），都同意按照一定的秩序来排队，延迟自己的即时满足。当然，事情并不总是能完美地顺利进行，在某些情况下，为了抢到位置会有很多推搡和拥挤（想象一下进入摇滚音乐会的入口或登上拥挤的通勤列车时），但在大多数情况下，无须多言，每个人都知道应该做什么。在地球上，几乎没有其他物种可以经常重复这一壮举，而人类无论在早上、中午还是晚上都会这么做。

帮助邻居修建谷仓的聚会几乎都是过去的事了，但对于横跨美国中西部和东部的阿米什社区来说，这种聚会仍然是社区生活的一个重要部分，全社区的人会聚在一起来帮助其中一个社区成员修建谷仓。数十或数百人齐心协力，从装配横梁到架设侧壁，再到抬高屋顶并把它密封起来，而其他人则摆好桌子、准备食物、照看孩子，或协调一天工作后的清理工作。为修建谷仓所做的一切，直接受益的只有一个家庭，但每个人都知道，如果自己需要这样的社区援助，人们也会过来帮忙。

2005年，在卡特里娜飓风肆虐后，成千上万的人前往新奥尔良当志愿者。他们把房子推倒重建，提供社区发展、食物准备、护理和教学的帮助。他们离开了他们没有受到飓风损坏或毁坏的生活，与受灾最严重的人们团结在一起。[1]超过20万人通过网站和社交媒体自愿为灾民提供住处，很多人为陌生人敞开了家门。这些人跨越了经济、政治、种族和民族的界限来帮助那些需要帮助的人，这么做通常会给他们的日常生活带来很大的风险和压力。在地球上，没有任何其他的物种能在灾难面前表现出如此巨大的同情心和协作能力，但是人类一次又一次地这么做着。[2]

人类并不是齐心协力在一起做事的唯一物种，很多其他动物也过着群体生活，共同合作来保护它们的幼小，捍卫它们的领地。大型角马群作为一个有凝聚力的团队能够迁徙数百英里，雁群在向南或向北迁徙时能够保持紧密的队形飞行达数千英里，成千上万只蚂蚁和白蚁通过化学和行为信息协调它们的动作来建造巨大的巢穴和蚁丘。然而，几乎没有小鸟会为其他处在繁殖期的小鸟建巢；几乎没有狮子和鬣狗在猎杀羚羊后，把它带去和其他群体或家族分享；很少有蚂蚁能与其他蚁群一起协调行动，一起建造共同的蚁丘；并且几乎没有听说有人看见过一群动物会为自己物种内不认识的其他成员迁徙、受磨难并为之冒险。[3]

正是这种把社区发展到这种程度的能力，以及相关的协调与合作，使我们的祖先实现从优秀的猎人和采集者到我们称之为"驯养"的能够熟练操控动植物的飞跃，这是一个必要前提。这是如何发生的呢？

创建人类社区

不论你是一只猕猴、一头狮子、一只猫鼬，还是一条鬣狗，群体就是你出生、成长的地方，在那里你要么留下来，要么离开去加入另外一个类似的群体。群体是动物社交生活经验的基石。对人类来说也是如此，但人类群体又有所不同。人类生活在社区中，并且从我们进化的早期开始，社区就已经不仅仅指群体了。[4]

人类社区是一个有着归属感的个体的集合，人类学家称之为"亲属关系"，对于人类来说，这种亲属关系可以是生理的、历史的、社会的，或者三种因素同时存在——他们对我们来说是最重要的人。人类社区是共享知识、安全和发展的主要来源，通常会跨越个体的寿命。[5]社区内共享有意义的情感纽带和经验，即使所有成员不会同时出现在同一个地点。要想建立一个社区，首先人们需要生活在一起，事实证明，对任何动物来说，试图在社会团体中生活存在诸多挑战。[6]最基本的两个挑战是协调和规模。

协调仅仅意味着大部分时间待在一起，仍然能够做到以下3点：

- 相处融洽。

- 获得足够的食物。

- 不被吃掉。

相处融洽并不意味着群体的所有成员都对彼此特别友好。想想一个有很多兄弟姐妹的家庭或者一群猕猴，它们的日常生活中总会有很多的小争吵，但相互梳理、平静地一起闲逛占据了它们大部分的时间。它们之间一定需要某种协调，这样才能得到足够的食物（避免为争夺食物而爆发严重的冲突），不被其他动物攻击（或者吃掉）。在猕猴群中这种协调以等级的形式体现，根据等级高低来分配东西，比如食物，在食物上它们对小猕猴可以高度容忍，它们也能够通过群体的联合防御来抵抗猎食动物的袭击或者其他外来群体的威胁。然而，这种协调随着群体规模的扩大而变得艰难，尤其是在没有语言的情况下。

心理学家、人类学家罗宾·邓巴（Robin Dunbar）[7] 多年前提到，能够成功协调的群体最大规模是存在的，这个规模的极限是你可以管理的密切联系（"朋友"）的数量。事实证明，这个极限与脑容量的大小和脑部结构的复杂性有关，你需要看清事态的走向。人类的脑容量比大多数动物的都要更大，脑部结构比大多数动物的都要更复杂，群体规模可以比其他动物的更大，我们的群体规模确实很大，但也并不总是很大。

在我们的进化过程中，我们的脑容量变得越来越大，脑部结构变得越来越复杂，而我们的社会群体也变得越来越大、越来越复杂，我们能够从化石和考古数据中发现这一点。然而，根据我们目前的脑能力，一个群体（或社区）的最大规模是大约 250 个人（依据邓巴的观点，至少是这个数字）。今天如果你环顾四周的话，周围的任何事物都表明，我们人类群体的最大规模已经远远超过了这个数字，我们最晚在 1 万年前（可能更早）就开始超过这个数字了。能够让越来越大的群体保持凝聚的能力是我们创新的成果。我们已经了解了祖先们是如何想出通过增强他们的能力来获取来自周围世界的食物的，这是建立社区的第一步。现在，我们要来看看他们是如何通过增强他们的能力来和睦相处，以便生活在更大的群体中，并最终从群体发展到社区，再到城镇、城市，甚至更大的群体的。

需要一个村庄的努力来使大脑发育

在群体中生活的能力在人出生时就开始形成，婴儿生来就非常依赖他的母亲。这与大多数其他动物不同，大多数其他动物刚一出生就很独立：蛇一出生就可以自己爬行、寻找食物，鱼一出生就会游泳、吃食，青蛙从出生一直到转变为青蛙之前短期内是蝌蚪的状态（也可以游泳和吃食）。虽然哺乳动物在不同的准备状态下从母体中脱胎而出，但在其出生的初期都需要和母亲待在一起，需要母亲提供奶水和保护，有的需要几个星期，有的需要几个月，在某些情况下则需要几年。[8] 这就意味着哺乳动物所知道的第一件事就是与另一个哺乳动物即它们的亲属保持紧密的社交联系。如果我们仔细观察更多的社交型哺乳动物（灵长类动物、鲸鱼、狼等），那么我们会看到，一个群体内的多个成员与年幼的哺乳动物密切互动，因此幼崽的社交世界从一开始就是很复杂的。

这种现象有着深刻的生理影响。对于哺乳动物来说，生存是至关重要的，母亲和后代之间强大的纽带连接和责任意识，能使它们之间相处融洽，这是它们待在一起的动力。在数百万年的进化过程中，哺乳动物的身体得到了很好的调整，为它们拥有强烈依恋和关怀的身体感觉做好了准备。在学术上，这叫作精神神经内分泌系统，这是一种激素、情绪和情感的综合体。人类遗传了哺乳动物的这一基本特征，并使其变得更加复杂。

哺乳动物的育儿方式在灵长类动物中的体现是让幼崽长期依赖其母亲。大象、海豚和鲸鱼也是如此。在出生的头几年里，大多数猴子都黏在妈妈身上，有些类人猿在妈妈身边一直待到七八岁。这种生长模式出于两个相互关联的原因。第一，灵长类动物的脑容量大，需要很长的时间来发育，而且灵长类动物过着复杂的社交生活，需要很长的时间来学习如何在它们的社会里很好地生存。这意味着灵长类动物母婴的联结会比其他哺乳动物持续更长的时间，[9]母婴的联结程度要比其他哺乳动物的更高。第二，虽不太常见但很重要的原因是，一个灵长类动物的幼崽有多个养母，即从幼崽出生后不久就不仅仅只有它的妈妈来照顾它。这些额外的看护者也不总是其他的雌性。[10]

想想我们人类，如今我们的婴儿依赖性很强。一匹小马在出生后几个小时里就可以奔跑；出生仅几天的猕猴就可以在它母亲在森林里跳来跳去时紧抓母亲的身体，几周后就可以尝试自己爬树。但人类的婴儿在出生后几月才可以自行站立，更不用说独自行走了。他们需要花多年的时间来学会走路，花更长的时间才能学会奔跑，甚至花更长的时间来学会说话。换句话说，人类的婴儿对群体来说毫无用处可言。他们是群体资源的消耗者，因为他们至少在生命的头 3—5 年里不能独自觅食或携带自己的食物、抵御猎食动物，或在日常生活中提供帮助（一些人会认为，现在这个过程会延伸至 20 岁左右）。这是人类成功的关键。通过建立一个让婴儿在大脑和身体发育之前出生的系统，我们人类已经开发出了一种学习形式、一种大脑发育的复杂模式以及一种创新、想象和创造的潜力。我们通过寻找加强合作并构建社区的创造性方式才达此目的。

我们已经知道，大脑的发育需要花费很多时间和精力，但我们并不是突然就从早期人属 600 立方厘米的脑容量变成今天 1 300 立方厘米的脑容量的。这个变化大约经历了 180 万年（从大约 200 万年前到30 万—20 万年前）。关键的创新行为是要开发出一种社会制度、一种生活方式，使我们的祖先有足够的灵活性，可以养育在更长的时间内无法自理的后代。也就是说，如果早期人属的婴儿在出生前发育得更慢了，就为他们出生后大脑的发育提供了更多的时间。要做到这一点需要做到两方面：提高食物质量，增强婴儿看护的能力。

提高食物质量，为婴儿的母亲提供额外的营养，从而间接地为婴儿提供营养。人类学家莱斯莉·艾洛（Leslie Aiello）和她的同事们证明，直立人的女性比早期人属的女性需要更多的营养。[11] 怀孕期（婴儿在母体内）不是最需要营养的时期，哺乳期（看护期、养育期）才是。婴儿的母亲必须消耗足够多的营养才能满足身体的需要，产生足够的奶水来为婴儿提供至少一两年的营养，然后才能以奶水之外的食物作为婴儿的辅食。我们知道，在这个时候（180万—100万年前），直立人出现并遍布非洲和非洲之外，我们的祖先开始增加了食物来源并使食物多样化。

然而，在大多数其他种类的哺乳动物中，母亲要完全靠自己来觅食，同时还要照顾婴儿，也要完全靠自己来避免被捕食（同时要确保婴儿不被吃掉）。如果在获取额外食物的同时再照顾一个行动不便、头几年又无法独立行动的婴儿的话，就会很麻烦，尤其是对于直立人来说。我们已经确定，群体成员需要共同努力来获取所需食物、获取并制作石器，同时还要避开猎食动物。婴儿的母亲，就像其他人一样，需要帮助采集食物和躲避猎食动物，如果只有她一人负责照顾这个成长期很长的婴儿的话，育儿的过程不会很顺利。

但如果群体中的其他人也帮助看护婴儿的话，就是另外一回事了。我们知道，在其他一些哺乳动物中，甚至在一些灵长类动物中，有共同看护幼崽现象的存在，群体中的其他成员而非幼崽母亲为照看幼崽付出很多努力。直立人开始这样做并带来了转折，不仅仅是除了母亲以外的其他女性来看护或照顾婴儿，而且特定的群体配偶也来承担很多婴儿护理的重任，就像在一些灵长类动物中，幼崽的父亲负责大部分"抱孩子"的工作。这两种情况同时存在，也有其他更多的可能。直立人开创了一个系统，我们称之为"需要一个村庄的努力来抚养孩子"，即使他们没有任何实际的村落架构。

人类学家萨拉·赫尔迪（Sarah Hrdy）和其他研究小组[12]已经发现了强有力的证据，表明人类有一种独特的系统，从出生第一天起婴儿的养育就不只是母亲的工作，而是由一个看护者系统来完成的。在这个系统（赫尔迪称之为"母亲和其他人"）中，社区成员承担起照顾孩子和孩子成长的重要责任。老年女性（奶奶们[13]）可以做看护者，让年轻的母亲能参与许多的团体活动。一些研究人员认为，这种照顾婴儿的角色，是人类女性能够经历更年期的原因之一[14]，这一点不同于所有其他的灵长类动物，在更年期丧失生育能力后，她们仍然能够活很长的时间。当群体的其他成员包括孩子的妈妈制作石器、屠宰猎物残尸、采集地下水生植物或果实、在水边寻找乌龟或大鲇鱼时，年长的哥哥姐姐或其他孩子也能"抱孩子"、看孩子，甚至抱着孩子到处走动。当这个群体迁徙时，没有孩子的男性和女性可以轮流抱孩子走很长的路，这能让妈妈不用额外付出精力一直抱着孩子。早期直立人群体成员正慢慢地从群体走向社区。[15]

需要注意的是，直立人没有马上进入现代人的成长模式（现代人类的成长期包括几年的婴儿期和随后至少 10 年的童年期）。现代人的成长模式历经 100 万年左右的时间，经由各种具有生态构建过程特征的反馈机制缓慢出现。[16]人属的行动影响了他们身上的进化压力，这反过来又帮助他们塑造了一代又一代的身体、大脑和行为。人属的每次创新变革都能轻微调整这个系统，都会产生一些效果。从原来只有母亲看护婴儿到年长的女性怀抱和照顾婴儿是第一个进步，年长的哥哥姐姐和其他孩子也能够照顾婴儿是第二个进步，然后男性能帮助带婴儿是第三个进步。每一步都增强了群体的灵活性和顺应性，也提高了群体所需的协调和沟通的水平。反馈机制处在适当的位置，对直立人来说，婴儿问题的解决推动人类的进化故事走向了一个全新的篇章。

最初，直立人婴儿的成长速度要比我们人类的快，他们的童年期大约只有我们人类的 2/3，他们可能在十几岁时就成熟了。随着时间的推移，直立人通过一系列行为创新调整了人类特有的系统，这些行为创新包括他们更擅于共同照顾婴儿，改善营养，新生社区成员间能够更多地开展合作与协调，这使得婴儿的存活率得到提高，童年期变得越来越长。在这里我们需要关注两个过程，这将有助于我们了解在这段时间里人类社区的关键组成部分是如何发展的：

- 在从早期的奥杜威石器到阿舍利石器以及更为复杂的工具的转变过程中，人类如何形成的新思维方式。
- 同情心的出现，成了人类社区的核心部分，这使得社区成员不仅共同照顾婴儿，还会彼此照应。

同情心的出现

很多年前，我生活在印度尼西亚的巴厘岛中部，我在一个面具雕刻班上课。我是班里唯一的外国人，也是年龄最大的学生，那时我已经 24 岁了，其他人都是十几岁的男孩。刚开始上课，雕刻师拿出一块木头开始雕刻，大家围坐观摩。我们那样学习了一个星期，每天坐着看 4 个小时，我开始想知道接下来干什么。第二个星期开始的时候，雕刻师给我们每人各发了一套雕刻工具和一块木头，让我们学着雕刻那个他上周一直在刻的面具。好吧，我尽最大的努力去回想那个面具的图案、凹槽和雕刻手法，然后就开始雕刻了。雕刻师在房间里来回走动，边抓着我们拿工具的手，边展示如何做切割、如何刻槽或做出图案，但他只身教而不言传。当他靠近我的时候，他只是摇了摇头，并坐了下来，抓住那块木头，把它放在他的大腿上，让我从特定角度来观察木头，然后他就开始雕刻了。他雕刻了 15 分钟，木雕上出现了一只眼睛。他指着木雕上刚雕刻出的眼睛正右方的位置，把木头还给了我，让我接着完成。在我跟随雕刻师学习的那个月，关于木头雕刻作业我们大概总共有五六次谈话，但我们从来没有在我雕刻时交谈过。最终我刻完了第二只眼（以及其他部位）。这面具根本算不上雕刻得多好，但起码有面具的样子。这样学徒式的学习深深植根于我们的血统之中。

我们知道，在 160 万—50 万年前，遍布非洲大陆和欧亚大陆大部分地区的人属小社区完成了从稳定制作和使用石片、砍砸器的奥杜威技术向创新、实践、研发更广泛的多形态、尺寸和功能的阿舍利石器及随后的石器工具组合的转变。这些技术由个人传给个人，由社区传播到社区，并代代相传下去。正是这种涉及学习和分享，甚至超越最初创新的传承，可以说是最具创造性的行为。

记住，要制作石器，我们的祖先必须极其擅长"读懂"石块，能想象得出最终产品，并通过多次敲打来修整鹅卵石，从而打造出合适的石胚，为敲下第一块能用的石片做准备。接着，他们必须检查石核，转动着琢磨，可能会敲掉多余的部分，为下一次敲击做准备。随着时间的推移，他们的手艺更加熟练，整个过程变得更加复杂，有四五套甚至六套前期准备工序和其他石片剥离工序，只是为了得到合适的形状以制作出尽可能好的石片，这些石片一旦被敲下来就可以改造成可用的工具。学习如何制作石器的过程有点像我学习面具雕刻的过程。这并不容易，需要某种形式的教学。

我们通过最近的研究工作在考古记录中找到了这种制作过程的确凿证据，使我们能够逆向重现石片剥落的轨迹、石器的形状和制作模式。在一些可以追溯到100万年前（甚至更早）的遗址中，我们发现了从一块鹅卵石上剥落的所有或几乎所有的石片（碎片），以及最终打制而成的石器。这意味着，尽管过程非常艰难，研究人员实际上还是可以通过一片片的石片重现整个工具制作过程。[17]他们可以重现工具的模式、制作工具时所做的决定，以及在制作一个特定的阿舍利石器时进行的实际性敲打。最主要的是，要制作这样的工具，没有教学是不可能实现的。

一开始，一些特别熟练和有见地的人在奥杜威石片的基础上做了进一步或两步的发挥。随着新的、更好的改良工具偶尔或有意识地被制作出来，其他人也注意到了并试图去模仿。他们会与创新者一起制作工具，通过观察，跟着创新者学习敲击石块、准备石核，用他们的所学进行各种试验。但是，要让这样的创新在一个社区被保留下来，代代传承下去，需要最初的创造行为（由个人实施），以及经过更广泛的合作来增强最初的创造行为（由团体或社区成员实施）。这种工具制作过程不是一种由一代人或单个人通过反复试验的方法来开发的技能，而是一种一旦开发出来就在社区内被保留下来的技能。

生物哲学家金·斯特林（Kim Sterelny）关注到了这个问题，他问道：我们的祖先是如何在没有语言（这一点我们已经知道）、没有我们这样的脑容量和思考能力的情况下，开发并传承像制作石器工具这样一个复杂而精巧的技能的？斯特林的答案是"学徒模式"[18]，基本上与我学习面具雕刻的方式差不多。社区里的老年人制作石器，和社区成员一起出去搜集合适的石块，他们自己也处理这些工具，年轻的成员们则在他们面前使用甚至把玩这些工具，但这一切都是在没有学校、行会或任何我们可能当作正式的使用说明的东西的情况下进行的。

如今，我们把社会看作有特殊技能的各行各业的集合；在遥远的过去，社会很可能不是这么界定的。在100万年前不可能有固定的职业，比如工具专家、狩猎专家、艺人或育儿专家，但这与我们大多数人在博物馆或关于我们早期祖先的著作中所看到的几乎完全不相符。在这些图片和实景模型中，我们几乎总是看到同样的舞台设置：一个男人（猎人）站在那里，后背上悬挂着一个体型中等的猎物尸体；一个女人（保姆）坐着或跪着，怀抱一个婴儿；也许还有一个女人（做饭的人）正在生火，在她身边有个蹒跚学步的孩子；然后还有一个男人（工具制作者），通常年老一些，坐在那里制作石器。重要的是，要意识到在化石和考古记录中没有任何证据能说明，在过去特定的性别或特定的年龄该做什么事情，或者那时候曾出现过上面所说过的各种"职业"，一点证据都没有。我们知道，在所有的猿类中，雌性在使用和制作工具上略多于雄性，而年幼者则主要通过观察它们的母亲来学习使用工具。我们也知道，虽然雄性黑猩猩狩猎较多，但是雌性黑猩猩才在狩猎时经常使用工具。

当然，在许多同时期的人类社会中，男性比女性更多地狩猎大型动物，而女性往往主要负责照顾孩子。我们也知道，所有猿类或其他任何动物都不做诸如制作复杂石器的事情，同时也知道现代社会在技术上遥遥领先于石器时代，所以依靠人类或其他动物今天的模式并不是重现我们血统过去的最好方式。关于性别和角色专业化的假设可能会反映我们祖先的一些模式，但这些假设过多地限制了我们的观点。在考古记录中，严格的专业化更晚才出现，这是一个极其重要的转变，它改变了社区运转的方式。但我们需要记住，这个历史性转折点出现的时间不是在人类的早期。[19]

当然，有些人可能比其他人更擅于制作石器，正如有些人更擅于领导众人抢夺猎物、找到最好的果树、找到海龟，或者更快速地挖掘根茎和块茎。关键的一点是，群体其他成员并不是将所有责任都交给那些似乎更擅长一定技能的人来做，而是会向他们学习。知识在群体内部传播开来，使得大多数成员在一些关键的行为上至少能够表现尚可：如果这样的行为没有被分享，它们就不会在历经上百万年之后还继续存在着。

在学徒模式中，人们通过逐步效仿观察到的动作来进行阶段式的学习。这可以通过被动的教学来实现——让人们坐下来观看石器的生产过程。想象一下，三个正在劳作的成年人四周坐着一群年轻人，经过数小时对石块的打制，逐渐把大鹅卵石制作成锋利、光滑的双面石刀、薄刃斧、刮削器和砍砸器。年轻人会拿起石片、半成型的工具、鹅卵石原材料和最终成型的工具，触摸它们，跟着重复成年人的动作，甚至尝试一遍从开始到完工的整个工具制作过程。有时成年人更为主动的指导可以发挥积极的作用。如果一个成年人看到一个年轻人每次在他开始制作工具就凑到跟前，那么在他开始打制鹅卵石侧面的时候，或许他会把石块放到年轻人手中，成年人放置的位置更合理，年轻人敲击石核就能看出效果。在这项技能中加入这种轻微的变化后，年轻人再次开始制作工具时，他会利用所学知识来从一个稍微好一点的起点位置下手。正如我在巴厘岛上看到的，学徒模式的学习仍然奏效。它是我们祖先的秘诀，现在仍然是我们的秘诀。[20]

这种通过学习、实践和信息共享的途径进行的技能传递反映了一种特殊的、非常人性化的能力，人类学家蒂姆·英戈尔德（Tim Ingold）称之为"赋予技能"[21]——这一技能总是涉及观察、互动，以及如何作为社区一员来融入这个社区。同情的品质源自感同身受。

许多动物都能表现出对自己人的关心，有时甚至还会帮助一些病患或伤者。一群狒狒或猕猴为了保护群体而集体围攻一条蛇或一条狗是常见的事，但很难看到一只猴子明显地照顾它所在群体的伤者并与它们分享食物（时而会发生）。广受欢迎的 YouTube[①] 上有一些视频显示，一些年长的母象营救一头危难中的小象，或两头成年大象从两侧扶起另一头受伤的成年象帮助它继续前行。一系列高度社会化的哺乳动物（海豚、狗、狼），甚至跨物种之间也会发生类似的行为，但动物间的相互帮助只是偶尔性的，从来都不是经常性的。而人类则会经常对别人表示高度同情并给予帮助，即使他们并没有任何关系。当然，我们也会有动物王国里残酷无比的天性，这都变成了我们情感的一部分，像我们的同情心一样，但现在我们先不提这方面。

在过去的数百万年里，在我们的祖先构建和维系各种群体的过程中，成员会生病、受伤，甚至衰老并失去一些体能，这样的情况经常会发生。当这种情况发生在其他动物身上时，伤员或老者通常会被孤立，有时甚至会遭到攻击，它就会慢慢离开群体，消失不见（它们的结局通常是死亡）。在我们人类血统中，一个惊人的转变是让老弱病残继续作为群体成员留在群体里。成员会主动帮助别人，即使是在他们会消耗一些能量，而别人又不可能直接回报的情况下。驱动母婴之间纽带的荷尔蒙行为系统，具备了超过其最初用途的其他作用。

考古学家彭妮·斯皮金斯（Penny Spikins）和她的同事们对化石记录的研究[22]向我们证明了这一点。她把过去的 200 万年分为同情出现的三个阶段。我们找到了 180 万—30 万年前（第一个阶段）的人类获取并分享猎物残食和其他食物的证据。我们也看到了男人和女人、年轻人和老年人共同抚养婴儿的情况，以及随后出现的童年期的延长。群体内部食物的分享和广泛的照顾让我们的祖先得以成功存活，他们改造环境和被环境改造的反馈机制开始包含这些富有同情心的行为。我们甚至有他们彼此照顾的直接证据。在格鲁吉亚有 180 万年历史的

---

① YouTube，美国视频网站。——编者注

德马尼西遗址[23]中，我们看到，其中一个成年个体在死亡之前只剩下了一颗牙齿（我们知道，除了犬齿以外所有的牙槽骨都长在颚骨上）。这意味着群体的其他人必须为他提供易于消化的食物，也许他们甚至先把食物嚼烂再喂给他吃。

另一个例子来自肯尼亚一个有150万年历史的遗址，一个女性人属的遗迹证据显示，她可能患有维生素A过多症，[24]患病的原因是从食物当中摄入过量的维生素A（病因可能是食用太多的蜜蜂幼虫，因此也许这名女性生活在一个特别擅长采集蜂蜜的群体里）。这种疾病可能会导致骨质疏松，也会破坏骨头生长。这种病会潜伏很长时间才发作，她的化石显示她的身体出现了这种病的所有症状。如果她患有此病，病情发作会持续几个星期，甚至几个月，她会感到恶心、头痛、腹痛、头晕、视力模糊、肌肉能力萎缩和晕厥。这些症状会严重影响她的行动能力，甚至让她无法自理，但她幸存了下来。看来是有人照顾她。

在西班牙著名的大约有53万年历史的胡瑟裂谷遗址，有证据显示，一个孩子（可能有8岁）患有先天性单侧人字缝颅缝早闭症，他的颅骨骨骼融合过早，这会导致大脑发育的严重问题，致使他发育障碍、行动不便，也会导致他的面部、头部畸形发育。虽然他与其他人在外貌和行为上存在明显不同，但这个孩子患症后至少活了5年或5年以上的时间。[25]他得到了许多帮助和照顾，不然他不可能活这么久。

这些例子可能看起来并不多，但当你考虑到我们现有的这些时代的所有化石样本（其实数量不多），你会发现这样一个事实，我们所发现的化石表明，同情和关怀在当时可能很普遍。

斯皮金斯提出的第二个阶段，是30万—10万年前，同情已经延伸到社区的每一个方面。她认为，那个时候已经有很深的超越自我的情感投资的重要考古证据，更广泛的合作狩猎和食物共享、彼此照料范围的证据增多，以及埋葬的出现，都可以作为证据。她提出的第三个阶段，从大约10万年前一直延续至今天，同情的范围超越了社区，甚至超越了物种，并且可以扩展到陌生人、动物、物体，甚至是像上帝一样抽象的概念。

但是请记住，在我们变得过于暖心和感动之前，你与你自己所在的社区联系越密切，你对其他社区就越有戒心。我们知道，在我们人类血统的历史中，对于彼此相遇的社区，有一套共同的选择。我喜欢称之为"3F"（flee, flight, or fornicate, 即逃跑、战斗或私通）。私通其实到最后就是某种程度的交配，但"2F 和 GA①"又不如"3F"那样好听。

在我们历史的大部分时间里，人口密度非常低，也就是说，群体数量少且相隔较远。当他们彼此相遇时，常常会花些时间待在一起、合作，甚至交换成员。他们群体规模足够小，通常情况下不会存在缺乏食物或空间不足的问题，并且群体间交换成员可能对他们的社会交往有利，从生物学角度来说肯定能使他们更加健康。但是随着社区的发展，身份意识开始与特定的地点（石料采集地、狩猎场、某些河边或海边洞穴）联系在一起，对于"我们"和"他们"的身份意识会变得更强。群体间的争斗爆发了，我们很快就会说到我们进化故事的阴暗面，但第一个要考虑的是驯化这一关键步骤。我们将在下一章讨论。

我们能在不断扩大的社区中保持创造性吗

在过去的20万年里，看起来更像晚期智人（*Homo sapiens sapiens*[26]）

---

① GA，即 Get Along（相处）的缩写。——编者注

的人们散布在非洲和非洲以外的各处，他们会遇到生活在同一区域的其他人属。25 000—15 000 年前，我们是人属中唯一存活下来的成员，是幸存的唯一的智人。

随着人类的扩散，我们来到了新的地区，见到了其他人群、动物和植物。进入新的生态系统后，我们面临着一次又一次新的谋生方式的选择。在一阵创新繁荣期中，遍布全球的许多人类种群开始改造其他动物和植物。我们先是无意识地，然后是有目的地开始改造某些动植物的形态与行为，把它们带入我们的生活和我们的身体之中，使我们和它们之间永远彼此联系。随着社区的发展，人类学会了驯养其他动物、种植农作物，这改变了地球的面貌和生态系统的运行方式。在过去的 10 000—15 000 年里，人口数量开始增长，气候正在发生根本性的变化，冰河时代正在结束，正如我们以及其他任何形式的生命所知，世界开始发生改变了。前方有一个危险的挑战——我们创造的挑战，我们迎面碰到的挑战。

我们称自己为"双重智人 ①"，这意味着我们有双重的智慧，或者至少我们有能力具有双重的智慧。事实证明，驯养动物和建设不断扩大的社区是一条双向通道，上面有许多危险的弯道，而且我们还没有完美的地图为我们指路。我们有足够的创造力来指引我们走过这些弯道吗？如果没有会怎么样呢？

---

① 双重智人，为原文 double *sapiens* 的直译，实为 *Homo sapiens sapiens* 之意，即晚期智人。——编者注

第六章　食品安全的实现

打开世界上几乎任何一个地方的橱柜，有可能你所看到的每一种食物 99.9% 都不存在于人类的进化史中。不只是包装和加工方式不存在，甚至连食物本身也不存在。几乎每一种我们所吃的植物或动物，以及我们每天看到的大多数动植物，都是受人类影响和加工的产物。狗、猫、鸡、牛、马、鸽子、仓鼠、豚鼠、老鼠、猪、山羊、绵羊、美洲驼、羊驼、水牛、鸭、鹅、兔子、火鸡、三文鱼、金枪鱼、罗非鱼、苹果、橙子、木瓜、杧果、李子、西红柿、胡萝卜、香蕉、豆类、大米、小麦、啤酒花、土豆、红薯、山药、洋葱、甜菜、韭菜、生菜、卷心菜、桃子、油桃、辣椒、香草、杏仁、腰果、胡桃、向日葵、玉米、西葫芦、南瓜、黄瓜、可可、柠檬和酸橙，这些不过是在人类进化的最近阶段我们创造过或改造过的动植物的一个小小的清单。

虽然我们今天所吃的几乎都是一些种植的植物或经过驯养的动物，但在大多数情况下，这些动物或植物的原始版本已经不复存在。但有谁会在乎呢？当我们坐下来吃一顿团圆饭、翻看冰箱，或者拿上一个在附近汉堡店、咖喱餐馆、墨西哥餐馆购买的便当时，通常不会去想人类创造性地驯养动物和种植植物的历史。

我们需要我们的食物能有所贡献。除了提供宏量和微量元素之外，食物已经成为我们社会和情感生活中的一个核心部分。我们希望食物口感好、易消化，并能满足我们对甜、辣、咸、脆、劲道、暖、凉的需求，让我们身心愉悦。我们很多人希望全年都有各式各样的食物，当我们走进一家商店却找不到我们想要的水果、蔬菜、肉块或香料时，我们就会心烦意乱。很久以前，食物就不再仅仅是果腹之物，对许多人来说，食物是一种生活方式。我们创造了食物，但它也在一定程度上创造了我们。

现在有一场关于转基因食品的争论，当科学家们将水母和细菌的基因植入西红柿和草莓中时，人们会感到不安。但撇开转基因水果的冲击值和正当的道德、伦理问题不说，我们不得不承认，这种现代化的实验室操作以及使用激素、农药和其他一系列人工发明来改造我们的食物，是人类创造力的直接结果。我们今天的生活，以及我们赖以生存的食物，是数千年来人类操作和重新创造其他动植物机体和生命的产物，但这并不意味着我们目前的生产、分配、消费和控制食物的方式符合我们所有的最大利益。

在人类进化的大部分时间里，获取食物是非常困难的。想要使食物变得容易获取，从根本上来说，是一个把我们周围的世界纳入我们生活的社会结构中的驯化过程。驯化的故事不仅仅包括对食物的创造，对我们和其他物种来说，也是一种对新生活的创造。

一个严峻的考验

黎凡特是位于地中海东部的一个地区，北至今天的土耳其，南至今天的以色列，绵延大约 750 英里，从海岸到内陆的长度是 250—300 英里。从时间上看，在 17 000—5 000 年前，这里是一片茂密的橡树林，原始开心果树和橄榄树的祖先遍布其中。在春季和初夏，坚果可随时采摘；从夏末到晚秋，大量水果到处可见。这个地区四季分明，气候比较宜人。这里猎物很丰富，遍地都是种类多样的羚羊、野牛、野猪、鹿，连山部地区都有高地山羊和野山羊。这是一个物产丰富的地区，是人类社区繁荣发展的最佳场所，也是人类改造动植物的最佳场所。

在这片区域，我们发现越来越多 18 000—14 000 年前生活在这里的人们使用石碗和研磨器具的证据，种子、叶子和果实的遗迹表明人们对这个地区丰富的植物资源进行了更为有效的利用。当人们在较小的区域间来回迁徙时，丰富的猎物使人类群体规模稍有增长。在 13 000—12 000 年前的这段时期，在地中海东部的黎凡特地区的一些遗迹表明有些人类群体的几代人都生活在相同的地方。这些群体大力开发当地的植物和动物，他们不仅能够生存下来，而且可以繁衍下去，甚至开始建造房舍。这些考古遗迹是我们将这群人称为纳图夫人（Natufians）的证据。[1]

这些遗迹对我们理解人类物种历史上最重要的一个事件起着不可低估的作用，即我们人类是如何从半游牧的狩猎采集者的生活转变为定居的、驯养家畜的田园生活的。[2] 这些纳图夫人不从事农业种植，他们不像我们所知的那样种植、收割农作物，但他们依赖许多野生作物，有选择性地取用一些、留下一些，如此开始改造所利用的作物。他们也狩猎，我们在他们居住地的遗址和墓穴中发现了羚羊、野猪、野牛、海龟、小型哺乳动物和鸟类以及其他动物的残留。最引人注目的是，纳图夫人建造了房屋。他们用石头和木头建造了一些小房子并加以维护，1 万年前他们的村庄人口增长到 300—500 人，突破了邓巴所提出的人类最大群体规模为 250 人的人口极限。

纳图夫人和地球上同时期很多其他群体的墓葬有助于我们了解这个转变。有些人的墓中有许多陪葬品，其中包括狩猎的工具和武器、用于处理和盛放食物的碗和小型工具、用于采集和加工野生作物的工具，以及他们驯养动物的痕迹。陪葬品中会有一些动物和植物，这种现象反映了他们内心深处已经把这些其他物种深入地带进了他们的生活和社区中。正是这些人骨中蕴含着最丰富的信息，能够直接告诉我们他们的生活状况，以及最初向驯化的转变对人类产生的影响。

许多依靠狩猎和采集生活的社区在 20 000—15 000 年前生活得很好。他们的人数增加了，也没有太多资源缺乏的压力。什么都拥有得更多，这使他们创新的机会变得更大。由于社区之间联系的加强，一旦创新在一个社区出现，其传播的可能性就更大了。高价值的石块和其他货物的贸易能够跨越数百英里。精心制作的工具包括鱼钩、针、倒刺鱼叉、骨尖梭镖、锋利的石刀、石碗、研磨石器分布广泛。人类社区，特别是在海洋、森林、河流、沼泽和草原附近的富饶地区（比如当时的黎凡特），通过使用改良过的工具组合，能够从较小的区域获取更多的资源。对于这些人们来说，游牧的需求减少了，最终消失了。

这些日益定居的社区偏爱某些种子和水果。他们狩猎鹿、羚羊、野牛，有时他们只狩猎年轻的成年雄性猎物，把怀孕的雌性留下，或留下一些动物群体以让它们重新繁衍到一定数量。当狩猎成年动物的时候，他们有时只捕到幼崽，就把幼崽带回自己的社区进行饲养，也可能不吃——有时这些幼崽长大并经过长期和人相处，就成了宠物。由于人们开始在同一个地区居住更长的时间，他们的定居点（以及他们产生的垃圾）开始吸引其他动物。像这样的人类社区创造出了一种新生态，对某些动物（比如猪、狗、鸟）来说很有吸引力。10 000—5 000 年前，人类四周的植物和动物在机体和行为上都发生了改变。驯化是对植物或动物的一种改变，以突出它们最有益于人类使用的部分。拿小麦或水稻来说，这能让种子（谷物）变得更大，抑制了种子落地生根的能力，使得它们只有通过人类播种才能长出下一代植物。拿山羊或奶牛来说，对它们的驯化是让温驯的小山羊或小牛待在人类定居点的里面或周围，学会听从人类的指令，生长的速度变得很快，并能为人类提供肉、奶、骨头和角。对于狗的驯化过程我们不是很清楚，狗和人类似乎互相驯服，因为事实证明，驯狗是为数不多的人类并不是为了肉食而开始的驯化实验。

从奶牛和山羊到无毛犬的养殖再到长有 12 磅胸脯肉的火鸡，驯化的产品反映出人类的想象力。奶牛、山羊、狗，当然还有火鸡，如果按照它们自己的进化路径的话不会拥有现在这些形状、行为和模式。但驯化并不是出于人类的人为操控，最早的驯化是创造性狩猎、采集和社区建设的意外结果，这成了我们历史早期部分的特点，而且驯化是相互的：我们改造了它们，它们也改变了我们。我们同那些奶牛、山羊和无毛犬有紧密的联系，这种联系要比我们认为的更密切。

改造动物

12 400 多年前，在位于今天约旦一个叫作欧云－阿尔哈曼的遗址里，一群人挖了一个墓穴，安葬了两具尸体，其中一具伏在另一具上面，一具是成年女性尸体，另一具是成年红狐狸的尸体。他们又放入了一些工具，加了一些红色颜料，然后把墓盖上了。[3] 大约在同一时间，在今天以色列北部的艾因迈拉哈纳图夫遗址，另一群人站在一个长有橡树和阿月浑子树的果园里，把一个年轻的女性埋葬在一个浅墓穴里，将死去的小狗放在她的头旁边。他们把她的一只手放在小狗身上，然后把她和小狗埋在了一起并把墓穴密封起来，[4] 这是一个感人的画面，也是一个驯化的具体证据。

考古学家格雷格·拉森（Greger Larson）和多里安·富勒（Dorian Fuller）最近总结了三种驯化动物的主要方式。[5] 他们称这些过程为“三个途径”，即共生、猎食和直接驯化。

共生途径用于狗身上，是人类和他们感兴趣的其他物种至少在开始阶段所拥有的最互惠共生的关系。在这个途径的开始阶段，人类并没有刻意这么做，相反，是其他物种先黏在人类的四周。当另一个物种被人类生态吸引住时，共生的途径就开始了。[6] 这开始于某个特定物种的一些个体或群体由于被人类所做的某件事情所吸引，开始在人类社区生活。人类在营地附近留下了垃圾堆，这些垃圾本身又是小动物的食物，可以促进这个途径的发展。人类在夜间用火，可以保护人类营地的外围安全，这也能吸引一些动物过来。当人类社区开始定居，所有这些人类生态的特点逐渐显现出来，对一些动物来说非常有吸引力。那些真正对人类的生活方式感兴趣的动物就是在生态上与人类相关联的动物。[7]

人体身上的虱子和野鸽变成了与人类生态有直接关联的动物，这意味着它们必须与人类一起生活才能生存。其他与人类生态有关联的动物和人的关系变得更加有创造性，它们从被人类的生态特点所吸引到习惯了人类的存在，如果再辅以一点点的相互改造，就能达到驯化的程度。和人类相关的动物与它们的野生亲属不会马上分开，它们之间可能有一段基因交换的时间，但最终，与人类生态相关的动物会完全融入人类社区，它们用在人类火炉边的家代替了它们与野生亲属的亲密关系。让我们重回到这个话题——我们最好的朋友，狗。

30 000—25 000 年前，有两种哺乳动物在北半球繁衍得非常好：灰狼和人类。两者都是高度群居的动物，过着复杂的集体生活，都对群体有一种强烈的忠诚感，都能共同照顾幼小，都有超常的狩猎能力，但我们人类有更多的长处：大脑、拇指、工具、火、语言（此时已有），甚至在一些地区（如黎凡特、非洲北部和南部、南亚、欧洲中部和东部），人类会想出如何更少地迁徙而定居的方法。人类社区和狼群曾发生过无数次冲突，特别是在争夺猎物的时候。当人类进入一个地方，狼会注意到一个新的顶级猎食动物正在那里，它们必须退而求其次，把头号交椅让给人类。它们开始追随人类狩猎者，试图尽它们所能食腐，有时甚至会挑战人类，当人类落单时抓住其中的一两个人并吃掉，但大多数时候，它们会躲避人类手中挥舞的锋利梭镖、箭和火把。[8]

随后事情开始发生变化。狼群在人类周围的时间越长，这群狼或狼群里的某些成员越有可能一直不离开夜间保护人类的火和相对容易获得的食物。起初人类会用武器和喊叫把狼赶走，但一段时间后，狼仍然会坚守在人类进攻的范围之外，总是在人类附近逗留。狼随后改变了它们的狩猎方式，它们开始跟随人类，人类走到哪里，狼就跟到哪里，人类找到新营地居住上一两个季节，狼群就逗留在营地四周。在几代人之后，狼的变化也影响了人类，人们开始容忍狼群的存在。这些人类发现狼群的存在会带来几个好处。如果夜间有其他猎食动物或大型动物靠近人类营地时，狼群就会发出声音；狼群在人类捕猎的时候也尾随人类，当它们去寻找较大的猎物时有时会逐出那些人类可以抓住并吃掉的较小的猎物。最后在某些时候，狼的幼崽或小狼来到人类的营地，它们有的被遗弃了，有的受伤了，有时人类会照料它们而不是杀死它们。人类与狼之间真正的关系开始发生了，开始互相依赖，成为对方安全的保障，也变成了彼此的狩猎伙伴和朋友。[9]

随着人类综合创造力的增强，在人类社区里面和周围的小狼也发生了变化。我们的祖先开始注意到狼的幼崽和成年狼在习性上的差异。这些习性改变对狼与人类社区的和谐相处、狼熟练地听从人类的指示，甚至狼与人类的孩子的互动交流产生了影响。一些狼对人类表现出更多的依赖，对人类的指令反应更加灵敏，更不可能为了争夺猎物而与人类发生争斗，有些狼甚至紧紧黏在某些男人、女人或者孩子周围，跟随并看护着他们。这些狼把对狼群的忠诚变成了对人类的忠诚，于是人类就想出了一个办法去改造它们。随后人类就发现与狼的幼崽相处不久，它就成了人类最好的朋友。当我们的远古同类开始有选择性地花时间与最好的、对人类最友好的狼幼崽待在一起，狼的行为和身体发生了变化，于是它们就变成了狗。在 20 000—15 000 年前的考古遗迹中，我们发现了像狼一样的骨头，[10] 但骨头显示出了驯化的迹象——骨头更小，更没有棱角，更像小狗。有可能这是狼（灰狼）已经足以被称为狗（犬科）的第一个迹象。它们几乎在同一时间大幅度地改造着我们。

我们是如何知道这些的？在黎凡特和中亚地区有丰富的早期狗化石，在 15 000—10 000 年前，人类的许多社区都有与我们如今称之为家犬的大小和外形相符的动物。早期纳图夫人的墓穴并不是唯一被发现的墓穴，在亚洲中部和东部以及美洲大陆也发现了类似的坟墓和遗迹。我们还知道所有现存的狗的基因都来自 30 000—20 000 年前的常见的狼祖先，这意味着大约在那个时候，狼和狗的种群作为不同的种类开始分化。[11] 当然，狼和狗之间还可以顺利交配，还可以毫无障碍地把彼此看作交配方。我们称它们为不同的物种，但它们可能不这么认为。

狼变成狗的过程是由一个非常绝妙的实验来证明的，实验所用的狐狸来自俄罗斯北部。这是一个有创意的实验工程，演示了人类对特殊物种幼崽的照料是如何快速并强烈地影响犬科动物的身体和生活的。[12] 1959 年苏联科学家德米特里·贝尔耶夫（Dmitry Belyaev）开始在狐狸养殖场选择对人类最友好的狐狸幼崽，并把它们与其他狐狸分离，让它们繁殖并生活。他的这项工作由俄罗斯研究员柳德米拉·特鲁特（Lyudmila Trut）继续开展。[13] 在经历了短短 40 代狐狸（刚刚超过 50 年），他们就发现了狐狸在行为和长相上更像家养的狗。它们会发出呜呜声、舔东西、搂抱人，与人类之间、彼此之间表现出亲密的行为。它们的耳朵很松软，尾巴卷曲，毛有不同颜色。事实证明，对某些行为特征进行精细的选择会对荷尔蒙和发育系统的运行方式产生影响，并导致它们出现松软耳朵和卷曲尾巴的"驯化"形态。

并不单单只是我们在改造狗，它们也进入我们的社区生态系统之中，利用我们自己的一些生理机能来改造我们。在这方面一系列大量的最新研究表明，狗已经参与了我们人类所具有的荷尔蒙和精神神经内分泌途径，学会了我们人类共同照顾幼小和互相照顾的强大能力。还记得人类有同情心吗？当我们改造狗的时候，它们也改造了我们：它们融入我们的社区，开始学会激发人类社区成员彼此之间的同情心。多个研究小组的工作表明，狗进入了人类催产素反应系统（催产素是我们血液中的一种激素，也是我们大脑中的神经传递素，可以瞬时传递信息）。有些人甚至提出，正是这种关系，使得我们的直接祖先变成了更好的猎人，也许给了我们所需的额外的社交和生态支持，使我们在所生活过的所有栖息地上都能成功繁衍。没有大量进化成现代人类的其他群体的人类（比如尼安德特人）从未把狗看作朋友，[14] 看看他们现在是什么下场！人与狗之间互相促进的关系无疑是我们物种成功进化的原因之一。

还有一些其他的动物通过共生的途径成为驯化动物：猫，当然还有大老鼠、小老鼠、豚鼠、鸡（起源于 4 000 多年前开始在亚洲的人类社区旁逗留的红原鸡），甚至还有鲤鱼。但是大多数驯化的关系并不是从互惠互利开始的，而是随着人类的狩猎模式变得更有创造性而开始的。

猎食途径开始于人类的行动。当人类开始定居下来，甚至开始初步农耕的时候，他们继续在村庄周围狩猎大小动物。然而，许多社区很快就注意到，如果他们不放过一种动物的所有成员的话，这种动物就开始变得稀少，甚至消失了。这意味着狩猎小组必须去到离村庄很远很远的地方才能捕到猎物，狩猎投资的回报率就下降了。一些创新能力差的村庄，继续捕猎一种动物的所有成员，他们很快发现自己营养严重匮乏；[15] 其他村庄则利用我们人类的观察、创新和协调能力来想出了替代方案。

大多数最好的猎物，像牛、绵羊、山羊、驯鹿、水牛和猪的野生祖先，不会被吸引到人类的垃圾场，仍然像狼、狗和其他共生途径的物种那样狩猎（猪可能被垃圾场所吸引，但人类猎杀它们为食，所以这种吸引没有维持很长时间）。这些动物会对人类非常警惕，因为人类在 20 000—15 000 年前是它们周围的顶级猎手。标枪、弓箭、长矛和各种各样的陷阱让人类在它们生活的几乎每一处环境中都变成了可怕的猎食动物。人类很固执，花了很长时间才意识到，不加选择的狩猎对他们的长远利益不利，于是他们开始对野生猎物种群进行分类。许多猎食动物追踪年幼的、年老的或受伤的动物，但它们这样做是因为那些目标猎物更容易捕杀，而不是因为在它们心中有个管理规划。然而，人类知道捕猎什么猎物和猎物的反应，以及它们在接下来的几年里会变得多么的稀少。我们在 12 000—10 000 年前被吃掉的动物的骨头里可以找到一些证据，人类会优先选择吃掉年轻的雄性动物而避免吃掉雌性，[16] 尤其是怀孕的雌性动物。

如果人类有选择性地捕捉猎物，着眼于确保猎物的繁殖不受到影响，猎物种群或群体的社会结构不被完全破坏，猎物种群规模就能够保持相对稳定，甚至还会变大。[17]

当一个人类社区停止狩猎雌性野牛时，这群牛会慢慢容忍人类的接近。由于我们的远古祖先早已观察过猎食动物，并了解它们的习性，而更晚期的人类祖先通过观察野牛，可能已经开始掌握了野牛的生命周期，并做出了一些有风险但富有创造性的冒险。他们开始把一些小牛带进村庄，然后修建围栏，试图让它们活下来，最后他们成功了。他们一直在观察着牛的传宗接代，知道牛的生命周期，彼此分享已知的信息，共同提出养牛的想法，于是猎物的驯养就这样诞生了。人类在与牛、羊、猪、美洲驼和山羊生活在一起后，就像驯养狗一样，通过直接操控而改造它们的一点行为和形态就是一项简单的任务了（为了获得羊毛、牛奶产品，以及肉类产量的快速增长）。选择特定类型的动物来养育是走向现代家畜的第一步，也是汉堡包得以出现的第一步。

　　动物驯化的第三种模式是直接途径。在 10 000—6 000 年前，大量的人类社区迁移到了村庄和城镇居住，有一些狗在他们住宅四周的耕地奔跑。人类的需求发生了变化：他们需要携带大量物品穿梭于村庄之间，需要额外花力气把土地变成耕地，需要满足日益增长的贸易需求，还需要解决冲突和潜在增长的暴力……所以，人类使用在早期驯化过程中所学到的知识，开始以野生动物为目标改变它们的用途，有意识地改造这些动物，并让它们提供一定的服务。对于捕获的驴子和骆驼等动物，有选择性地让其繁殖，然后将它们训练成运载动物，马也是如此。甚至连蜜蜂都被引入人类社区为人类酿造蜂蜜。更早进入人类社会的物种具备了新的功能；水牛、绵羊、羊驼和许多其他的动物经过训练和改造，为人类提供体力，生产多余的羊毛和其他产品。人类也开始捕捉和驯化更小的猎物，为人类提供更精细的食物来源（比如兔子、鸭、鹅，以及其他许多种鸟和鱼），有些变成了人类的宠物（比如仓鼠、沙鼠和龙猫）。

　　我们现有的驯化动物，不管它们是通过共生途径还是通过猎物途径开始的，都是直接驯化的产物。一旦我们人类发现我们可以控制、改变和选择动物的模式、品种和行为，我们的创造力（有些人会说我们人类很残酷）就会腾飞。想想荷尔斯坦因奶牛、所有狗的品种、花式表演鸡，以及全世界范围内的家养宠物：动物的驯化是通过人类的行为来创造和维持的一个全球性的生物和生态事实。这一切都发生在我们人类进化史的最后一瞬。

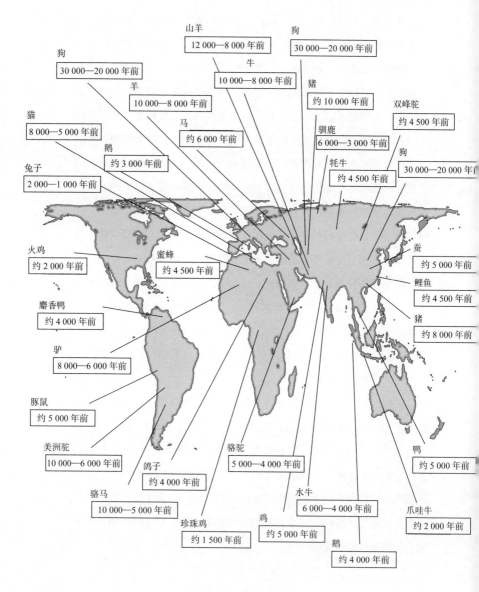

山羊
12 000—8 000 年前

狗
30 000—20 000 年前

牛
10 000—8 000 年前

狗
30 000—20 000 年前

猪
约 10 000 年前

双峰驼
约 4 500 年前

羊
10 000—8 000 年前

马
约 6 000 年前

驯鹿
6 000—3 000 年前

狗
30 000—20 000 年前

猫
8 000—5 000 年前

鹅
约 3 000 年前

牦牛
约 4 500 年前

兔子
2 000—1 000 年前

火鸡
约 2 000 年前

蜜蜂
约 4 500 年前

蚕
约 5 000 年前

鲤鱼
约 4 500 年前

麝香鸭
约 4 000 年前

猪
约 8 000 年前

驴
8 000—6 000 年前

豚鼠
约 5 000 年前

美洲驼
10 000—6 000 年前

鸽子
约 4 000 年前

骆驼
5 000—4 000 年前

鸭
约 5 000 年前

骆马
10 000—5 000 年前

珍珠鸡
约 1 500 年前

鸡
约 5 000 年前

水牛
6 000—4 000 年前

鹅
约 4 000 年前

爪哇牛
约 2 000 年前

图 7 动物的驯化

森林什么时候变成了花园

对于不细心的观察者来说，12 000—10 000 年前的东南亚热带雨林看起来和它之前和之后的热带雨林非常相似，下冠层有大量的棕榈树和带刺的植物，以及形状和大小各异的高耸入云的茂密的树木。但在研究人员看来，通过花粉分析、挖掘土壤来观察以前的森林、重建过去的风景，会出现一个模式：森林里的植物物种在出现频率和密度上正发生着变化。一些棕榈树、果树和葡萄树变得越来越普遍，另一些则正从一种生长模式向另一种生长模式转变，还有一些正在逐渐消失。随着气候的变化和海平面的升降，人们会预计到森林里植物的这类变化，但在东南亚热带雨林发生的这些变化与气候没有明确的关联，而是其他东西开始改造森林的外观和运行方式，[18] 猜猜是谁？

千百年来一直生活在东南亚森林里和周围的人属没怎么改变这里的生态，但远至 15 000—10 000 年前，人类开始有针对性地利用某些种类的树木，因为人类喜欢它们以及它们的水果、坚果、树叶，或者要使用它们的树皮或它们又长又密又细长的茎（或藤）。人类会把阻碍他们进入森林的小爬藤移开，或者拔掉挡路的小树苗，为人类喜爱的树木开辟生长和繁衍的新空间。人类甚至可能已经开始保卫某些树木免遭其他动物破坏，并在果实成熟的季节不让鸟靠近。

12 000 多年前，在今天墨西哥中部和北部的人类社区沿着物产丰饶的湖泊和茂盛的山谷狩猎和采集食物。火山土壤为植物的生长提供了肥沃的土壤，人类越来越多地利用这些植物。人类大量食用在地上种植的学名叫作西葫芦的笋瓜。由于它们果肉多，易于携带、储存、烹饪和食用，所以它们变成可以种植的一个完美对象，这就是为什么今天我们有它们的后代：南瓜、西葫芦和冬南瓜。到 10 000 年前为止，食用它们的人类社区发现了种子大和植物生长迅速之间的关系，[19] 他们选择种植那些个头大、生长速度快、种子较大的笋瓜。随着时间的推移，大多数笋瓜都反映出了人类所喜爱的这些特质，由于人类的创造、选择和操纵，笋瓜变成了种植的植物。

大约在同一时间，美洲（以及当今世界的大部分地区）最著名的植物——玉米也正在与人类形成改造关系。可能早在 10 000 年前，[20] 但肯定在 6 000 年前，小而美味的玉米逐渐成为人类社区的主食。有充分的证据表明，今天的玉米源自一种很高、叶子很宽的叫作玉蜀黍的近缘草本植物。当玉蜀黍结棒子的时候，棒子上有 5—12 个玉米粒（种子），覆盖在其坚硬的外壳之内。人们费些劲就可以打开成熟蜀黍的外壳，取下玉米粒，把它们捣碎或加以烹饪。它们是很好的食物来源，但做一顿饭需要很多玉蜀黍。[21] 在 10 000 年前，人类社区在今天的墨西哥开发了一些土地来种植玉蜀黍，但人类认为他们可以做得更好。像种笋瓜一样，人类有选择性地采集玉蜀黍的棒子，甚至更有选择性地播撒种子，慢慢地改变了玉蜀黍的棒子，玉米粒开始依附在更小的棒子上面，而不是长在坚硬的外壳上。这些人类社区并没有就此停止，他们开始把重心放在挑选外壳上，偏爱那些外壳柔软的、更容易剥开的玉蜀黍，只播种那些棒子上有更多玉米粒而不是更少玉米粒的玉蜀黍。历经大约 4 000 年的进程，他们创造了玉米：第一个真正能被完全辨认出来的干玉米棒子发现于可以追溯到大约 6 000 年前的考古遗迹 [22]（遗传学告诉我们它是于大约 10 000 年前从玉蜀黍分化出来的）。

但是新作物、人类的新创造和很多合作（种植和收获是全社区的工作）并没有停滞不前。在大约 2 000 年的时间里（6 000—4 000 年前），玉米种植业遍布墨西哥北部，横跨今天的美国西南部和东南部。人类不满足于仅仅创造新的生活和新的生活方式，他们也在社区间、跨越时间和空间分享新的的生活和新的生活方式。

今天的一种作物——水稻，也就是大米，是近 50% 的地球人口的主食。在亚洲过去的 9 000 年里，[23] 历经多次培育，这种小粒谷类作物在人类和其他动物的生活中扮演了一个重要的角色（一个相关的物种，非洲水稻也在非洲种植）。在过去的 3 000—4 000 年里，不同的社群把水稻改良成多种形式，通常分为短粒大米（现在称为粳稻，起源于中国）和长粒大米（现在称为籼稻，起源于印度）。与水稻亲缘最近的野生水稻是稻属的另一个物种，叫作野生稻。野生稻是一种韧性很强的草本植物，繁生在沼泽地区，有坚硬的红色种子，能吃但很难咀嚼，而且沼泽地里杂草丛生，不好控制。那么，人类是如何，并且又是为什么把他们的聪明才智集中在这种作物上面的呢？

我们知道，12 000—8 000 年前，在今天的中国，人类社区正变得越来越安定，人们开发了储存食物的多种方法。早期稻种（野生稻谷）和橡子的仓库在珠江和扬子江流域被发现。[24] 像野生稻这样的早稻，最大的麻烦（除了谷粒产量有限之外）就是随着稻粒成熟，它们就从稻草上脱落并掉进沼泽的水里或泥泞的土壤里，要么被鸟类和其他动物吃掉，要么发芽重新开始新的生命周期。如果这些稻粒能保留在稻穗上，人类就能把稻穗摘下来，把它们带回人类的栖息地或村庄，然后把稻穗往硬的地方摔打来把稻粒弄下来（现在这个过程叫作脱粒）。一些社区的人开始看到他们采集的野生稻穗也有不同的种类，有些稻粒紧紧长在稻穗上，有些则没有。

生活在珠江和长江周围的人群能有选择性地采集稻穗，他们不要那些稻粒容易脱落（掉粒）的稻穗，更多的时候只采集那些不容易脱粒的稻穗。有基因证据表明，人类开始通过拔掉那些容易脱粒、秸秆易折的水稻来保留那些不容易脱粒、秸秆更耐折的水稻。水稻的一种特定的基因突变使稻穗和秸秆之间的连接组织变得坚韧，这样稻粒很难脱离稻穗，这种基因叫作不易脱粒，正式的学名叫作 *sh4*（落粒性基因 shattering-4）。这种基因现在自然会再次出现，但在大多数水稻科中又迅速消失，因为有这种基因的作物在繁殖时有其自身的不足（稻粒难以脱落）。但是在 7 000—5 000 年前，*sh4* 基因突变出现在大多数耕种水稻中，人类注意到了突变的影响，通过采取有利于那些作物的措施，使这种水稻作物的基因变体存活下来并传播开来。今天的我们实施了很多基因工程，而这就是人类早期基因工程的一个很好的例子。富有创意的人类事业在水稻作物上传播基因变体，永久性地改变了水稻，但这也造成了一个问题：如果没有稻粒脱落，收获是如何发生的？让我们重回到（协作）劳作中来，很多很多的协作劳作。

水稻喜欢潮湿的环境，虽然有许多品种的现代水稻能在旱地上生长，但是大多数的水稻，包括所有的早期水稻，都需要在潮湿甚至水淹地区才能够长得好。每一株水稻上所结出的稻粒都不多，所以需要许多很多株水稻才能养活人类。如果这些秸秆不能够自我繁殖，这意味着人类不仅要采集和脱粒（以得到稻粒），也需要每个周期（每年一次，甚至每年两次）重新播种，如此才能有新的水稻产出新的稻粒。对于一个即便只有几百人的人类社区来说，也至少要有成千上万株水稻需要采集、脱粒、分类（吃饭用的稻粒和播种用的种子）、加工（食物和播种），才能满足食物或播种的需求。如此周而复始。

这个复杂的季节性过程与黎凡特和欧亚大陆中部小麦和其他谷物的故事有相似之处。地球上的人类社区在种植其他作物时也经历了类似的过程，如安第斯山脉的土豆、非洲的小米和大米、东南亚和南太平洋的香蕉、北美洲的向日葵，不胜枚举。

植物的形状、基因和生命周期发生了变化，由此对生态系统也产生了影响。再次重申，我们改造了其他物种的生命和机体，我们自己也正在被改造着。

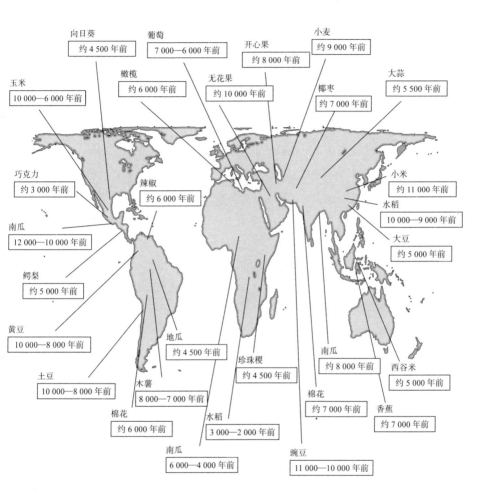

向日葵
约 4 500 年前

葡萄
7 000—6 000 年前

开心果
约 8 000 年前

小麦
约 9 000 年前

玉米
10 000—6 000 年前

橄榄
约 6 000 年前

无花果
约 10 000 年前

椰枣
约 7 000 年前

大蒜
约 5 500 年前

巧克力
约 3 000 年前

辣椒
约 6 000 年前

小米
约 11 000 年前

水稻
10 000—9 000 年前

南瓜
12 000—10 000 年前

大豆
约 5 000 年前

鳄梨
约 5 000 年前

黄豆
10 000—8 000 年前

地瓜
约 4 500 年前

南瓜
约 8 000 年前

西谷米
约 5 000 年前

土豆
10 000—8 000 年前

珍珠稷
约 4 500 年前

木薯
8 000—7 000 年前

棉花
约 7 000 年前

香蕉
约 7 000 年前

棉花
约 6 000 年前

水稻
3 000—2 000 年前

南瓜
6 000—4 000 年前

豌豆
11 000—10 000 年前

图 8　植物的种植

驯化自己

12 000—7 000 年前，许多社区的人类经历了一个转变，即从影响周围动植物的定居狩猎采集者转变为大量耕种农作物和驯养家畜的完全的农民和牧民。这种转变非常普遍，很多人口都发生了转变。这种转变对这些社区来说既有吸引力，也能给他们带来好处，但当我们看这些早期的农耕社区的考古记录时，遇到了一个棘手的难题：最初向农耕的转变使人类的健康恶化了。

那么为什么第一批农民要坚持下去呢？在转型时期之前不久，定居的狩猎采集者群体非常健康，似乎生活得很好，在我们物种的历史上名列前茅。随着向农耕生活的转型，他们的健康逐渐恶化，[25] 社会不公和男女不平等在考古记录中也体现出来，在我们物种的历史上，出现了人类社区间爆发第一次大规模的协同冲突（战争）的证据。

三个关键的原因解释了为什么尽管很艰难，人类还会坚持耕种：

- 食物来源的稳定性。
- 人口的增加。
- 固定在一片土地上。[26]

第一个原因很容易理解。一旦开始种植自己的作物，你就有了许多新选择。你可以提前计划，比如，大家知道我们可以种植一定数量的小麦或水稻，它们会提供足够的食物让我们维持一定的时间。如果你有山羊、绵羊或鸡来作为食物的补充，就会有食物的双重选择，再加上你可能还在你的居住区域做一些采集和狩猎。

第二个和第三个原因是我们可能称之为恶性循环的部分。最初，农业和家畜驯养意味着人类的孩子能得到稳定的食物，可以长得快一点，母亲们可以在婴儿刚出生的关键时期依此获得她们所需的营养来哺育婴儿。她们能够持续摄取蛋白质和碳水化合物，再加上她们能够做饭并把饭捣碎，意味着婴幼儿可以比游牧狩猎采集时早些断奶而吃一些辅食。[27] 这意味着两胎生育间隔的时间缩短了，总体的出生率上升了。随着农业的发展，婴儿的出生率越来越高，[28] 结果就是人口得到快速增长。[29]

恶性循环是由第三个原因来完成的：一旦人们致力于农业，几乎不可能轻装上阵，收拾好行装就走。人们把所有的时间和精力都投入到了种植农作物上，但它们又不能随身带走。人们已经建立起村庄和地方用来加工和储存粮食，社区发展得更大，孩子的数量更多。人们不能只是卷起铺盖就走人，如果他们这样做了，就会失去一切，并把群体置于致命的风险之中，想想那些远离英国故土后的清教徒们所遭遇到的艰难困苦（以及他们是如何得到北美洲原住民的帮助才得以幸存下来的）。此外，如果农业已经扩散到了你所在的地区，大部分其他优质地段很可能已经被其他社区所占领。如果你需要搬家，你搬去哪里？你如何搬运你所有的行李？找个地方定居下来，社区通过慢慢壮大，规模会远超游牧时的大小。人们一旦定居下来，致力于农耕生活，人类社区就长期固定下来，不管是好是坏。但是"坏"起来会相当糟糕，骨头化石告诉我们一个故事。

农业的出现与人类牙齿中蛀牙的成倍出现相关。蛀牙是一种疾病，通过细菌发酵能去除牙齿的矿物质，并把牙磨损坏，从而影响牙齿的牙釉质。有没有想过我们没有牙膏怎么办？细菌发酵主要是由碳水化合物引起的，农耕作物中的碳水化合物含量比野生作物高出许多。在口腔健康研究中，研究人员指出，农耕者中患蛀牙的数量是狩猎采集者患蛀牙的数量的 4 倍，[30] 尤其是当这些农耕者把农作物煮熟，做成糊状粥时，这些食物残渣可以隐藏在牙齿之间的空间内，并迅速发酵（于是，牙线和刷牙便应运而生）。在他们的一生中，掉牙的情况在农耕者当中也比在狩猎采集者中要常见，这说明碳水化合物的增加和饮食种类的减少也可以导致牙周疾病，使牙根和周围的牙龈变得脆弱。[31]

牙齿化石也显示，随着农业的兴起，人类出现了显著的性别差异。狩猎采集者在牙齿疾病上没有表现出性别差异，但对来自北美洲、南亚和非洲的农耕者的研究则表明，相比男性，女性得牙齿疾病的频率更高，研究人员认为这可能是由于在这些社区生活的女性饮食和男性饮食相比，碳水化合物的含量多，而蛋白质的含量少。[32]这些早期农耕者的遗迹是人类社区结构性性别差异明确的实物证据。

向农耕的转变也往往导致总体动物蛋白质摄入量的减少和食用植物种类的减少。这意味着，尽管早期的农耕者可能有足量的几种食物（比如许多大米），但饮食范围缩小了，所以人体对宏量元素和微量元素的需求并不总能得到满足。人类似乎长得更矮了，人体经常会由于营养不足而生长缓慢，骨骼的生长轨迹受到缩减。我们知道，只吃玉米会限制人体可吸收的烟酸，只吃小麦会导致缺铁，吃过多的大米会导致蛋白质和维生素 A 缺乏症。一些对早期农耕人口的骨骼研究显示，随着人们过渡到农耕生活，他们频繁出现了骨骼疾病，比如骨关节炎，并且总体上人类的个头变矮了。[33]

转为驯化的生活也与传染病的增加有关。在几乎所有的人类历史上，很少有大规模感染传染病的考古证据，直到我们人类社会实行驯化为止（10 000—7 000 年前）。关于这一点，有几个明显的原因。定居某处意味着不能在疾病发作时远离疾病。在一个规模较大的人类社区，人们紧密地生活在一起（他们共同使用厕所），这为病毒和细菌感染的形成和在整个社区内部的快速传播提供了一张完美的温床。像肺结核（可能是从人与母牛的分枝杆菌交叉感染而来）和密螺旋体病（雅司病和多种类型的梅毒）这样的传染病随着动物驯化的出现而出现在人类社区之中。[34]

驯化肯定对人类的肠道产生过巨大的影响。肠道菌群指生活在动物消化系统内超过 100 兆个的细菌和其他细菌微生物。[35] 在所有的哺乳动物中，肠道菌群在消化食物、延缓病情，甚至平衡我们的情绪（是的，肠道菌群失衡会让你感到沮丧）方面起主要作用。肠道菌群的组成主要受人们饮食的影响。尽管人类作为一个物种都有共同特点，但世界各地的不同人群体内的肠道菌群则稍有不同。这就是为什么当你从地球上的一个地方到另一个地方后，你经常会感到胃部不适。你的消化系统在你获得了一系列新的肠道菌群后会让你水土不服。

数百万年来，我们人类血统完全依赖于吃生食，然后大约 50 万年前我们学会了把植物和动物做熟了来吃。接着驯化迅速改变了我们的肠道和几乎所有东西的生态。但这些挑战并不能毁灭掉大多数的人类群体，尽管这些阻碍很麻烦，但它们并没有摧毁人类的决心和创新。

随着时间的推移，农耕生活好的一面开始初见成效，社区规模变大了，驯化的系统得到改善，人们发现了营养均衡，驯养者开发了新模式，使得他们的系统更具吸引力。一些人类团体开始创造性地改良储存食物的方法：腌制肉类以让它们持久不坏，让谷物开始发酵以提供各种营养和享受（啤酒）的新选择。随着时间的推移，甚至肠道菌群的变化也开始获益。我们肠道曾面临的挑战使我们与细菌之间形成了一种新型的关系，让我们变得更有实验性，发明出了发酵食品和改良食品（酸奶、奶酪、泡菜）。正是我们在非洲的部分地区和欧亚大陆的祖先利用牛奶的能力，使我们能够像对水稻所做的那样来对待牛奶：人类使用生物工程的手段让自己喝上了牛奶。

所有的哺乳动物在生命的早期都会生成乳糖酶，它是人体分解牛奶中的关键营养物质所需的重要物质。没有乳糖酶的话，哺乳动物的身体就不能消化牛奶（里面的糖分被称为乳糖），只能从牛奶中吸收极少的营养，而且还会得肠道疾病。大多数哺乳动物成长为成年个体后，其调节和生成乳糖酶的基因就会关闭。从进化论的角度来看，这是可以理解的，成年哺乳动物还需要喝什么奶？它们的身体转移到别处去摄取营养。然而，这一系统并非一成不变，能够生成乳糖酶的基因突变现在再次出现在了所有的哺乳动物身上。通常情况下，乳糖酶停留在低水平上或者消失了，在几乎所有的情况下，它们对身体并无益处。然而，如果有牛奶可喝，成人又能消化的话，就会出现一个新环境，基因突变的频率让基因继续生成乳糖酶，这样的新环境和基因突变就给成年人带来了益处。正如我们有意选择并保护更不易折断的水稻秸秆而增加了水稻的 *sh4* 基因突变一样，奶牛、山羊和绵羊的饲养为基因突变提供了一个新环境，那些能够一直喝牛奶喝到成年期并能从牛奶中获益的人往往具有优势（他们更健康，会生出更多的孩子）。让乳糖酶一直持续分泌到成年期的基因突变变得更加普遍。这里的肠道菌群又一次成了主角。人类能利用肠道消化并吸收牛奶中的糖分和脂肪，这样一直持续到成年期，使得一系列新的细菌和微生物蓬勃发展，从而增强了身体从牛奶及其副产品中获取能量和营养的能力。所以，今天任何一个能从牛奶中获取营养的成年人，身上都有一些来自遍布非洲和欧亚大陆的从动物身上挤奶的其中一个社区的血统。

但如今能够消化乳糖的人类仍然占少数。事实上，许多食用很多牛奶制品的人也不能消化生牛奶。南亚的一些社区尝试把牛奶发酵，他们发现，把牛奶与能产生乳糖酶的细菌（比如酶菌）混合在一起，就能创造出一种新的食物，这种食物易于消化，能给人体带来益处，这就是酸奶。

随着这些对食物改良的增多，我们的肠道系统增添了更多种类的细菌和化学物质，我们的肠道菌群也有了更多的反应。[36] 肠道中的细菌和其他微生物是锌、碘、硒和钴等矿物质的吸收和排泄核心。它们生成的一系列维生素（如生物素）是我们自己基因产品功能的核心，包括调节我们身体发育和新陈代谢的酶和蛋白质。这些模式被称为表观遗传过程，代表了最新生物科学所揭示的一种不断加深的理解。但现在的问题是一位母亲所吃的食物和一个婴儿所吃的食物都能去改造孩子的肠道菌群，影响孩子的生理机能，并能代代相传下去。

地球上的人类在利用动物时首先是为了吃肉，其次是为了进一步利用它们的羊毛、羽毛、蛋和其他部分。动物与人类之间的双向联系变得越来越复杂，益处也越来越多。为了保障人类的食物供应而引发的驯化，使得人类历史的现代篇章由此开始，无论结果是好还是坏。

第三部分

战争与性：
人类是如何塑造出一个世界的

第七章 创造战争（与和平）

2016 年充斥着战争、暴力和人类犯下的暴行。暴力冲突相继在阿富汗、叙利亚、也门、乌克兰、以色列、利比亚和刚果民主共和国爆发。截至该年年底，恐怖组织"伊斯兰国"成员斩首、谋杀、强奸了数千人；在美国，发生了 300 多起大规模枪击案；[1] 在发达和发展中国家每天都上演着暴力行为和抗议活动。不能怪罪人们对人性感到悲观。

直到你真正看一下数据，接着你就会看到另一幅画面。

现在地球上生活的人口超过 70 亿，但其中只有极小比例的人口参与到了与暴力、恐怖和战争相关的活动中。即使我们列出生活在任一战争区域甚至包括邻近战争区域的人口总量，也只达到了人口总数的 4% 左右。每年在美国被害的人口只占美国总人口的 0.005% 左右。[2] 这并不是轻视战争和凶杀，它们是人类的可怕面，只是它们根本不像我们想象的那么无所不在。

哲学家托马斯·霍布斯（Thomas Hobbes）[3] 写道，人类的自然状态是"每个人对每个人的战争"，生活是"孤独、贫穷、肮脏、野蛮和短暂的"。这一说法受到一些学者的追捧，他们认为人类进化成了杀手，或者至少是侵略者，人类把威胁和暴力犯罪当作他们在进化竞争中的一个主要优势。人类学家理查德·兰厄姆（Richard Wrangham）和作家戴尔·彼得森（Dale Peterson）认为，男性之间的竞争是人类进化的一个核心特征。[4] 他们告诉我们，这促使男性在早期就痛恨并杀掉其能感知到的对手，与他们成为敌人，这就是为什么在今天我们的身体和思想中能发现一种进化的侵略倾向的痕迹（例如，体现在应对威胁时我们的大脑运行方式和荷尔蒙释放上，也体现在男性比女性有更大块和更密集的肌肉这个事实上，这大概就是为了战斗的需要吧）。

最近，进化心理学家史蒂文·平克（Steven Pinker）在他的《人性中的善良天使》①（*The Better Angels of Our Nature*）一书中说道，尽管现代人类有可怕的暴力天性，但是由于我们的内心充满了野兽的本性，过去的我们明显更加暴力，随着文明的进步，我们变得不那么暴力了。他认为，如果我们看看从考古记录中得来的证据，在过去被其他人杀死的人口比例要高于现在的比例。他写道："当我们观察人类的身体和大脑时，就会从中发现一些为攻击而量身定做的直接迹象。有更大的块头、更大的力气和更发达的上身肌肉的男性是暴力雄性竞争进化史中的一个动物样本。"⁵针对人类这一倾向，他认为，现代文明，包括我们的法律和道德规范，遏制住了我们内心的野兽，并让"人性中的善良天使"脱颖而出。平克与霍布斯一起加入到了由许多政治科学家们如阿扎尔·盖特（Azar Gat）提出的这些主张中。⁶

经常被引用来支持这一观点的事实是，尽管许多其他物种也主动狩猎、捕捉并吃掉猎物，但它们很少像人类那样在自己同一物种的成员身上实施蓄意的、致命的、协同的暴力行为。有些动物确实互相残杀，社交型哺乳动物，如灵长类动物、狼和很多大型猫科动物，会在自己物种的成员身上实施致命的暴力行为。一头雄狮可能会为了争夺与一群雌狮的交配权，在打斗中给另一头雄狮带来致命的伤害；两只公羊可能会硬碰硬，直到其中的一只摇摇晃晃地死去；一只雄性狒狒可能会多次攻击自己群体里的一只雌性狒狒，给它和它的幼崽带来致

① 《人性中的善良天使》简体中文版已由中信出版社于 2015 年出版。以下引文皆为本书译者翻译。——编者注

命的伤害。但在这些情况下，杀害对方并不是它们的预谋。大多数物种并不经常性地、系统地实施极端暴力行为，即便当它们这么做时，也没有达到人类在执行这项任务时所达到的创造力和协调力的水平。

人类是唯一一个能够预谋杀人和全面战争的物种。1939—1945年，有多达6 000万人，超过总人口2.5%的人在"二战"中死去。我们现代人类犯下这样协同的杀戮行为，当然还有许多其他可怕形式的大规模暴行，难道这实际上就是由人类的"野心"——进化上的暴力、杀戮和战争倾向造成的吗？

其他学者认为，暴力和战争并不是我们天性的核心。[7]其中最著名的是生物学家爱德华·O. 威尔逊（Edward O. Wilson），他主张人类形成紧密合作团体的非凡能力，包括一种天生的道德观念和群体忠诚感，让部落得以产生，也反过来引发了更大的冲突和全面战争。在与其他灵长类动物的暴力倾向的对比方面，灵长类动物学家弗朗斯·德·瓦尔（Frans de Waal）支持这样的观点，同情和无私在我们还是类人猿的时期就根深蒂固了，[8]人类不是生来就倾向于战争，而是倾向于慈悲和道德的。人类学家道格拉斯·弗里（Douglas Fry）和布赖恩·弗格森（Brian Ferguson）声称，化石和考古记录表明，我们并没有随着文明程度的提高而变得不那么暴力了，[9]当我们开始在村庄和城镇定居下来，在家畜和领地上的大量投入使得人们在财富、地位和权力上出现了大规模的不平等，于是发展出了（完善了）协同而又大规模的暴力行为，最终形成了策略性的战争。他们还认为，虽然在遥远的过去也有凶杀发生，而且在某些群体变得很常见，但蓄意、预谋凶杀并不符合我们人类进化史的准则。

这些反对意见的拥护者已经整理出了他们认为足以证明他们观点的证据。尽管在大部分进化记录中比较缺乏确凿的证据，但从对人类行为和生物学的研究、对其他灵长类动物的研究、化石和考古记录中得到的综合数据，使得这些核心观点能得到验证。

就在 80 多万年前，一群人属祖先——一种还没有进化成人类的古人类，仔细地把肉从他们同类的 6 个青少年的骨头上切下来。我们不知道确切的原因，人们做出了各种解释。

孩子们的遗体由一个西班牙研究者团队发现于西班牙北部靠近布尔戈斯的阿塔普尔卡山。[10] 格兰多利纳洞穴遗址是在该地区发现的 6 处重要遗址中的一处，这些遗址被称为阿塔普尔卡洞穴系统，其中人们在格兰多利纳洞穴里生活的时间最长，时间是 80 万—30 万年前。人属祖先生活在那里的时候，这一地区有三条河流流经广阔的山谷，还有一片开阔的草地和林地。这里四季分明，有温暖的春天和夏天，也有寒冷的冬天。这里生活着大量体型大小不一的动物，包括大象、熊、不同种类的鹿、野牛、鬣狗、狐狸、长得像狼的小型犬科动物、猴子，以及许多种类的鸟、蛇和蜥蜴。发现孩子遗体的洞穴里还有至少 845 块加工过的石头和 15 种不同种类哺乳动物的骨头，以及其他没有标记的人属祖先的骨头。挖掘发现，生活在这里的人们在洞内和洞口处都制作过石器，并用它们把肉从骨头上切下来，把骨头砸碎来得到骨髓。

研究孩子骨骼的团队，是由考古学家尤德尔德·卡博内尔（Eudald Carbonell）带领的，他们很确凿地认为这就是食人行为的证据。孩子们的遗体显示他们骨头上的切痕和那些与它们一起扔在洞穴垃圾坑里的野牛、大象以及其他动物的骨头上留有的切痕完全一致。因为这些孩子和这些动物都以同样的方式被屠宰，所有的骨头都被当作垃圾丢掉。更多研究人员普遍接受了孩子和动物肯定都被吃掉了的说法，但是这些骨头留给我们一个难题：这是由于极度饥饿而同类相食的绝望行为吗？有没有可能孩子们已经死亡，其余人吃了他们的肉来避免同样的命运？或者，如一些人所提出的，屠宰也许是该群体的丧葬仪式？或者，有没有一个更为狡猾的解释？

卡博内尔和他的同事们提出了另一种可能性，即同类相食是与另一个群体发生冲突的一部分。他们假设一群人属祖先可能在狩猎领地上与另一个群体发生争端而突袭了另一个群体，把敌人吃掉就成了一举两得的解决方式。突袭另一个群体意味着警告他们要远离最好的狩猎场所，而孩子的肉是非常珍贵的蛋白质来源。曾做过战争人类学研究的另一个人类学家基思·奥特拜因（Keith Otterbein）认为，该遗址是证明这种既有合作性又具创新性的特殊的入侵方式存在的最早证据，其实这也就是我们所说的"战争"，而同类相食不过是心理恐吓手段。[11] 这些早期人属是否足够聪明或足够奸诈，会通过这样的行为恐吓对手呢？我们可能永远不知道答案。

格兰多利纳洞穴遗址的案例是一个很好的例子，可以用来说明我们历经多少困难险阻才把人类暴力的最早历史拼凑起来，来判断人类暴力的普遍程度、它所采取的形式和它背后的动机。随着格兰多利纳洞穴遗址的发现，我们所知道的是 6 个年轻的人属祖先的肉被从他们骨头上切了下来，所用的切肉方式与遗址中从其他动物骨头上切肉的方式相同。但这些年轻人是不是被他们同群体的人屠宰后吃掉了？这种同类相食的行为普遍存在吗？这是一种仪式还是由于饥饿所迫？

关于人类的暴力、凶杀和战争的进化，有一个普遍的观念，即随着我们的祖先变成更好的猎人，他们的内心出现了一个恶魔，对暴力充满渴望——他们往前迈了一步，把日益成功的猎食经验变成了互相残杀的特殊技能。20 世纪 50 年代末，古人类学家雷蒙德·达特（Raymond Dart）提出了"人类是猎人，也是杀手"这一言论的现代版本。他提出，在我们人属之前及同时代的南方古猿、古人类都曾是强壮的猎人，很多他们的化石上显示带有伤痕，这或许可以解释为创伤留下的结果，也能表明他们是杀手。达特断言这些痕迹是由于我们祖先之间的激烈侵略造成的，他声称，这些证据表明，通过猎杀其他动物，人类对暴力的本能欲望被激活了——很快发展为另一件更加危险的事情，那就是自相残杀。

"成为猎人导致人类成为杀手"，这只是关于人类与暴力关系起源的众多故事版本之一。其他常见的故事版本认为，男性是天生暴力和强制的，这是人类进化遗产的一部分，因为它能帮助男人吸引女人，保护自己来对抗其他男人，在权力斗争中击败对手。另一种观点认为，战争是一种古老的行为，人类的历史是一个个体冲突与群体冲突的故事，杀戮与暴力协同作战是常态。这些观点的支持者认为，直到最近，有了现代文明，我们才开始控制住我们暴力和野蛮的冲动。

也许深度合作与无私在暴力和战争中交替出现、共同进化。也许群体间的冲突会促进群体内部更强的合作，使某些群体（最佳的合作伙伴）在与其他群体战斗中变得具有创造性并取得胜利。这一理论的支持者告诉我们，喜欢、信任、愿意为自己群体的成员牺牲，再加上对其他群体成员的仇恨、恐惧和不信任差不多是我们成为现代人类的原因。[12]

尽管这些故事中有吸引人的想法，但它们都是错误的，或者至少是非常片面的。虽然对80万年前的格兰多利纳洞穴中发生的事情所下的确定性结论，以及一些其他遗址所提供的更有力的线索，都是让人难以捉摸的，但关于人类暴力的总体轨迹的一个清晰故事确实出现了，这个故事与许多人所想象的不一样。

从灵长类动物那里得到的观点

任何观察一群猴子的人都不可避免地会看到以下的画面：雌猴群体，既有年轻的也有年老的，它们看护幼崽，陪它们玩耍、睡觉、喂它们吃水果和树叶。雌猴们彼此间用手梳理对方的皮毛，有时它们会吱吱地磨着牙或咂着嘴唇，并发出满足的呼噜声。一群小猴子会四处翻滚、彼此抓闹，做出不露牙的微笑状，它们玩得不亦乐乎。成年雄猴独自或三两成群零散地坐在四周，吃东西、休息、偶尔会靠近雌猴让它们给自己梳理毛发，有时也会和小猴子们一起打闹。如果到了一年中的某个特定时间，成年猴子们会时不时进行一次快速的交配，有时这会引起一场争斗，有时则不会。最后，如果你观察足够长的时间，就会听到一声尖叫，随后就会看到争斗，一个雄猴或一群雌猴会去追赶另一只猴子，甚至去抓它，把它背上的毛发咬下来或扯下来一些。然后一切归于平静，又重回到我们初见猴群时的景象。

我们必须记住，人类也是灵长类动物。如果我们能证明在其他灵长类动物中有暴力甚至战争倾向，那么我们就可以有把握地假设人类的暴力和战争倾向能从灵长类动物的进化中找到其深层的根源。它可能存在于我们的本性里，不论这意味着什么。

这种思维方式（被称为系统进化推理）假设血缘关系更相近的生物体有更多的共同原始特征。例如，所有的灵长类动物都有向前的眼睛，有良好的深度知觉，用拇指抓东西，人类也是如此。人类之所以有这些特征，并不是因为我们是人类，而是因为我们是灵长类动物，而这些特征是灵长类动物进化基线的一部分（实际上是灵长类动物定义的一部分）。当我们只观察那些血缘关系越来越密切的动物（例如猴子、类人猿、人类，甚至只是类人猿和人类）来缩小比较范围，我们得到了更加具体的共同特征。类人猿和人类的肩膀可以旋转（我们可以绕着圈摆动我们的手臂），其他灵长类动物却不能。这是一个只出现在与猴子的血统分化后的类人猿和人类的血统中（大约 2 200 万年前）的共同特征。

但这些例子都是关于生理特征的，让我们感兴趣的是那些关于行为的细节。在行为方面找到共同原始特征有些困难，但也不无可能。猴子、类人猿和人类倾向于生活在有多个雄性、雌性（年轻个体）以及有复杂社会关系的群体中——灵长类动物的生活就像肥皂剧一样。交朋友、与朋友翻脸、吸引别人、说服他们一起做爱、为争夺社会地位而与群体中的其他人竞争、抚养年轻个体并看着他们离开家（或待在家里），这些都是灵长类动物所共同拥有的。我们用不同的方式来做这些事情（人类的复杂性和创造性更高），但拥有这些基本模式都是由于我们是灵长类动物，我们是一般的灵长类动物，并不明确地指人、类人猿或猴子。

因此，如果我们可以证明，猴子和类人猿，像人类一样，对他人，尤其是群体之间使用有目的的和协同的暴力，那么我们就能得到一个强有力的论点：战争，或至少暴力的潜在驱动力，确实是一个非常古老的特性。

灵长类动物在一些情况和时机下确实会发生严重的争斗，但这是很罕见的，通常不会造成太大的伤害。灵长类动物学家鲍勃·萨斯曼（Bob Sussman）和保罗·加伯（Paul Garber）提出了一个基本问题：灵长类动物彼此之间使用侵略、打架、实施暴力到什么程度？他们研读了几十篇已经发表的研究论文，发现大多数灵长类动物大部分时间都是在休息、进食或积极的社会交往中度过的。[13] 社交最活跃的灵长类动物（僧帽猴、猕猴、狒狒和黑猩猩）可以花多达 20% 的时间用于（非暴力的）社交，人类的社交则要比它们更活跃。重度侵犯在灵长类动物中很罕见，这并不是说争斗不会发生，也不是说在某些物种中，争斗发生的次数要比在其他物种中更多。我们只需要注意到，身体暴力行为通常占不到所有暴力行为的 1%，致命的暴力行为就更少见了。

然而，竞争和轻微的侵犯是日常生活的一部分，就像家庭矛盾与办公室斗争一样。花上一天的时间在灌木丛里观察一群灵长类动物，你可能会看到一些小争斗、一些轻微的威胁、几个耳光，甚至咬上一两口，但实质的伤害和其他类型的严重侵犯还是很罕见的。灵长类动物学家和生物学家已经表明，竞争是由人际关系网络和社会联盟来防止的。[14]虽然发生争斗时可以使用暴力来解决，但大多数冲突可以通过相处、绝交、和好、避见彼此等方式来处理。是的，争斗有时会升级到受伤的程度，甚至会达到致命的程度，但这既不是常态，也不符合我们所说的战略（个体一贯使用的方式）。那些经常打架的个体通常来说境遇都不会很好。

雄性和雌性之间又有哪些区别呢？在大多数灵长类物种中，雄性要比雌性体型更大，往往有更大的犬齿（"尖牙"），因此雄性给雌性带来的伤害要比雌性给雄性带来的伤害更大（在一对一的打斗中）。有研究人员认为，这种模式反映了雄性使用暴力来控制雌性（人类能很好地反映这一点）的进化适应性。诚然，在一些类人猿和猴子中，雄性确实使用攻击的方式强迫雌性靠近它们，甚至强迫与它们交配，也有许多其他物种（大多数灵长类动物），雄性丝毫不能暴力强迫雌性。事实上，在许多物种中，雌性个体会团结起来形成联盟，以抵抗雄性强迫或攻击的企图。此外，我们必须记住，与许多灵长类动物相比，人类中的男性并不比女性体型大很多，男女的犬齿都很小。人类群体内使用攻击和社会控制的方式多种多样，没有一种灵长类动物的暴力模式可以作为人类暴力的进化基础。

到目前为止，我们只研究了群体内部的交往，群体之间又如何呢？是不是在群体之间的关系方面，其他灵长类动物能展示人类可能对暴力和战争有所倾向呢？

大多数灵长类动物的早期研究假定灵长类动物具有高度的领地意识，它们会为保卫自己的领地而斗争。我们现在知道，大多数灵长类动物都没有我们所说的"领地意识"，因为它们的领地与相同物种的其他群体的领地相重叠，但它们在空间使用上存在着冲突，在大多数情况下，同一物种的不同群体倾向于避免同时出现在同一个地方（尽管并非总是如此）。研究人员认为，这是一种最大限度地降低群体冲突和暴力风险的方法。这并不是说即使你花再长的时间来观察灵长类动物，你也看不到两个群体一同出现在一个有争议的地区，向对方"大秀肌肉"——向对方大喊大叫，甚至可能发生一些打斗。这些冲突可能会导致严重的伤害或者死亡，但它们很少这么做。就像在群体内部一样，群体间的冲突往往会通过谈判或者回避来解决，或者只是逃走。群体间严重的暴力和攻击是很罕见的，几乎不会导致死亡。

通过观察其他灵长类动物的生活，我们知道，极端的暴力和战争并不是共同原始特征，而这些东西可能只有在人类中才真正存在。这种说法大部分是对的。有一种特殊的、与我们人类亲缘关系最近的灵长类动物扭转了这一趋势：黑猩猩。

大约 20 年前，人类学家理查德·兰厄姆和记者戴尔·彼得森写道："我们本质上是猿类，被一种罕见的遗传——陀思妥耶夫斯基式的（Dostoyevskyan）恶魔诅咒了 600 万年甚至更长的时间……我们集恶魔的攻击性和猿类的天性于一身的巧合预示了这一遗传由来已久。"[15] 他们的观点是，并不是所有的灵长类动物，而是猿类，尤其是黑猩猩和人类共同拥有暴力和战争的核心进化史。他们认为，这段进化史是用鲜血写成的，是勇士般过往的标志，使雄性（包括人类和黑猩猩）把暴力和胁迫磨炼成了良好的武器，从而在冲突和纷争的世界中获得成功。

如果黑猩猩和人类有明显的和共同暴力模式，那么我们可以认为这些暴力的出现是由于它们反映了我们最近公共祖先的特定进化路径（1 000 万—700 万年前的最近公共祖先）。在对 11 个以上黑猩猩群落进行了超过 50 年的集中研究后，我们对一件事情非常有把握：黑猩猩确实具有攻击性。[16]

当我们观察黑猩猩以更好地了解人类的时候碰到了一个大问题，那就是有很多的黑猩猩群落，它们中有两个物种（黑猩猩和倭黑猩猩），以及它们之间的很多变种。黑猩猩也有很多种类（或亚种），大致可分为非洲西部黑猩猩、非洲中部黑猩猩和非洲东部黑猩猩等类别。黑猩猩脑容量很大，它们是非常复杂的社交性灵长类动物。不同黑猩猩群体的社会传统是不同的，圈养的黑猩猩经过训练能够用浅显易懂的手语与人类沟通。

我们和我们的祖先确实与黑猩猩有很多共同之处。黑猩猩和倭黑猩猩生活在大群落里，群落里有许多雄性、雌性和年幼的猩猩。大多数时候，群落被分解成规模较小的亚群落，遍布在整个群落领地的范围之内。对于非洲东部的黑猩猩来说，整个群落很少同时在同一地点聚集在一起。非洲西部的黑猩猩和倭黑猩猩中规模稍大的亚群落和整个群落聚集在一起较为常见。非洲东部的雄性黑猩猩对待雌性黑猩猩尤其具有攻击性，往往能够使用攻击和威胁的手段强迫它们。非洲西部的雄性黑猩猩不太可能使用暴力要挟雌性黑猩猩，并且当它们这样做时，不会有多少胜算。在倭黑猩猩群落，雌性在许多情况下能够控制住雄性，雄性则没有那么好的运气能使用暴力来胁迫雌性。

黑猩猩和倭黑猩猩在力所能及的情况下都会捕猎、杀死并吃掉其他动物（这占据了黑猩猩饮食的大约5%，在倭黑猩猩饮食中所占的比例则稍微低一些）。在许多黑猩猩群落，猎杀在树上高处的猴子对整个群体来说是非常令它们兴奋的时刻。正如在前面章节中所提到的一样，雄性承担大部分的追捕工作，它们经常会与最亲密的盟友一起分享猎物，有时跟它们的母亲或其他雌性一同分享。吉尔·普吕茨和他的同事们关于塞内加尔的方果力地区的黑猩猩用锋利的木棒刺穿小型夜间活动的灵长类动物（夜猴）的报告，[17] 是唯一已知的黑猩猩使用工具捕食哺乳动物猎物的情况。这么做的雄性并不多，也不是只有成年黑猩猩才这么做。年轻的猩猩不论雌雄都是最常见的猎手，十几岁的雌性最擅长捕猎。这种情况并不是"男人是猎人"这个假设的支持者所能想到的。

至于群体之间的暴力方面，东部和西部的雄性黑猩猩偶尔会聚集在一起，沿着领地的边界线列队行走（有时雌性也会加入其中）。研究人员称这些行动为"边境巡逻"，参与者往往会比它们在领地其他地区行动时更加安静，甚至更加严肃。当它们在巡逻时碰到来自周围群落的黑猩猩时，它们可以逞凶，大声呼喊并四处乱跳，偶尔也会发动攻击，这时的相互攻击可以是致命的。巡逻队一般只有在它们的数量超过其他群落的人数时才展开攻击。这反映了一定程度的协调：一只雄性黑猩猩开始走向边界，它也许只是小声地呼叫，然后其他黑猩猩会在它身后排好队。当它们遇到另一个群体时，它们之间用不着商量或者交谈，相反，如果它们感觉自己这边在数量上占据优势，其中的一两只雄性黑猩猩就会发动攻击，其他黑猩猩随后也会在疯狂的嚎叫声和呼喊声中纷纷加入战斗。

最后，也是令人奇怪的是，雄性和雌性黑猩猩（主要是东部的黑猩猩）在发生边界冲突时会杀死自己群落和其他群落的黑猩猩幼崽（甚至是自己的后代）。在杀死黑猩猩幼崽后，有时整个群落会一起吃掉它，就像在吃掉一只猴子或一头南非野猪；有时它们只是把黑猩猩幼崽尸体留在那儿，不管不顾。

这会是我们认识在格兰多利纳洞穴里发生的人类同类相食的一个窗口吗？可能不是。请记住，人属祖先用工具把肉从骨头上割下来，并用工具提取出骨髓，这是一种更为一致和有意识的行为。在黑猩猩身上，对什么时候吃掉或丢弃它们幼崽的尸体则没有清晰的模式。有趣也令人困惑的是，倭黑猩猩不在边境巡逻，群落间也不使用致命性的暴力，也不杀死自己的幼崽。

那么，关于人类暴力的演变，黑猩猩能告诉我们一些什么呢？不幸的是，它们并没有能够告诉我们多少信息。

人类与这两种黑猩猩有着同样近的血缘关系，但这两种黑猩猩在它们表现出来的攻击类型和模式上有很大的不同。另外，雄性黑猩猩对雌性黑猩猩可能会展开真正的攻击，但雄性倭黑猩猩很少与雌性倭黑猩猩打斗（当它们与雌性倭黑猩猩打斗时经常会战败），这两种情况在人类社会都有所体现。东部和西部黑猩猩的边境巡逻和群落间致命的暴力可能在某些方面与人类的行为是相似的。男性可以，而且确实会在许多不同的情况下形成团体并攻击其他群体的人，偶尔会使用严重和致命的暴力。但是，在人类政治、经济、历史、社会基础之上的争斗、杀害和战争，与东部和西部黑猩猩的行为没有直接的可比性。

虽然一些研究人员仍然认为黑猩猩能帮助我们深入了解战争的进化起源，[18] 但大多数人类学家和生物学家并没有充分的理由把人类的暴力和黑猩猩的暴力加以比较来得出上述结论。[19] 有证据表明，人类、黑猩猩和倭黑猩猩社会协调的能力都在其他灵长类动物之上。群体之间的严重暴力现象、雄性黑猩猩对雌性黑猩猩的胁迫现象会发生，雌性黑猩猩占主导地位的现象同样也可以出现，群体内部和群体之间的和平生活也会出现。在人类和黑猩猩共同的遗传基因中一切皆有可能。人类和黑猩猩是复杂的、社会充满变数的灵长类动物，都具备使用工具的能力，都比其他灵长类动物更懂得彼此配合，都会为了协商日常生活使用不同的社会策略。关键的一点是，人类和黑猩猩在使用这些能力时懂得变通。这种变通能力出自一个共同的创新火花，是我们人类而不是黑猩猩把这个火花发扬光大了。

我们体内的暴力

其他灵长类动物不会发动战争，但我们人类会，所以这个问题值得一问：我们的基因构成中是否有一些独特的东西，使得我们能够组织并协调群体之间互相争斗？暴力行为直接受到神经系统、大脑和荷尔蒙的影响。

很明显，大脑的某些部分（前额皮层、背侧前扣带回皮层、杏仁核和下丘脑）集中参与进攻和暴力的表达，并不是说这些部分会"导致"进攻，而是当我们咄咄逼人时，其中的许多部分都会以一种特定的方式参与进来。一般来说，大脑的这些部分接收输入（视觉、嗅觉、触觉、疼痛、声音、记忆、语言等），然后相互作用来刺激其他的身体系统（激素、神经传递素、血液循环和肌肉）付诸行动。大脑中的这些特定系统参与各种行动，比如自我反省、情绪调节、冲突状况的检测，以及对愤怒、痛苦和社会排斥反应的调节，这些与行为动作有关。还有一系列由身体产生的分子直接与大脑的这些区域相互作用，产生的分子包括血清素、多巴胺、单胺氧化酶 A，以及多种甾体激素，比如睾丸素、其他雄激素和雌激素。很多我们身体的运作原理已经被揭露出来了。

有一个能说明这个系统的例子：当你在夜间独自走在黑暗的小巷里，听到身后有脚步声快速跟着你，你的经验（你知道或者推断独自一人在黑暗的地方可能会很危险）结合你输入大脑的信息（听见脚步声跟在你的身后，由于天色很暗视觉受限，而且在小巷里，你的活动区域也非常有限），进而你会启动一系列大脑和神经系统的行动，通过与你的激素进行交流，来促使你的肌肉、血流量、视觉和呼吸频率发生变化。你正处于研究人员所称的"战或逃"模式，这时你就会付诸行动。你所采取的行动取决于你所处的状况和你过去的经历，但从那里迅速离开或转身面对你身后的人是两个最常见的反应，你的身体为这两种行动做好了准备。你可能会选择使用暴力，也可能不会。

在上述场景中如果加入其他人的话就会使得结果不好预测，但在我们所了解的这些系统中，没有一处表明它们在进化时期被赋予了专门为暴力服务的功能，即使它们几乎总是暴力反应的一部分。所有这些系统都有许多其他功能，虽然它们是进攻和暴力表达的组成部分，但它们也完全依赖我们身体的生活历史、社会背景、健康状况和日常生活并受到这些因素的影响。

我们身体内部没有任何生理系统能够被明确地认定为"为暴力服务"。

甚至睾丸素也不是这样。我们都知道，睾丸素会刺激或使攻击和暴力增强，尤其是在男性当中——是不是？不是这样的，男性和女性的身体里都有睾丸素的存在。平均而言，男性睾丸素的循环水平要高于女性，但这并不像大多数人想象的那样。拥有更多的睾丸素不会自动地导致一个人更加暴力。即使男性处于睾丸素激增的青春期，他们的攻击性也没有显著增强，甚至给予额外的睾丸素，成年人的攻击性也不会增强。[20]

有据可证的是，在竞争激烈或应激（比如打架）的情况下，人类（男性和女性）能够通过增加睾丸素的产生而迅速做出反应。睾丸素的增加可以提高肌肉的活力和效率，也可能会使得对疼痛的敏感性降低（男性和女性都如此）。这可能有助于使个体擅长攻击性竞争，尤其是对于大多数男性来说，他们的睾丸素循环水平要高于大多数女性，但这并不能导致甚至控制暴力行为的模式。

不仅仅我们的身体产生暴力和进攻的方式是理解人性的要点，我们创造性地使用和抑制暴力的方式也是。我们握手言和的能力比我们开战的能力更加复杂、更加有价值。

极端的暴力——古老特征还是现代特征？

人类历史绝大部分时间的特点是在小规模的觅食群体中生存。在人属 200 万年的历史中，也只有在刚过去的 20 000—5 000 年里，人类的一些群体才开始定居下来，他们的群落规模变大了，建立起了村庄，开始耕种。因为觅食群体结构是了解人类过去最常见的途径之一，所以许多研究人员研究那些仅存的以这种方式生活（或直到最近他们仍然以这样的方式生活）的人类群体。这种方法存在一些问题。观察现代的原始居民并不是我们了解过去的一个窗口，他们并不与其他非原始群体隔绝而孤立地生活，并且在其他人类群体继续进化的同时他们肯定也没有停止进化的脚步。

但这并不意味着我们完全无法通过现代的原始居民了解关于小规模社会的社会模式和生活在原始生态中的社会模式的一些重要方面。这两种模式在当今人类社会中都极为罕见，在过去却很常见。观察他们并不是了解我们祖先所做事情的标准，但可以让我们深入了解人类在这些群落中生活的一些方式。

关于战争是古代特征还是现代特征的辩论双方都引用了这些现代的小团体作为例子。很多人认为，现代原始人是非常喜欢使用暴力的好战者，是文明程度的大规模提升使得我们在过去的几个世纪中成了更加和平的人类。[21] 然而还有一些人不同意此说法。

人类学家道格拉斯·弗里和心理学家帕特里克·瑟德贝里（Patrik Söderberg）广泛地观察了现代游牧原始部落的暴力现象。[22] 他们在 21 个部落中找到了优良的数据，从中发现了致命暴力的 148 个实例。他们发现其中竟有 69 个来自澳大利亚海域的梅尔维尔岛和巴瑟斯特岛的提维人（Tiwi people）。案例中 55% 是一个凶手杀死一个受害者，23% 是多人参与杀死一个人，22% 是凶手和受害者均有多人。有趣的是，近一半的部落样本（21 个部落中的 10 个）中都没有两人或两人以上制造的致命事件，3 个部落根本没有致命事件。

致命事件背后的原因是什么？超过 50% 的事件发生在同一部落里的两个人之间，原因有轻蔑或侮辱、报仇、虐待配偶，或为了争夺一名男性或女性。部落之间的致命事件占 33%，大多数是由于两个不同的氏族寻求报复对方或亲近的部落、氏族之间出现了分歧。部落之间的致命事件大多只发生在提维人身上，他们有一些最丰富、最广泛的与死亡和丧葬有关的仪式，剩余的致命事件由占比较小的家族争斗、杀死部落以外的人（例如杀害传教士）和意外事故（占 4% 以上）组成，并且非常有趣的是，有了格兰多利纳洞穴的证据作为参考，大约有 1.4% 的致命事件是由于饥饿而导致的自相残杀。

弗里和瑟德贝里得出了什么样的结论呢？"当我们仔细研究了所有的实例……大多数致命的攻击事件可以被定性为杀人，还有几件是由于家族不和，只有少数可以被称为战争。致命攻击的真正原因常常是由于人际关系，因此，这些部落中大多数致命事件的情况与通常的战争概念不符。"是的，致命事件发生在现代的原始部落，但这几乎从来不能称为战争。作为一种脑容量很大、社会性复杂、具有高度创造性的灵长类动物，能够使用工具（武器）的话将会是危险的，但是这样的部落有处理这种危险的方法。

人类学家克里斯托弗·贝姆（Christopher Boehm）观察了 50 个被深入研究的原始群落[23] 并发现，当群落里有的人过于放肆、吝啬、盗窃、欺骗、欺负或毫无预兆地杀死其他人，他们所在的群落会坚决地反抗。积极的社会制裁措施，包括公开的羞辱或谴责、祈求神力惩罚罪犯、把罪犯驱除出群落，被用来进行行为控制。贝姆发现，这些群落的大部分成年男性会经常主动地强化他们不攻击的特征。对积极的社会关系的偏好，把群落当作一个团体来进行维护，这种观念普遍存在于群落中，而不仅仅体现在觅食中。这并不是说现代人总是和平相处的，也不是说男人没有侵略性，而是我们在所见之处几乎处处可见对侵略的约束和对积极的社会互动的偏爱。

我们通常认为，尽管我们看重和蔼可亲的、没有侵略性的男性，但那些更坚定自信、更积极进取、"更有支配力"的男性在社会中会做得更好，会更加吸引女性（像兰厄姆和彼得森所说的黑猩猩）。每个人都知道"人善被人欺"，但这是真的吗？

进化心理学家马戈·威尔逊（Margo Wilson）和马丁·戴利（Martin Daly）说道："当然，很容易想象，一名男性有能力有效地使用暴力可能会增强他对女性的吸引力…… 即使在性骚扰和殴打盛行的地方，一个以狂暴著称的丈夫也可能会成为一种社会资产。"[24] 这种假设认为男性对女性的攻击为男性提供进化优势，使他们能够获得更多的资源和更多的后代。这种假设认为女性可能更喜欢与那些更具攻击性的男性结合，因为他们是最好的提供者，或者因为与他们结合，女性（以及她们的后代）可以免遭男性其他的攻击性行为。这听起来非常有道理，但狂暴的家伙真的更受女士们欢迎？

鉴于这个想法已经受到关注，出人意料的是，很少有研究来试图回答这个问题：具有攻击性的男人做得更好吗？一个对居住在巴西和委内瑞拉边界上亚马孙地区的一个小规模群落亚诺玛米人（Yanomamö）的研究支持了一个主张，即男性的攻击是一种进化策略，[25] 证明长久以来这个策略都是成功的。人们常说这项研究解决了这个问题。

亚诺玛米人居住的村庄有边界和园林。他们偶尔会袭击其他村庄，有时在袭击时会劫持对方的女性。亚诺玛米人进攻的比率相对比较高，暴力事件会在村庄内部或村庄之间爆发，有时会导致死亡的发生。如果一个亚诺玛米男性参与了杀人，他必须要经历一个让他变成勇士

（unokai）的净化仪式。只有少量（约30%）的男性能成为勇士（那就是真的杀了人）；然而，据说平均每个勇士拥有2.5个以上的妻子，生下孩子的数量是非勇士男性所生孩子数量的3倍。这种差异似乎表明致命的攻击和人类男性的繁殖成功率之间的进化关系。

然而，在这里有一个问题。尽管平均而言，勇士确实有更多的后代，但他们并不是与同龄人做比较的。我们从对其他灵长类动物的研究中得知，年龄能够影响支配权和繁殖成功率。道格拉斯·弗里对原始亚诺玛米人数据组的再分析[26] 显示，勇士的年龄平均要比非勇士大10.4岁。平均而言，年长10岁的男人拥有更多的妻子和孩子（这在许多小规模的群落里非常常见）就不足为奇了。对于亚诺玛米人来说，孩子越多就意味着年龄相对越大，暴力性也相应越强。

我们也有瓦拉尼人（Waorani）一些可用的数据，这是另一个被较多研究的居住在南美洲的小型群落，以凶猛著称，在所有被研究过的小型群落中凶杀率最高。人类学家斯蒂芬·贝克尔曼（Stephen Beckerman）和同事们采访并查验了121个瓦拉尼长者的族谱，[27] 收集到了85位勇士完整的袭击历史。他们研究了袭击历史、婚姻记录、每个男性的孩子数量后发现："更具攻击性的男性，不管如何定义，并没有比稍温和的男人获得更多的妻子，也没有生育出更多的孩子，他们的妻子们和孩子们也没有因此而活得更长。"他们还发现，更具攻击性的男性，他们的孩子能够存活到生育出自己孩子的人数更少。

在两个众所周知、已被充分研究、高度进攻性的小型群落的例子中，事实证明，通过计量生育成效的方法，具有攻击性的男性在进化的意义上来看并没有"做得更好"。我们看到，在现代的原始群落，大多数最致命的暴力并不是战争，而是出于分歧、结怨和群落内部的世仇。我们也看到，这些群落中大多数成员都会把友情和合作看得比攻击和暴力重要（就像其他的大多数灵长类动物），他们会使用社会交往来控制攻击。

因此，在一些群落发生的暴力要比其他群落多，通过复杂的社会群居生活方式相处在所有的灵长类动物包括人类中很普遍。但是，在其他灵长类动物和现代小型人类群落中，战争的罕见（或消失）并没有告诉我们为什么战争似乎是今天人类经历的核心部分。我们知道战争会发生，有时会发生很多战争。问题仍然存在：这种战争模式是从什么时候开始的？为什么会发生战争？

制造战争

狩猎的发展和暴力或"杀戮"欲望的出现有没有任何关联？在人属那条支线出现之前的大部分时间里，可用的确凿证据很缺乏，只有在人属出现之后证据才稍多一些。可能最早的武器种类，如抛掷的石块和粗糙的树棒对此没有什么帮助，因为石块被用于多种目的，而树棒无法保存。

尽管如此，我们的确有证据为一个更令人信服的观点提供依据。尽管"男人从猎人变成了杀手"这个观点似有道理，但我们从对化石和考古记录的分析中发现，我们推断的时间都是错的。我们现在知道，南方古猿和许多早期人属成员骨头上的损伤，并不是在狩猎时受的伤，而是在被周围大型危险的猎食动物猎杀时受到了伤害所致。至于他们学会了狩猎的后代（我们的祖先们），化石和考古记录显示，他们早在战争甚至频繁的杀戮出现之前就成了顶级猎人。

他们的骨头能告诉我们很多信息，但也是有限的。我们对世界各地的人们如何、在何处使用暴力的研究，对那些有书面和口头记录的来自不远过去人类的研究，以及对他们骨头的研究，可以让我们很好地了解寻找的印记。损伤常伴有致命的暴力，包括头骨和脸部的损伤或碎裂，[28] 肋骨被压碎，以及我们所称的"挡开性骨折"，即前肢断裂，比如尺骨、桡骨、手腕和手，当有人用双臂保护自己不受打击的时候就会受到这样的伤害。人们可能会认为，想要解释我们的祖先有多么暴力是一件简单的事情，只需测量带有这种印记的骨头的频率分布。但是，所有留下印记的伤害也可能是由于意外跌倒所造成的，这可能会发生，比如在狩猎中。我们已经看到，狩猎经常会涉及在危险地带追捕动物。回想一下，很长一段时间内，我们的祖先在猎杀一些真正的大型动物时，他们所拥有的只有短而尖的木棍以及饱满的乐观精神。

设想一下这两个场景：

• 50万年前，人属中的一个成员抱着一捆多汁的根茎和一些水果，走回到山谷上面的地方，他的群体在过去的旱季一直居住在那里。突然间，住在山谷另一侧的对手群体中的一个人手持木棍从大石头后面跳了出来。随着沉重的木棍开裂的声响，我们的主人公扔下根茎和水果，举起他的双臂，他重重地摔下了斜坡，顺着陡峭的山坡滚了下去，头破血流，身受重伤。

• 50万年前，人属中的一个成员抱着一捆多汁的根茎和一些水果，走回到山谷上面的地方，他的群体在过去的旱季一直居住在那里。在小心翼翼地沿着悬崖峭壁的边缘行走时，他想象着吃完美食后肚子饱饱、围着火堆唱歌和跳舞的温馨场景，没能注意到道路上一小处松动的石块，踏了上去，然后掉了下去，脸着地顺着陡峭的山坡摔了下来，根茎和果实洒落一地，前臂也摔断了。他头破血流地躺在谷底，身受重伤。

50万年后被我们修复的化石遗迹看起来会很相似。如果这个人是在较为晚期被人袭击的，那个时候长矛和箭已经被制造出来，那么矛头或箭头有可能与那些骨骼一同被发现，甚至嵌在骨头里，这种现象我们在后来的记录中发现过很多。但是用一种最原始形态的武器来实施袭击，比如简单地投掷石块或粗壮的树枝木棍，对骨骼造成的伤害可能和摔倒造成的伤害极其相似。这使得对远古过去致命暴力可能留下的迹象进行解释变得尤为困难。

协同的集体杀戮或大规模战争的迹象如何呢？会留下些什么证据呢？常常很难确定这些有明显蓄意创伤迹象的遗迹，比如挡开性骨折，甚至是嵌入骨头中的梭镖石尖，是同一群落两个成员间的一次性打斗造成的，还是不同群落多个成员之间的打斗造成的，抑或是应该把它们看作是大规模、协同性冲突的迹象。但是，如果我们发现很多尸体堆在一起，全部或其中大部分带有创伤的证据，特别是有肢体残缺不全的证据，比如尸体被肢解，或证据显示暴力行为需要多个参与者的协调行动，[29] 那么我们就有所了解了。

让我们重回格兰多利纳洞穴遗址，由于那里有同类相食的明显证据，有人把它解读为有预谋的致命暴力，甚至可能是战争的一个实例。如果我们发现一些遗址有明显的同类相食迹象，同时也能清楚地表明这里发生过某种协同性的暴力事件，那么我们就能为解释同类相食提供更好的案例。唉，我们仅有的其他证据却不能给我们这方面的支持。在埃塞俄比亚一个叫作博多的遗址中，有人发现了一个人属头骨化石，显示出了大约 60 万年前类似的屠杀痕迹。据研究头盖骨化石的古人类学家蒂姆·怀特（Tim White）所说，这个头盖骨可能属于直立人血统中的一员。头盖骨上面显示有很明显的切痕，这表明一块锋利的石头被用来在头盖骨的不同部位把肉从骨头上割下来，如同格兰多利纳洞穴的骨头一样，切痕与在该遗址发现的那些动物骨头上的切痕相同。但与格兰多利纳洞穴的发现一样，这里同样也没有更多的证据来说明肉是谁切下的，为什么会这么做，也不知道他们对肉做何处理。

另一处遗址是周口店遗址，最早发现于 1921 年，许多研究者认为这个遗址能提供早期人属物种同类相食的证据。该遗址位于北京西南方向大约 30 英里处，是 60 万—30 万年前的一个化石宝库。人们在那里发现了多达 45 个直立人的遗骸以及数以千计的石器和动物骨骼。该遗址的早期发掘者，包括解剖学家戴维森·布莱克（Davidson Black），古生物学家、神父德日进（Pierre Teilhard de Chardin），考古学家亨利·步日耶（Henri Breuil）和古人类学家弗朗茨·魏登瑞（Franz Weidenreich），都认为有些人属骨骼被处理和破碎的方式看起来好像和很多动物骨骼被处理和破碎的方式相同，这表明这些人被他们的同伴吃掉了。然而，在 20 世纪 90 年代和 21 世纪的头 10 年，生物人类学家诺埃尔·博阿兹（Noel Boaz）和拉塞尔·乔昆（Russell Ciochon）做了更新的研究工作，他们发现直立人骨骼的损伤，以及遗址中许多其他骨头的损伤，其实是由已经灭绝的叫作硕鬣狗的大鬣狗造成的。这些大鬣狗捕捉各种各样的动物（包括直立人）并把猎物拖到洞穴里，在吃猎物的时候大鬣狗会啃咬、咬碎或者弄开骨头。有趣的是，数千年来，很长一段时间大鬣狗不再使用该遗址的这些洞穴，这个时候一小群直立人就搬了进来，把洞穴变成了自己的家（他们就是这么做的）。这儿可不是人们心目当中的梦想家园。

化石记录中可能会被解读为同类相食的另一组遗迹来自发现于克罗地亚一个叫作克拉皮纳的尼安德特人遗址，在时间上这处遗迹的出现时间要晚得多，大约是在 13 万年前。还有几处在欧洲和中国的遗址，在时间上更晚一些，这几处遗址也出土了智人的骨骼化石，迹象表明他们是死亡之后被屠宰的。但在这些案例中的迹象往往表现为骨头上的切痕都不在人们想要切肉的地方，因此这与人类的同类相食没有明显的联系。这经常被解释为葬礼行为，是为死者做记号，没有人认为这些迹象来自谋杀和战争。

其他类型暴力伤害的记录如何呢？在这方面，我们有大量可供使用的数据。更新世时期，从大约200万年前一直到15 000—10 000年前，这段时间包括人属的大部分历史，在非洲和欧亚大陆超过400多处遗址都有当时智人和人属其他物种的遗迹。对于其后的全新纪和人类纪，我们有成千上万个来自世界各地的例子。这些遗迹描绘了一个相对清晰的战争产生的画面。

要想从数据中得出清晰的画面，从整个时间跨度内调查所有的证据是非常重要的。对更新世的数据，人类学家马克·基塞尔（Marc Kissel）和马修·皮希泰利（Matthew Piscitelli）为我们做了一个精彩的分析。他们遍寻已出版的资源并创建了一个囊括全球447个化石遗址的数据库，[30] 里面的智人骨骼遗迹能追溯到1万年前。他们之所以选择这个截止时间，是因为它是更新世时期的正式结束时间，末次冰期结束在这个时间，与驯化和农业的出现时间大致重合。正如我们之前所看到的，在这个艰难的时刻，人类的生活在许多方面开始越来越快地发生显著的变化。数据显示，暴力犯罪的增加是这众多显著变化的其中之一。

在该数据库的447个遗址中，只有其中11个遗址包含能显示伤害证据的化石，约占遗址数量的2.5%。整个数据库包括至少2 605个个体的遗存（大部分是不完整的骨骼），而其中只有58个或大约2%的遗存能显示出含有创伤性暴力伤害的证据。换句话说，大约有98%的遗存中有确凿的化石证据，能说明在200万—1万年前的人类生活中都没有创伤性暴力的迹象。

我们所看到的那几种创伤性暴力可能会引人注目，像大约43万年前胡瑟裂谷（一个在西班牙阿塔普尔卡地区的遗址，靠近格兰多利纳洞穴）的头盖骨。第17号头盖骨是在这个遗址里发现的28个个体当中唯一一个带有外伤的，伤痕可能是由个体之间的冲突造成的：前额上有两个凹痕。该遗址的研究人员认为这两个凹痕是由两次重击造成的，这可能导致了这个个体的死亡。[31] 这个例子与另外两个例子，即来自今天伊拉克的尼安德特人沙尼达尔 3 号，其肋骨断裂，以及来自今天俄罗斯的旧石器时代早期的晚期智人桑希尔 1 号，其颈椎被损坏，三者是更新世化石记录中最明显的个体之间暴力的例子（200 万—1.4 万年前）。还有一些化石，如马坝 1 号（来自中国）和德尔尼外斯特尼斯 11 号、12 号（位于捷克共和国的摩拉维亚），其额骨有陈旧性的损伤，也可能是个体之间发生暴力的有力案例。还有其他带有创伤的化石，但这 3 个（或 5 个）最有可能是由于个体之间的暴力造成的。我们在成千上万年的时间里，在几千件化石中最多只发现了 5 例个体之间的攻击事件（有 3 例导致了死亡）。[32]

把这些数据与 14 000—5 000 年前（历史记录的开始）的最佳可用数据相结合，我们有了以下发现：

• 200 万—1.4 万年前，所有化石中大约有 2% 存在创伤性暴力的迹象，只有很少的遗址有这种暴力行为的证据。

• 14 000—7 500 年前，4% 的人类骨骼遗迹中表现出创伤性暴力的迹象，然而有这些遗迹的遗址仍然不普遍，值得注意的是更多的遗址已经被发现了。

• 7 500—5 000 年前，7% 的人类骨骼遗迹都有创伤性暴力的迹象，其中很多来自某几处遗址，那里损坏的遗骸比例很高，显示出了群落间有组织的、致命冲突的真正迹象。

那么，这整个故事就是在人属历史的绝大部分时间里定期或频繁的个体间暴力伤害的少有的证据之一，那时几乎没有遗址有多个创伤实例，然后在 14 000—7 500 年前伤害的实例大幅增长，在 7 500—5 000 年前又大幅增长。这使我们不再专注于远古的过去来解释我们现有的有组织和致命的暴力模式，而是更多地关注离我们更近的过去。

但是，致命暴力的证据缺乏能被看作很少发生这种暴力行为的真凭实据吗？缺乏确凿的证据本身可能被认为是不确定的，但数据的整体模式及其他在后来遗址中的发现显示出明显的凶杀和大规模冲突的迹象，让我们有了一个强有力的实例来解释我们的暴力程度为什么开始增强。为了理解后来出现的暴力和战争增强的这种观点有多么鲜明，我们必须近距离地查看那些最能记录这一变化的遗址。

　　人类学家布赖恩·弗格森指出，协同性群体暴力的鲜明标志正是在这些遗址中开始出现，但相比同一时间段发现的总的遗址数量，这样的遗址仍然数量稀少。其中最早的是叫作捷贝尔·撒哈巴的遗址，位于苏丹北部的尼罗河沿岸，接近现代的埃及边界。在这个遗址上生活的人们可以追溯到 14 000—12 000 年前。根据当时遗址中使用的工具和各种动植物的遗存，我们可以知道在捷贝尔·撒哈巴的人们是觅食群落，他们在这里找到了一个绝佳的位置。当时的捷贝尔·撒哈巴和它周围的地区，是一片拥有大草原的绿洲，草原上散布着大量的羚羊和像羊一样的动物，水里还有丰富的鱼类，但该地区正经历着气候突变，气候变得越来越干燥，残酷的气候条件早就导致了周边环境食物的匮乏。捷贝尔·撒哈巴曾是一个外界十分向往的安乐窝。

　　这里有看上去像一个墓地的遗迹，于 20 世纪 60 年代初被美国考古学家弗雷德·温多夫（Fred Wendorf）带领的团队在考古挖掘时发现。考古团队在那里发现了 59 具尸体，其中包括 46 名成年人和 13 个孩子，他们的遗体现在被保存在大英博物馆。其中的 24 具尸体显示出了创伤性暴力的证据，大约占到总数的 40%。有些尸体的胸腔里或四周有一些当作箭头的独特的石尖和碎石片，而其他尸体显示为挡开性骨折，其中有些尸体的骨头里还被射入石尖箭头。带有创伤性暴力迹象的骨骼数量惊人，说明这里发生过协同性的暴力冲突。这是人类化石记录中大规模人际暴力的最古老、最明确的证据，在当时这种暴力的激烈程度十分突出。对此主要的解释是，发生暴力的原因是人们为了争夺此地丰富的生态资源和抵御外来入侵。

附近另一处墓葬遗址，位于尼罗河的对岸，可以追溯到稍晚的大约12 000年前，这个遗址对我们从捷贝尔·撒哈巴遗址中得到的信息带来了一些有趣的质疑。出土的39具人体骨骼中，没有一具显示任何的暴力迹象，说明那里的人们并没有参与到持续的协同暴力中。如果我们只借鉴捷贝尔·撒哈巴遗址所得到的信息的话，这可能会是一个澄清。布赖恩·弗格森确信，在捷贝尔·撒哈巴发生的激烈的暴力可能是由于矛盾的一次集中爆发，也许是一个小规模的战争，而从长远来看，该地区并没有显示发生过持续的冲突。

人类大屠杀的第一个例子发现于位于肯尼亚图尔卡纳湖西部的一个叫纳塔卢克的遗址，[33] 可以追溯到10 000—9 000年前。包括12具完整尸体的27具尸骸在这里被发现，尸体被半埋在水边浅滩的泥浆里。12具完整的骨骼中有10具显然是由于暴力创伤而死在其他人手中，很可能很多其他尸体也是由于暴力创伤而致命。这些致命的暴力创伤有挡开性骨折、头骨粉碎、手被砍掉，还有迹象显示人们在被屠杀之前手脚曾被捆绑。所有这些人大约在同一时间被杀死或者死亡。纳塔卢克在当时是一个特别肥沃的地区，可能有大量采集觅食的群落生活在那里。他们会制作陶器，懂得储藏，他们之间的关系可能错综复杂。或许他们也开始有了领地、财产甚至嫉妒的观念，或者这只是由于两个群落之间的某次相遇，而其中的一个群落尤其暴力。我们没有办法知道其中的细节，但放在当时的历史背景下，这是人类具备大规模和有组织实施残酷行为能力的第一个最强有力的证据。

考古记录中另一个最古老的可能的战争迹象来自乌克兰第聂伯河沿岸的沃卢施克伊和瓦西里耶夫卡遗址，[34] 可以追溯到12 000—10 000年前。居住在这些遗址里的人们也过着采集觅食的生活，他们会钓鱼，在更广阔的生态系统采集丰富的动植物。有趣的是，这两个遗址像捷贝尔·撒哈巴那里一样也经历了一段时间的气候突变，再次出现的生存压力、获取最佳地点和资源的不平等可能导致了当地群落之间冲突的爆发。

每个遗址都发现了一处墓葬。在沃卢施克伊，被埋葬的 19 个人当中有 5 人要么体内射入了石尖箭头，要么身体某些部位缺失。[35] 在这些尸骸的远处单独埋葬着一具男尸，他的脖子后面射入了一支石尖箭头，胸腔内射入了另外两支。研究人员经过分析遗迹推测，这个人可能被执行了死刑。还有一具男尸的下臂明显已经被切掉，一具男尸的手被切掉，膝盖以下的腿部也被切掉。虽然这些发现看上去似乎不像是协同性袭击，但死者可能是被处决而死的，或者是在群落之间的协同性攻击后被当作俘虏来处理的。很清楚的是，这些遗迹构成了蓄意甚至创造性地执行凶杀的证据。

在附近的瓦西里耶夫卡发现了 44 具尸骨，[36] 其中的 5 具要么骨头中嵌入石尖箭头，要么石尖箭头紧靠在骨头旁边。一具女尸，死亡时年龄估计在 18—22 岁，一支石尖箭头嵌入在她的一根肋骨里；另一具大约 25 岁的女尸，一支箭头正好射在其肋骨旁边；一具将近 30 岁男尸的脊梁上深深地扎进了一支石尖箭头。考古学家马尔科姆·利利（Malcolm Lillie）及他的同事们认为，这个遗址显示了年轻人被当作施暴的主要目标，他们认为这可能是由于年轻人身强体壮，因此最能捍卫他们部落的资源，同时也成了被攻击的首要目标。在这个遗址中有一个特别有趣的发现，这些骨骼有迹象显示男性的蛋白质消耗水平要略高于女性，所以这个遗址还可能提供性别等级制度的早期证据，即一些性别不平等的最早迹象。

有明确致命暴力迹象的遗址从 8 000—6 000 年前这段时期在非洲北部和欧洲开始变得更加普遍，但相比遗址总数，这样的遗址仍然比较罕见。[37] 在这些遗址中，有明确迹象能够显示存在致命暴力的遗骸占 3%—18%。在今天的阿尔及利亚有一个叫作卡鲁姆纳塔的遗址，可追溯到 8 300—7 350 年前，遗址里被埋葬的 60 人中有 2 人显示出暴力死亡的迹象，占 3%。在丹麦的博格巴肯 / 韦兹拜克遗址和瑞典的司各特尔摩遗址，都能追溯到 6 800—6 400 年前，暴力死亡的比率是每 60 人当中有 4 人，占 6%。在法国的布列塔尼 / 特维克岛遗址，16 人中有 3 人由于暴力死亡，占 18%。

我们看一下在美洲的各个遗址，最早的尸骨化石能追溯到 12 000—9 000 年前，其中至少有 2 具尸骨中嵌有箭头或矛头。但是尸骨的数量如此之少，以至不可能从这些早期美洲的遗迹中得出侵略行为性质的有用结论。大约 6 000 年前，和世界上的其他地方一样，暴力死亡的比率在美洲出现增长。佛罗里达州温德沃尔遗址，可以追溯到 6 400 年前，68 具尸骨中有 9 具显示出暴力迹象，占 13%；而肯塔基州的印度诺尔遗址，可以追溯到 6 100—4 500 年前，暴力迹象的比例要小得多，880 个人中仅有 48 人，尸骨中要么嵌入箭头，要么被肢解，或两者兼有，占 5%。我们在亚洲和非洲获得的数据较少，但趋势应该是大同小异。

因此我们看到，直到大约 7 500 年前的时期，人与人之间致命暴力的明确证据仍比较少见，并且在大多数情况下，暴力事件是否意味着战争的存在也没有明确答案。但从 7 000—6 000 年前，我们开始发现更多大规模协同性杀戮确凿证据的例子。

在可以追溯到 7 000—6 000 年前的德国塔尔海姆和赫尔克斯海姆遗址，以及同一时期的奥地利施勒茨遗址，[38] 大型墓葬在 20 世纪 80 年代初和 90 年代中期被发掘出来。塔尔海姆遗址位于今天的德国南部，是一个早期的农耕聚居点。在附近一个被称为"死亡之坑"的遗址中，人们发现了 34 具尸骨，许多头骨显示出了暴力外伤的迹象，比如骨折和穿刺。许多尸骨面部朝下，而其他尸骨则呈现出不同寻常的扭曲姿势，许多尸骸混合在一起，表明这些尸体是被同时随便推进坑里的，或者时间间隔上非常短。有趣的是，在那里没发现4岁以下儿童的遗骸，由此推测，也许在一场明显的冲突之后，胜利者把年幼的孩子当作战利品带走了。

另一个混合型的早期农耕和采集觅食的聚居点——施勒茨遗址，其周围似乎修建了一些土筑的防御工事，在那里一个墓葬里埋葬了多达200人，这是大规模屠杀的一个明显证据。许多尸体的四肢被砍掉，一些尸骸显示出明显的创伤性暴力迹象，包括头骨粉碎和穿刺。年轻女性的遗骸比预期中死于自然原因的数量要少，这可能表明这次屠杀的行凶者带走了一些年轻的女性。看上去这场屠杀也表明了施勒茨聚居点的终结。

在赫尔克斯海姆遗址发现了埋葬多达500个人的墓葬，许多尸骨上带有切割的痕迹。奇怪的是，许多人头被割下并堆放在一起，很多人体四肢骨骼与其他动物的骨头混成一团。

从7 000—6 000年前开始，全世界范围内发现了越来越多的大规模屠杀遗址。但要强调一件重要的事，即这里描述的每一处遗址，以及更多同一时期的遗址，甚至在同一地区的遗址，都没有显示有组织的暴力的迹象。

从每个带有协同性暴力证据的遗址中得来的这些详细数据，以及从这段时间跨度内所有遗址中得到的集合数据，我们得出了最佳结论，那就是相比现代社会，在我们人类进化史的大部分时间里，人类文明不以大量杀人或多次战争为特点。然而，在过去的5 000年里，这种类型的暴力在速度和强度上显著增加了。

这个分析受到了直接反驳，比如史蒂文·平克认为人性从一开始就充满了暴力。[39]平克、阿扎尔·盖特以及这种观点的其他支持者几乎完全依赖考古学家劳伦斯·基利（Lawrence Keeley）和行为经济学家塞缪尔·鲍尔斯（Samuel Bowles）以前所发表的观点。[40] 他们认为，过去的人类有多达 15% 死于暴力——这个死亡率甚至连近代历史上发生的最血腥的事件都无法与之相比。但这些观点引起了强烈争议。[41] 其中布赖恩·弗格森和道格拉斯·弗里指出基利和鲍尔斯在很大程度上依赖一组有限的考古数据，也依赖从现存的原始民族和现代的部落社会中获得战争和杀戮的数据。这个问题有很多原因，其中一个主要原因是近代更大的经济体和政治体制的联结改变了暴力发生的方式。留存下来的原始民族只是所有曾经普遍存在的觅食群落的一个微小子集，因此并不能很好地代表觅食群落的各种行为。基利和鲍尔斯（以及平克和盖特）还经常把杀戮和较大规模的协同性攻击而导致的复仇性死亡联系起来，给人一种战争和协同性暴力比实际记录反映的更为常见的感觉。

但最重要的是，这些研究者忽略了大约 14 000 年前的几乎所有的化石数据，而主要集中在了几个考古遗址上，从中我们的确看到了人类所有的进化历史中很有代表性的过去 14 000 年的暴力。这是一个不必要的狭隘观点。

布赖恩·弗格森通过广泛深入地研究这些遗址的细节和已发表的相关报道，把他们所使用的数据称为"极不寻常的情况和严重扭曲战争的古老性和杀伤力的选编"。[42] 我们知道，截至 14 000 年前超过 400 个遗址已经提供了超过 2 500 个的遗迹，我们确实有表明在早期人与人之间的暴力现象较少而不是较多的有效记录。

当我们考虑范围更广的人类早期行为的时间线时，所谓的《战争的深层根源》中对暴力记录的错误解读就显而易见了。如果你按照我们在第一章到第六章中的讨论随着时间的推移用曲线来绘制所有关于人类进化过程中的数据，然后把这个曲线与带有暴力和战争增加迹象的时间线做一个对比，你对暴力的起源和本质就有了更深刻的理解。一个巧合的出现显得尤为突出，那就是在更加复杂的社会和定居主义出现的同时，协同性致命暴力和战争兴起。大体上说，经济、政治和社会不平等的出现与战争的兴起密切相关。

当然，巧合并不是任何争论观点的充分依据，所以我们必须考虑模式背后的各种原因。从根本上来说，那些定居在资源相对丰富地区的部落能享受到更多的物质，还有些地区可以为定居者提供保护来抵挡风雨以及猎食动物的袭击（比如捷贝尔·撒哈巴遗址），这些都会引发其他不那么幸运的部落来袭击他们。在这一时期，我们开始看到，我们开发战略性狩猎方法的聪明头脑显然被用在了我们人类自己头上。但是，也许更引人注目的推理是，即使攻击可以带来好处，但大多数时间，在捷贝尔·撒哈巴遗址居住的部落繁荣兴盛，那里的群落显然能够与周围的群落避免发生这样的冲突。这种和平状态的一个很好的象征，就是在以后的遗址中，比如施勒茨遗址（大约 7 000 年前），我们找到了在早期遗址中未曾见过的像土墙或武器库这样的防御结构，这是为暴力斗争做准备的明确迹象。尽管暴力有所增加，但这个更早时期的考古记录的主流特点仍然是我们所称的广泛和平，群落之间相处得很融洽。

增强人类社会复杂性的一个关键组成部分就是储存。一旦食品可以储存，就需要有储存维护、管理和监督的系统。储存之后便产生了所有权的概念，也就是要对正在储存的东西以及用于储存的位置和结构进行控制。在大多数采集群落中，人们的个人所有物很有限，无非一张弓或一些陶器、珠宝，并没有很多，他们以共享的方式来对待群落的物品。贪婪和嫉妒会存在，但在采集群落中关于物品最日常的交流互动要比定居型农耕群落显得更加平等和 / 或更懂得共享，而在农耕群落中人们对物品和财产的所有权是日常生活的一个重要方面。[43]

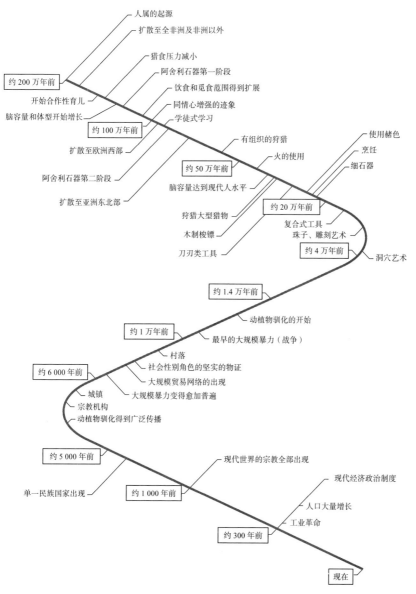

人属的起源

扩散至全非洲及非洲以外

猎食压力减小

阿舍利石器第一阶段

约 200 万年前

饮食和觅食范围得到扩展

同情心增强的迹象

开始合作性育儿

学徒式学习

脑容量和体型开始增长

约 100 万年前

有组织的狩猎

使用赭色

扩散至欧洲西部

火的使用

烹饪

细石器

阿舍利石器第二阶段

约 50 万年前

脑容量达到现代人水平

扩散至亚洲东北部

约 20 万年前

狩猎大型猎物

复合式工具

珠子、雕刻艺术

木制梭镖

约 4 万年前

刀刃类工具

洞穴艺术

约 1.4 万年前

动植物驯化的开始

约 1 万年前

最早的大规模暴力（战争）

村落

社会性别角色的坚实的物证

约 6 000 年前

大规模贸易网络的出现

城镇

大规模暴力变得愈加普遍

宗教机构

动植物驯化得到广泛传播

约 5 000 年前

现代世界的宗教全部出现

现代经济政治制度

单一民族国家出现

约 1 000 年前

人口大量增长

工业革命

约 300 年前

现在

图 9　人类的创新

149

我们现在把财产的观念视为理所当然，但在早期定居群落产生以前，"财产"可能不是一个定义明确或者被使用的概念。流动的采集群落都有各自的打猎范围，在某些情况下，他们会捍卫自己的领地不受外来群落的侵犯。然而，一旦人们在一个村庄定居并开始农耕，财产就变成了赤裸裸的现实。在改造土地和作物时人们的投入和群落需要极度依赖这两种东西来汲取营养，使得土地和群落之间的关系变得十分密切。一个村庄的建设，需要建造永久性的住房、为牲畜建造窝棚和畜栏并提供饲料、农作物的种植、作物储存的管理，这引发了一种新的看待土地的方式：它成了人们用自己的双手建造的社区；它是"他们的"。

研究人员塞缪尔·鲍尔斯和崔成奎（Jung-Kyoo Choi）指出，居住在村庄的早期农民们"可以明确地占有并保护作物、住房和动物"，它们是人类行为的有形产品，正是由于人们的创造才得以存在。这种与世界产生关系的新方式意味着领地和物品可以属于群落所有，甚至可以属于个人所有，这就是看待世界的一种新转变。[44]

储存、财产以及社会中人的角色分工改变了群落内部成员之间的交流方式以及他们与其他社区的互动方式，使得群体间产生冲突的可能性增多。这些过程在最近四五千年的人类历史中得到了相当有创造性的、极具威胁的发展。

我们知道，大约在同一时期，较大的定居点出现在考古记录中，农业出现了，牲畜的驯化也出现了。随后出现了很多变化，出现了更大的群落，群落成员有了越来越强烈的群体认同感，有了更多的粮食储备，人们对自己的领地有了更多的奉献精神和责任感，不平等的现象越来越普遍，所有这些变化都为暴力的出现提供了更多的条件和诱因。一个地方的丰富资源通过劳动的划分而得到了充分的利用。耕种和培育农作物需要计划着播种和收割；要安置、照料和保护牲畜，还要把它们屠宰并制备肉食。随着我们按照整个群体都可以接受的方式把责任和奖励做了划分，对这些不同技能需求的日益增加为人类的创造力和合作提供了一个巨大的发光发亮的机会，但同时出现的等级地位、财富、权力、大量过剩粮食的管理，以及土地和其他资源的分割，增加了冲突、贪婪、不信任甚至残忍的动机。

正如今天有些工作比其他工作要好，在这些早期社群里也一样，随着城镇的成功发展，最终形成了城市，有些工作更危险，有些工作能获得更丰富的食物或更多其他资源。考古记录表明，在城镇、农业和一些剩余产品出现后不久，有些墓葬开始与其他墓葬有了区别。有些人死后有较珍贵的陪葬品（金属、武器，甚至是艺术品），有些人只是集体埋葬在一起，有些人有自己的坟墓，还有些人甚至似乎没有实际上的墓葬。墓葬中的尸骨也开始有所差别，对牙齿和长骨进行化学和同位素的分析表明，有些成员的蛋白质和矿物质含量要比其他人的多；有些人的尸骨证据显示他们由于从事体力劳动而出现了更多的疾病和更大的身体伤害。在早期，这些差异还是很小的，但到了7 000—5 000年前，这些差异就变得相当明显。一旦一个社会以这些方式被划分，一旦出现了不平等，不管群体内还是群体之间，由于创新造成的不平等的形式和结果就会扩大，不平等也会扩大，群体内部和群体之间潜在冲突的原因也会增多。

随着阶级分化和不平等的出现，一个社区是如何保持凝聚力的？人类发明了一种机制，就是通过形成一些象征和仪式来增强群体认同感。正如我们在前几章所看到的一样，加入一个群体的重要性和社区认同感很可能早就存在于我们人类的血统之中，其中合作在我们进化的每一个方面都发挥了核心作用。但是，当我们开始看到在社区里出现了越来越多的社会分工，我们也看到氏族和世系正式发展的迹象，以及与之一同发展的故事和信仰的产生。这种联系的建立使越来越大的群体一起工作，并且能和睦相处。当然，这些相同的联盟和信仰可能有助于他们区别于他人。这是人类历史上的一个关键时刻，社区内部个体之间和社区与社区之间的分裂在日常生活中开始处于核心地位。这些社区内部和社区之间差异的制度化正是协同性暴力和战争出现的核心因素。

我们发现，氏族发展得越大，氏族内部和氏族之间在建筑、防御、农业和贸易方面（商品、人、思想和意识形态的贸易）展开的合作就越出色。这些发展也为大规模暴力活动创造了更大的动机。剩余的食物和其他物品、贸易关系、强大的社区认同感、人口众多而又密集的社区、社区内部和社区之间社会阶级的出现，都为严重冲突带来了动机和可能性。一个能够设法积累一些剩余产品如食物的部落，会变成一些不那么幸运的（或技能不发达的）部落侵袭的主要目标，特别是在干旱或发洪水的时候，在不同的群体已经有了不同的归属，形成了氏族的时候。远途贸易，贵重商品比如贵金属、贝壳或备受追捧的食品的创造和分配，有利于那些制造商品的人、囤积货物的人或居住在贸易沿线控制货物流通的人。部落变得越大、越富有，遇到冲突的可能性就会越大。一些人把大规模和平合作的技能用在了大规模暴力协作上面。在人类大部分的历史中，致命的暴力呈现出了比较罕见的凶杀形式：报复性的屠杀、为争夺配偶而杀人，以及由于家庭纠纷而杀人。然而，随着氏族发展为更大的政治体，为一个部落不以某个具体的人作为攻击对象而去攻击另一个部落提供了动机和理由。人类发生了思想转变，从个人对个人的暴力转变成了把对方整个部落或群体当作自己的"敌人"：我们创造性地不把别人当人看。

战争与和平应该被视为一枚硬币的两个面，一面是人类的创造力，另一面是当代人类生态的一部分。我们通过强化合作、协作和创新来掌握自己的命运，同样的技能也让我们掌握了冲突和破坏的新形式。

结合其他灵长类动物和人类生物学做出的对比检验，化石和考古记录并不支持人类战争和组织性暴力有其深层根源的论点。相反，这些数据结合起来，有力地反驳了一种观念，这种观念认为我们倾向于有组织的暴力和发动战争是人类进化的一个核心的早期适应性结果。战争的能力出自和平的能力，也出自我们创新、相处的技能和共同应对世界挑战的能力。战争与和平是人类协同合作的创造性方式中不可或缺的一部分，在过去的 200 万年里，人类为了生存与获得成功而曾使用过这种手段，现在仍然在使用。

尽管人类在战争与和平方面使用创新能力的方式很复杂，但当涉及性、性别和性趣的时候，整个"球类运动"都转移到了一个新的"体育场"。让我们去看那场"比赛"。

第八章　有创意的性

2016 年在谷歌上搜索"性"这个字，0.29 秒内就能搜到大约 33.4 亿个结果，这相当于搜索"宗教"所得结果的近 4 倍，搜索"政治"所得结果的 3 倍，搜索"死亡"所得结果的半数以上，但这数字略低于搜索"食物"所得结果的数量。如果互联网上的表现能告诉我们什么事情对人类重要的话，那么性和食物是十足重要的，但我们不需要谷歌告诉我们这个。食物和性是大多数生物生命的基本目标，而不仅仅是人类的目标。

按性别区分，动物一般分为两种：雌性和雄性。我们称之为"两性"，它们是繁殖所必需的动物生物学的两个互补的表现形式。在大多数情况下，需要一雌一雄聚在一起，通过身体接触交换配子（卵子或精子，这就是我们对生物学意义上的雌性或雄性进行分类的方式）才能生出后代。显而易见，这种配子的交流是物种成功生育后代能力的核心。[1] 由于性是如此重要，所以有性繁殖的动物有生理系统让它们热衷此事。性行为能带来快感。

因为性行为能带来快感，许多哺乳动物把性提升了一个等级，它们进行性行为的次数往往比生育所需的次数要多，我们称之为社会性行为，但这也是有代价的。那些有更多社会性行为的动物也可能患有更多的性病（性传播疾病）。性活动的增加意味着要承担更大的健康风险，考虑到基本的进化代价，我们可能会认为性行为很快就会消失，即使性行为确实能带来快感。但在高度社会化的动物（如犬科动物、鲸鱼和灵长类动物）当中，更多的性行为显然值得冒罹患性病的风险，这些动物的社会性行为非常普遍。一些动物如此乐意承担因性行为增多而加大的风险的这一事实使许多研究者相信，社会性行为带给这些动物的不仅仅只有快乐。灵长类动物是动物世界里社会性行为最多的动物之一，因此不足为奇，它们也是动物世界里罹患性病最多的动物。[2] 人类是灵长类动物中罹患性病最多的应该更不足为奇。作为一个物种来说，我们人类有很多性行为，那意味着性行为极其重要。但是人类不只是有更多的性行为，我们还把性行为提升到一个全新的高度。作家贾雷德·戴蒙德（Jared Diamond）在他的一部书名与主题很贴切的作品《性为什么这么有趣：人类性行为演变史》（*Why is Sex Fun? The Evolution of Human Sexuality*）中说道："人类的性行为……如果按照其他动物物种的标准来看奇怪得不同寻常。"[3]

人类在进行性行为时也有很多不同的方式。[4] 年龄在 25—44 岁之间的男性和女性，[5] 98% 与异性有过生殖器官的性交，90% 有过口交，36%—44% 有过肛交，6%—12% 有过同性性交。这些数字上让地球上绝大多数其他物种看起来像假正经。年满 24 岁的人当中，3 个性活跃的人中就有 1 个得过非艾滋病的性病，仅在美国每年就会有超过 1 900 万例新的性病感染。[6] 总的来说，人类比其他生物患有更多的性病，因为人类比任何其他动物的性行为都要多，性行为的种类也多，场景也多，相关的问题也多。[7] 我们为性疯狂。

性不仅仅是一个行为、一个目标或一个生物模式，它是我们生活的核心部分。我们描写性，我们思考性，我们谈论性，我们对性行为有一些禁令，还有一些关于性行为的法律、观念和责任。我们观看别人的性行为，我们花钱买性，我们把性当作一种工具、一种武器、一种治疗方法。我们对性如此具有创造性，以至我们甚至已经形成了一个独特的人类概念来区别于性的基本生物学概念：社会性别。

"社会性别"是一个包罗万象的术语，[8]内容涵盖在生理性别上人类的角色、观念及期望。在分析人类性行为时，"社会性别"带来了一个问题。当人类说"男性"或"女性"时，他们几乎总是指人的社会性别而不是指生理性别，然而这两者又是两个不同的概念。任何特定的人的社会性别行为模式不只是简单地取决于其生理性别或性活动模式。这使得人类的性行为（"和谁、如何、为什么"发生性行为）理解和解释起来尤为困难。

两性之间存在着重要的区别：女性生育、哺乳后代，男性通常体型更大、肌肉更发达，两性之间的荷尔蒙水平和分泌方式也各不相同。两性之间也有重要的相似之处：我们的生殖器官来自同一个胚胎组织，我们的身体是由相同的材料和结构构成的，我们的荷尔蒙和大脑相同，我们是相同的物种。人类有独特的生理性别 / 社会性别上的混淆，这既美妙又带来了巨大的痛苦。

性是如何运作的

父母双方的配子结合后会产生后代，这种有性繁殖是从亿万年前的无性生物进化而来的，而无性生物通过细胞分裂或自我复制进行繁殖。性进化（最有可能）是为了应对环境变化。有性繁殖形成了新的变化，通过结合父母双方的遗传数据，为后代提供更多的选择。

设想生活在池塘里的一个简单生物，比如一种像变形虫一样的东西，它通过过滤水来得到食物。只要水温大体保持恒定，那么它就可以很好地进行自我复制，但是如果水温变暖了，它所使用的过滤系统可能就无法适应新的水温。池塘里可能还有很多类似的生物，它们各自在处理温度波动的能力上都有一些不同。与另一个相似但略有不同的生物体混合会是一个很好的选择，因为这样可以比无性繁殖给后代带来更大的灵活性，为它们提供更多的机会得到父母双方的 DNA，但并非所有的新变种都能够做得更好，事实上，有些反而做得更糟。这就是性行为的风险。但重要的是总体的回报：与无性繁殖相比，只要有一些后代能做得更好，这个系统（性行为）就有机会迎头赶上。新增的变种需要在总体环境有利于有机体的情况下才能维持系统里的有性繁殖。[9] 这是一件大好事，谢天谢地，否则的话我们都将采取无性繁殖的方式，那么世界将少了多少乐趣啊。

性行为是使生物体产生更多变种的一种生理行为，以便它们有更好的机会去应对世界带给它们的挑战，这是一个冒险行为。考虑到这一点，人们会认为大多数生物对性行为是保守的，以减少性行为带来的问题。对于许多昆虫、鱼类和爬行动物来说，有性繁殖是相当简单的。在它们的生命里有一个特定的时间，也就是繁殖期，当繁殖期到来的时候它们就会进行性行为：雄性和雌性交换配子。雌雄中的一方或双方照顾受精卵（也有双方都置之不理的情况），直到受精卵孵化，然后靠自己生存。自那以后，繁殖期结束，动物重回到各自正常的无性生活中，或者生命终结。[10]

哺乳动物（比如我们人类）则有点不同，哺乳动物通过体内受精和妊娠，配子需要在雌性体内完成受精过程，并在体内发育成胚胎，然后发育成胎儿。接着雌性生育并照顾后代，直到后代已经准备好自己养活自己为止。这类有性繁殖系统在哺乳动物的身体和行为上增加了某些内容。雌性哺乳动物有哺乳用的乳房和乳头，[11] 以及特殊结构的生殖器和生殖道，得以使雌性哺乳动物能通过同一个阴道进行性交和生育。雄性哺乳动物的生殖器与雌性的互补，往往有外睾丸和外阴茎 [12]（与大多数动物不同），而雌性哺乳动物的生殖器要比其他动物的生殖器暴露得更多。

人类是长相怪异的哺乳动物。我们是灵长类动物，雌性灵长类动物像其他哺乳动物一样有乳腺，但是猴子、猿和人类只有一对，而大多数哺乳动物有 3—5 对。女人的一对乳房在青春期发育的时候被大量脂肪组织包围着，人类也直立行走，所以一对被脂肪组织包围的乳房具有独特的外观：女性有胸部。与大多数其他哺乳动物不同，男人的阴茎没有骨骼来辅助勃起。人类的阴茎依靠复杂的血液液压系统来勃起并进行性行为。也正是为了适应用于性交和生育用途的女性生殖器官的结构形状，[13] 使得男性长出了灵长类动物中最厚的阴茎。人类也是用两条腿来走路，这使得被称为臀大肌和臀小肌的这组肌肉重新调整来推动人们往前行走（在我们行走或跑步时推动我们的身体前行）。这些肌肉包裹在骨盆带（组成人的中间部位并用于连接身体上、下部的一组骨骼）的后面，让我们人类在骨盆处有个大的凸起，而其他动物则没有，这里也往往是脂肪堆积的地方：人类有屁股。我们相对来说毛发较少，这对于陆地非穴居性哺乳动物来说很不常见。

胸部、屁股、相对无毛的身体和非典型的男性阴茎，这些特点使得人类真是很怪异。

对于哺乳动物包括人类来说，性与复杂的身体、行为、生理机能和养育幼小（对雌性而言，在许多情况下雄性也要养育幼小）息息相关。这意味着性的意义要比单纯的性交行为的意义大得多。尽管大多数哺乳动物在它们的性行为系统中会保持合理的保守，但性爱并不无聊。在一年的某些时候，很多哺乳动物的生殖道会"打开"，这些交配季节被称为"热情期""发情期"或"求偶期"，当交配季节到来时你最好不要妨碍它们。哺乳动物的身体，包括它们的生殖器，会受到荷尔蒙和爱液的影响，接着它们就想交配。我们知道，对于哺乳动物来说，性行为的感觉特别好。雄性和雌性都会有性高潮，[14] 它们通常可在生殖道"打开"的时期进行多次交配。哺乳动物的性行为以雄性和雌性大量的四处奔跑、行为和身体上的"交流"为特点。交配季节一且结束，性的驱动力就会下降（或者"关闭"），大多数哺乳动物又会重新回到它们的日常生活中。

有些哺乳动物的性行为并不局限于求偶期，它们全年都可以进行性行为。在这种情况下，即使不以繁殖为目的，雄性和雌性也可以进行性行为。这时候事情开始有意思了，我们人类作为灵长类动物在这方面有发言权。

大多数猕猴物种一年内有一个或两个交配的高峰期。其间，大多数雌性猕猴会经历生理上的各种变化。雌性猕猴阴道和肛门处的皮肤会变得微肿（有些物种会肿得更严重），这使得任何一个雄性猕猴都能注意到这一变化。这些雌性猕猴也会发生行为上的变化，会花费超过平常的时间来追随雄性猕猴，它们会把臀部展现给雄性猕猴并向它们发出性爱的邀请。如果雄性猕猴的反应不积极，雌性猕猴会在雄性猕猴面前摇头晃脑来吸引对方，有时会抓住它们脸部的毛发。如果那样还不奏效的话，它们可能会抓住雄性猕猴的生殖器来做最后的努力。

雄性猕猴在此期间也会发生变化，主要表现在对雌性猕猴的回应上。它们会花更多的精力去接近那些处于性活跃期的雌性猕猴，闻它们的臀部，与它们交配，和它们一起梳理毛发。雌性猕猴通常会与多个雄性猕猴交配，但它们也会挑选交配对象，它们会拒绝一些雄性猕猴而青睐其他猕猴。雄性猕猴偶尔会试图强迫雌性猕猴与它们发生性关系，但是大多数猕猴物种很少会有好运气（那些真不想发生性行为的雌性猕猴要么会坐下，要么会走开）。在这段时间里，雄性猕猴之间也会发生很多争斗，因为它们中有多只猕猴都想试图得到同一只雌性猕猴，有时它们会全然不顾已经确立的社会等级。交配或交配的可能性，往往会影响猕猴，让它们违反既定的社会规范。

但并非所有猕猴的性行为都发生在交配期或繁殖后代的环境里。年轻的雄性猕猴有时会与另一只雄性猕猴待在一起，抚摸彼此的生殖器官，有时其中的一只会骑在另一只身上，它们偶尔也会交配。成年雌性猕猴，尤其是在特定的猕猴物种（比如日本猕猴）中，也会进行同性性行为，它们中的一只会骑在另一只身上，就像和雄性猕猴交配时那样。雄性猕猴也会手淫，有时会很频繁，雌性猕猴偶尔也会这么做，但不似雄性猕猴那么频繁。最重要的是，像骑在同伴身上、触摸并按摩生殖器官等性行为在很多非交配情况下出现——争斗之后、有压力的时候，有时也会发生在两个好友安安静静待着的时刻。猕猴将性行为当作它们社交网络的一部分，而不仅仅是为了繁殖后代。[15]

黑猩猩的性生活比猕猴的更加复杂。[16]在排卵高峰期，雌性黑猩猩的生殖器官周围会有大块红肿，这能表明它们的生育状况。当然，雄性黑猩猩，特别是地位比较高的雄性黑猩猩，会严阵以待，花很多时间待在那些处于排卵高峰期的雌性黑猩猩身边，频繁地与它们交配，或者至少会诚心对待这件事情。雌性黑猩猩并不总想和那些雄性黑猩猩交配。在非洲东部的黑猩猩中，这种不情愿会导致大量的争斗。雄性黑猩猩会攻击雌性黑猩猩，有时它们为了迫使雌性黑猩猩与它们交配会联合起来。在其他时候，雄性黑猩猩和雌性黑猩猩不仅想待在一起，而且实际上还会离开群体的其他成员并在一起独处几天，它们会彼此喂食、相互梳理并进行多次交配。

在这些交配环境之外，黑猩猩也有大量的社会性行为。雄性黑猩猩们，尤其是那些好朋友和盟友之间，在紧张的时候会经常互相寻求安慰并抚摸彼此的生殖器官，以此来建立亲密关系并缓解压力。雌性黑猩猩也会有一些同性触摸的交流。就像猕猴一样，黑猩猩的性行为也可以视作一种社交工具。

倭黑猩猩（属于黑猩猩物种的倭黑猩猩）是有很多性行为的猿类。[17]倭黑猩猩是黑猩猩的一种，所以它们也和其他黑猩猩一样，生殖器官周围会红肿，它们在性行为上也有同样的问题，然而倭黑猩猩也会有几个与众不同之处。通常情况下，都是雌性倭黑猩猩主导雄性倭黑猩猩，所以没有雄性倭黑猩猩能够强迫雌性倭黑猩猩进行交配，在倭黑猩猩群体里强迫交配是非常罕见的。在倭黑猩猩的群体里，各个年龄段的雄性倭黑猩猩和雌性倭黑猩猩都会把性行为（同性之间和异性之间）当作一种社交工具。当它们久别重逢时，会进行短暂的交配来作为问候。当它们在为一大块水果而争斗时，常常会通过交配来解决冲突。倭黑猩猩把性活动当作一种社交黏合剂，但这并不意味着它们一直有性行为，或者不打架，或者性行为是它们的全部活动。不过，倭黑猩猩的性活动频率在非人类的灵长类动物中处于顶端位置。

女人与其他一些灵长类动物不同，她们的生殖器官周围不会红肿，也不像我们在雌性猕猴身上看到的那样有特定的交配周期或大量的行为变化。女人和所有的哺乳动物一样，都有月经周期，但她们在月经期间通常比其他的哺乳动物有更大的血流量。如果身体健康，男人和女人全年都能够有性活动。人类和其他灵长类动物一样，相互寻求性活动并有大量的社会性行为，但在这方面人类和其他灵长类动物出现了不同之处。

我们的性行为依赖我们生活的社群，我们的社会规则、法律和信仰体系，我们形成的伙伴关系、纽带和联盟，这些关系也会出现破裂与重建。人类是唯一一种已知的存在一定比例的稳定的同性性取向者的哺乳动物，也是唯一一种发誓要忠贞的物种（人类有时会保持忠贞不渝）。人类在灵长类动物中实属罕见，因为人类经常会在两个性行为和生育有关联的个体之间结成长期的关系。我们在性行为、年龄、伦理、道德和行为之间有一套独特的象征性联系：何时、如何、何地、和谁一起有性行为对人类来说关系重大，因为这不仅仅是个人的性行为，也关乎他们的社群和整个社会。人类性品位、性欲和性习惯的范围极其广泛，其中很多与以生育后代为目标的性行为相去甚远。人类已经沿袭了哺乳动物与性相关的基本生殖特点，而人类这一灵长类动物对此做了些改变，并创造了一个全新的方式来进行、思考、描绘、规范和体现性行为。[18]

要理解我们如何在性方面变得如此有创造力，我们需要了解人类故事中的三个主要方面：育儿和结对，社会性别，以及对于人类来说，性永远不仅仅是性。

有创意的育儿计划

如果没有良好的育儿计划的话，有性繁殖的物种是无法幸存下来的。确保后代能成功进入成年期（或者到它们可以自己谋生的时期）是哺乳动物社会生活中的一个重要方面。在大多数情况下，做这项工作的大部分都是孩子的母亲。但是，正如我们在前文所提到的，在许多高度社会化的哺乳动物，包括许多灵长类动物中，都存在着共同育儿的情况[19]——除了母亲以外的群体其他成员帮助抚养后代，这种情况非常普遍，而这些其他的护理者并不只是其他的雌性。[20]事实上，我们的祖先创造出了整个社区的护理者。

如果我们冒险回到大约150万年前的更新世早期，并关注一群人类的祖先，我们会看到他们解决"育儿问题"的方案（请参照第五章），他们是人类学家萨拉·赫尔迪称为"母亲和其他人"的一群护理服务人员。[21]在一个由15个或20个人组成的早期人属群体中可能有2—3个婴儿，这些婴儿不会只由他们的母亲抱着和照顾，而是由群体里的其他年长的和年青的成员轮流抱着、照顾、护理。他们怀抱婴儿四处走动、寻找石材来源、制作工具、搬运石材和工具。这种护理的策略同样发生在他们从剑齿虎、鬣狗和其他大型猎食动物那里抢夺残食的时候，也发生在他们携带着大肉块来到更安全的地方的时候（为了躲避其他大型猎食动物）。

　　想象一下，在一天结束的时候，这群人沿着一个小峡谷的悬崖行走到他们安全的栖息地，是一个什么样的场景：20个左右的人会形成一个四五十英尺长的队伍。前后有一些成年人和十几岁的少年携带着锋利的石片或一块坚硬的木头，但群体里的大多数人会怀抱石块、肉块、成捆的果实或者块茎。有些人会在身体的两侧或前面抱着婴儿。一旦他们到达了栖息地，婴儿就会被送到母亲那里照看。之后，母亲们可能会紧紧抱住他们，同时群体成员开始分享食物，群体中的许多其他成员会对依偎在母亲怀抱里的婴儿们柔声细语地说话，并帮他们梳理。当婴儿母亲与人交往的时候，甚至远离群体与某些群体成员一起"独处"时，年长的兄弟姐妹或其他群体成员会帮忙看护孩子。

　　如果不是全员参与，起码许多早期人属群体的成员可能已经承担了儿童护理和养育的实质性工作。[22] 多人护理的系统使得孩子的母亲们能参与许多的群体活动。在第五章我曾经提到过，一些研究人员认为，这种共同育儿，是人类女性不同于所有其他灵长类动物的地方，是她们在经历更年期生殖周期结束后还能活很长时间的一个原因。[23]显而易见，最晚从直立人开始，早期人属群体在建立我们称之为人类社会的特殊生态时，为了让婴儿更好地生存下来，就已经开始协调不同的行动、责任，甚至角色。[24]

　　这和性行为有什么关系呢？早期人属就开始了直到现在我们仍然能够普遍看到的把生育和性行为分离的做法。通过发展出社区育儿的做法，早期人类能够创建一个可以养育出脑容量更大、更依赖护理的婴儿的系统。如果还是以标准的哺乳动物模式让母亲们独自养育婴儿的话，这样的发展是不可能存在的。人类的孩子基本上都要依靠成年人多年的照料。这样一个系统成功的唯一途径就是要求多个个体共同分担育儿的责任。但是，这种共同承担育儿的责任也意味着繁殖生物学即性行为并不仅仅是大多数哺乳动物的繁殖方式。由于繁殖的成本很高，大多数哺乳动物对性活动有所限制：繁殖系统会在适当的时候开启和关闭。而人类基本上随时都能有性生活。因此，母亲和其他人能够共同育儿的制度消除了性行为与育儿之间的必要联系。显然，这两者仍然紧密联系着，没有性行为就意味着没有后代，但由于育儿的高成本而导致的对性行为的限制则得到了缓解。

这让我们走向了此系统的另一面。性行为可以发生得更加频繁，因为我们作为灵长类动物有一个基础模式，那就是我们至少有一定的社会性行为，我们的祖先对这种模式进行了提升，使性行为变成了社会生活中一个常规而又重要的组成部分。但在社会日常生活中频繁进行性行为又给我们带来了两个令人感兴趣而又费解的问题：

1. 人类不是时刻都在发生性行为，而且并非对象是谁都可以。

2. 我们对性行为很挑剔，在一生中往往只与一个或几个人形成长期而又非常强烈的性关系。事实上，大量的人类相对来说都是遵循一夫一妻制的（在大部分时间里）。

现在，我们非常重视建立配对结合和我们称之为婚姻关系的法律和宗教协议体系。对于一个原先存在共同育儿和频繁社会性行为的宗族，这一切是如何产生的？

在过去 50 年的大部分时间里，人类一夫一妻制和婚姻关系进化的标准路线 [25] 如下：人类育儿的成本是昂贵的，因此女性需要别人的帮助来抚养婴儿。在人属的进化过程中，女性需要找到方法来推翻哺乳动物的基本模式，即婴儿的父亲离开母亲，而让母亲单独抚育婴儿的模式。因此，她们通过进化形成了隐蔽排卵的特点（没有外部标志，如阴部肿胀等），然后与多名男性发生性行为，所以她们自己也不知道孩子的生父是谁。缺乏明显的排卵信号使男性不确定他们能否成功生育，所以他们会花更多的时间试图与女性长期待在一起并作为其唯一的伴侣，以确保生出的孩子是他们的。女性则选择那些乐意抚育婴儿的男性，或者至少能够保护她们、为她们提供食物和其他有益于抚养后代的好东西的男性。在进化过程中，这种模式使配对组合的模式和我们在当今人类社会中所看到的相对普遍的一夫一妻制得以产生。

故事听上去不错，但事实并非如此。

我们知道，大多数灵长类动物的排卵信号并不明显，只有少数灵长类动物的排卵信号很明显，所以，人类的排卵信号不明显并不是一件新鲜事。我们也知道，共同育儿的模式在早期人属进化的时候就已经出现了，否则那些需要照顾的、脑容量越来越大的婴儿就不会存活下来了。所以，早期人属的母亲们试图靠她们自己得到那一个理想男性的画面是不真实的。我们也有充分的证据表明，从很早以前开始，分享食物、防御猎食动物、制作工具和生活的其他关键方面在我们人类的成功进化中处于重要地位，否则这些没有尖牙利齿、没有利爪、体型较小、没多少威胁性的小型古人类不会坚持下来并进化成现在的我们（我们在第二章和第五章已经提及过）。因此，早期人属的女性等待单身男性向她提供抚养孩子所需的营养和支持的想法缺乏依据。

此外，配对结合是一种强大、深刻的长期社会关系，可能会也可能不会涉及性关系。配对结合不一定与婚姻关系、一夫一妻制有关系，[26] 甚至不一定与生育有关系，但配对结合也可以与之有关系。在我们的历史中，核心家庭[27]（男人、女人和他们的孩子）的观念根深蒂固是有很多原因的，但这并不是真的。

在所有的哺乳动物物种中，只有大约3%是一夫一妻制。一些灵长类动物物种生活在由一个雌性、一个雄性再加上幼崽组成的小群体中，还有一些灵长类动物物种有许多不同类型的配对结合。配对结合不等于一夫一妻制，事实上，明显存在两种类型的配对结合[28]：社会性配对结合和性行为配对结合。

与其他的友好关系相比，一个社会性配对结合在生理和情绪方面表现出强烈而又不同的特点。一个性行为配对结合包含性吸引的成分，配对结合的双方喜欢与对方交配，而不喜欢与其他成员交配。[29] 在许多哺乳动物中，配对结合是通过结合后叶催产素、抗利尿激素、多巴胺、皮质酮和其他生理机能的社会行为来发展和维持的。[30] 少数哺乳动物配对结合的生物机理已经得到了研究，社会性配对结合和性行为配对结合常常是互通的，但在人类中情况并非如此。人类有多种类型的性行为配对结合，可能要多于任何其他物种。人类与其亲属和朋友间，与同性、异性间，与同龄人和非同龄人间也会有社会性配对结合。人类在大多数哺乳动物中也以既有同性性行为又有异性性行为的配对结合而显得独特。

不论有没有性行为，配对结合与婚姻关系是有区别的，也不一定与一夫一妻制有关：配对结合对婚姻关系和核心家庭起不到解释的作用。人类的社会性配对结合和性行为配对结合是复杂的合作和协作网络的一部分，这个网络是人类进化的核心模式。[31] 当然，配对结合可以涉及性行为的附属物，这就是我们所体验到的浪漫爱情的根源。

人们对世界各地婚姻制度的历史和结构的研究越来越广泛。基本上，人类学家、历史学家和社会学家一致认为，在一般情况下，婚姻关系（在世俗和宗教系统中）被看作制定财产的继承、控制和调节人类性活动的最佳方式，另外，婚姻关系最近成了在文化上得到认可和约束的浪漫爱情的结果。[32] 这也是一种重要的方式，文化可以正式承认和约束性行为的配对结合以及由此而产生的后代。

浪漫爱情和婚姻紧密相连，婚姻是爱情的最终结果，这一观念兴起于 16 世纪，随后迅速蔓延到西方国家的许多地方，现在已经遍及全球大部分地区。然而，在如今许多社群中，浪漫的爱情和婚姻仍然没有必然的联系。虽然大多数人都会把婚姻当作人类一个合乎常理的目标，也会把婚姻关系等同于一夫一妻制，但是婚姻、交配和性活动之间都有很大的差异。虽然在动物中长期的一夫一妻制非常罕见，长期的一夫一妻制并不是人类唯一的配对模式，但它被很多人类社群看作预期的文化规范。[33] 为什么？

在思考这个话题时，我们常常忽略了婚姻关系不一定是配对结合的这一关键点，相反，它是人类在处理由进化得来的最近的创新如财产、不平等、城镇、城市、社会性别以及重要的有组织的宗教这些错综复杂的事物时所表现出来的创造力的结果。例如，直到16世纪，欧洲大多数婚姻关系都是建立在参与者（和／或他们的家人）之间的口头协议的基础之上的，这些婚姻关系不一定得到任何宗教组织的认可。现代西方合法的婚姻形式在罗马关于财产和继承的普通法中就能找到其早期的根源，但直到更近些时候才正式或在法律上被认可。直到16世纪，罗马天主教会正式要求婚姻关系要取得牧师的认可，大约在同一时间，在欧洲出现了非宗教性质的正式婚姻登记处。著名的新教神学家马丁·路德（Martin Luther）颁布了作为现代西方婚姻关系主体的夫妻关系的相关法律。路德在独身40年后，强烈支持现在世界上非常典型的核心家庭和夫妻结构。[34] 该制度在16世纪迅速发展壮大，国家在其中发挥着更为重要的作用。法律体系在构建和规范婚姻关系的过程中变得活跃起来，与此同时，财产所有权、小型商业活动和代表制政府选择的多样化变得越来越普遍。我们今天看到的婚姻制度是过去4个世纪现代政治民族国家形成必不可少的一部分。对后代在所有权、继承权和社会等级制度方面的认可已经成为人类生态的一个非常重要的方面。

理解了育儿、配对结合甚至婚姻关系有助于我们增加对性的了解，但对我们对性欲的了解并没有太多帮助。除了繁殖后代和一些社会联合的目的之外，我们如何、为什么、和谁有性行为？尽管我们知道人类有很多配对组合，也一起共同抚养婴儿，但我们还没有从中找到真正的答案。了解社会性别可以帮助我们更深入地了解人类的性欲。

创造社会性别

大多数人，甚至许多研究人员，把社会性别和生理性别混为一谈，这其实是一个错误。

如果你在一个拥挤的房间里环顾四周的话，通常会看到一些男男女女。我们往往认为我们通过良好的生物学特征如身体形态、有没有乳房、脸型和头型来判别男女，但我们没有这样做，我们主要通过一些细节来判断，比如服装、发型和化妆的风格、姿态、说话和走路的方式，以及人们自控的方式。对于人类来说，社会性别是很重要的。社会性别是指强加于性别的生理差异之上的社会、文化和心理建构。不同于其他有性繁殖的生物体，我们将生理性别的真相嵌入一个复杂的性别网络中，不只是和我们的生理性别有关。生理性别是生物学概念，[35] 指的是男性或女性，在一个人染色体的基础上看他／她是否产生精子或卵子。社会性别不仅仅是生物学范畴的概念，其形成是男性和女性通过发展逐步具备预期的心理和行为特征的过程，[36] 这使得他们能够在他们成长的社会里完成他们的性别角色所承担的任务。

我们往往认为社会性别是二元的——男性或女性，但实际情况并非如此。在大多数社群中，但并非所有的社群，男性和女性之间有很宽的中间地带，其中的一端是完全的女性化，另一端则是完全的男性化，而大多数人都介于这两个极端之间。在我们的社会，我们希望女性能够在行为上表现得有女人味，而男性则要表现出男子汉的气概。从文化意义上来说，与男子气概有关的行为，比如自信、有攻击性和

169

对体育的强烈兴趣，都被视为男性的正常行为。所以，当女性表现出这些行为时，我们会觉得她们表现得像男人一样。

任何一个特定社会的社会性别角色都反映出了差异化，即女性被期望来扮演特定的角色，而男性则扮演其他的角色。通常男女扮演的角色之间有大量的重叠，但从中能体现出不同的性别期待，尤其是在重要的社会行为中。例如，在美国社会中，男人应该向女人求婚；当涉及当众表现出同情心时，如女人在看一场悲伤电影的时候可以大哭一场，但是男人应该忍住不哭并安慰女人。社会性别在我们划分社会角色的方式中也非常重要。想想我们认为女人应该做的工作（秘书、图书管理员、护士），以及我们认为男人应该从事的工作（建筑工人、商务经理、飞行员）。当你想象上述每一份工作时，你会想到什么？有许多工作不论男女都可以做，但由于我们深受社会性别的生活和期待的影响，我们会通过基于社会性别的过滤器来看待这些工作。让我们先来想象一位律师的画面，接着想象一位女律师的画面，再来想象一位男律师的画面。在第一个和第三个画面中，你很可能会把律师想象成一个男人，而第二个是女人。但是他们的穿着是一样的吗？发型和配饰怎么样？他们手里拿着什么？他们穿什么样的鞋子？你希望他们在法庭上表现如何？问题是我们对社会性别有特定的期待，期待他们长得怎么样、如何表现以及他们在社会中应该扮演什么样的角色。这种期待模式是所有人类文化中的核心部分，[37] 但对社会性别的特定期待并不总是相同的。

在性方面，我们期望一个伴侣在性关系中扮演女性角色，而另一个则扮演男性角色，我们期待两性互动中的性别互补。同性伴侣可能会挑战社会的期望，因为我们中的许多人把社会性别和生理性别紧密联系在一起，并期望人们的行为能遵循两性繁殖模式的性别假设，即使我们的物种中很多人并不遵循。

我们对社会性别的角色和期待如此不同的观点，并认为两种社会性别一定互补，让我们难以真正看到两种社会性别并没有我们想象的那么不同。

心理学家珍妮特·希伯莱·海德（Janet Shibley Hyde）在十多年前提出了性别相似性假说。[38] 这一假说认为，男性和女性在大多数心理变量上是相似的，但并不是所有的心理变量都相似。也就是说，男人和女人，以及男孩和女孩，他们之间的相似点要多于不同点。[39] 这个假说有可用的数据作为支持。

最近的心理学文献中对社会性别相似性和差异性的概述揭示出了男性与女性之间巨大的相似性，[40] 这要远远超越大多数人的想象。男女之间也有一些虽小但很重要的区别。可惜我们所使用的大部分数据都来自现代的西方国家（北美洲和欧洲），虽然有一些跨国研究，但是我们对物种范围内的社会性别模式的了解确实较为有限。我们必须小心解读这些数据，因为以如今发达的西方为特点的社会性别模式是这些分析中的主要部分，可能无法准确反映我们整个物种的社会性别模式。话虽如此，在所有的测试中还是都出现了一些关键的社会性别差异，比如肌肉的大小和力量、投掷能力，以及其他一些解剖差异，基本都是与生理性别相关的差异。但是，我们已经知道了两性之间存在着体型大小等方面的差异，这在我们人类的历史上根深蒂固。少数心理变量反映出了男性和女性之间更加诱人的差异（如社会性别），其中有冲动的差异（男性表现得更为突出），人/物层面的差异（报告显示女性更喜欢交际，而男性更注重物质），还有性趣差异（报告显示男性有更强的性欲、对色情作品更感兴趣、更有可能从事性暴力犯罪），这些差异要有趣得多。

社会性别之所以重要，一个原因是它是社会结构的核心部分，所有人都以此来形成看待世界和诠释世界的方式；另一个原因就是它塑造了我们的生理机能，甚至塑造了我们的大脑。实证研究表明，男性和女性大脑的生理结构差异非常小。事实上，所有人类大脑的差异要比男性和女性大脑之间的差异大得多，因此对大脑差异的研究最好不要在男性和女性之间进行，而是在个体间和种族间进行。[41] 我们可以找出一些成年男性和成年女性之间似乎源于生理性别差异的大脑差异模式，但这些差异很细微，通常表现为神经元密度的不同或大脑中非常小的特定区域之间的联结模式的不同。[42] 如果一个人手持一个人类大脑，仅仅从外表来看的话无法确定它是男性大脑还是女性大脑。很难在孩子的大脑中发现男孩和女孩大脑在功能或结构上的任何差异。但令人惊讶的是，成人大脑的功能模式能帮助你分出性别。随着一个人的发育，在他或她有了性别后，大脑发育的联结模式会受到个体经验的影响。人类获得性别的过程形成了我们的神经生物学。[43]

我们的社会性别塑造了我们的经历和期望，我们的经历和期望又反过来在性欲和其他方面塑造了我们的行为和身体，但我们现在看到的社会性别差异是现代人类的性别差异。过去的情况怎么样？在人类进化史上，我们何时发现了社会性别，如何看待社会性别？

发掘社会性别

体型大小的差异和需要耗时费力照顾的婴儿是我们研究 200 万—5 万年前的人类祖先可能的社会性别差异仅有的线索。

在早期古人类、古人类之前的化石中，雄性往往会比雌性体型大。这种模式（称为两性异形）在我们人类血统里减弱了一些，但人属中男性体型仍然比女性体型平均大 10%—15%。这意味着我们可以推断男性的肌肉量比女性的稍微多一些，肌肉密度比女性的稍微高一些，上肢力量比女性更强大（就像今天人类所经常表现出来的一样）。

我们也可以推断，在怀孕的末期（第九个月左右）和在婴儿出生后的头一年左右需要母乳喂养的时间里，女性在活动上可能已经受到了一些限制。这意味着，和今天一样，女性在怀孕末期和照顾婴儿初期的能量需求增加了，女性和婴儿在婴儿出生早期大部分时间都需要待在一起。人类学家莱斯莉·艾洛及其同事证明，女性人属的能量需求从200万—150万年前开始增长，[44] 正如我们在前面章节中讨论过的一样，能量需求的增长迫使我们的祖先在获得食物种类上和对食物的加工上变得更有创意，也迫使他们找到了更有合作精神的育儿选择。

事实正是如此。男性比女性更强壮、体型更大（平均而言），女性由于婴儿脑容量变大、照顾起来耗时费力而有一些特定的限制。5万—3万年前的化石或考古记录没有给我们留下任何其他关于社会性别的真正线索。

但是狩猎能否体现出性别差异呢？男性体型更大，所以我们应该期望男人是猎人，女人则留在大本营里等着做饭，对不对？不对。早在成为猎人之前，人属的早期成员就已经能够主动抢夺猎物了，没有理由指望在体型或性别上的微小差异会使抢夺猎物的能力产生差异。此外，我们有充分的证据表明，正是由于整个群体的合作才使得他们能够成功抢到猎物。最早的狩猎只是捕捉小型动物，所以体型上的微小差异不那么重要，也不具有制约性。需要强壮上肢力量来狩猎的最早证据，像使用手持长矛来刺杀猎物，出现在大约30万年前，[45] 但现有的（并不多的）证据表明，男性和女性都参与了狩猎[46]（那时的男性和女性均比今天的男性和女性强壮很多）。我们直到相对较近的时间（2万—1万年前）才看到很好的化石或考古证据能显示出狩猎的性别差异。

我们的确有一些证据表明，虽然当时的男性和女性在一起狩猎，但狩猎后他们可能在食物和兽皮的加工上有不同的分工。我们知道，早期的人类，特别是尼安德特人，普遍将他们的牙齿当作一种工具来使用。对从 3 个不同遗址找到的尼安德特人男性和女性的牙齿做的最新研究显示，男性和女性牙齿的磨损稍有不同，男性的牙齿碎裂多发生在上排牙齿，而女性多发生在下排牙齿。[47]尽管这并没有给我们很多的线索，但这表明了男性和女性在加工肉和兽皮时用牙齿做的事情稍有不同。虽然这些差异是什么很难确定，但他们牙齿化石上有不同的磨损模式的事实表明他们已经有了社会性别角色的划分，只是当时社会性别角色的划分和我们今天的不同罢了。

至于工具制作方面，情况又有所不同。让我们想象一下早期人属群体制作石器的画面——他们用石锤敲击鹅卵石，石屑四溅，然后制作出一把美丽的手斧。你想象的画面中制作工具的人会是谁呢？可能是一个男性。我们在书中、互联网上或者博物馆里看到的对石器制作的描述，几乎都是由男性来制作，正确的概率大概是 50% 吧，其余那50% 是由女性来完成的。没有绝对的证据能够表明，在我们人类几乎整个 200 万年的历史中，在工具制作上是有性别偏见的。绝对没有。我们关于工具的每一点信息，工具是如何被制作和使用的，表明不存在丝毫的生理性别或社会性别模式。关于男性和工具、男性和狩猎的现代社会性别假设实际上确实是最近才形成的。[48]为什么会出现这样的观点呢？

我们把当前对世界的看法强加给过去。想想我们在成长过程中所有读过的书籍、看过的电视剧和听过的故事，为什么是泰山制作了工具，在丛林中狩猎，而不是简呢？① 为什么几乎每一个穴居人的画面中都是男人手持木棍或石器，而女人抱着孩子呢？对遥远过去的描写之所以几乎总是男人做有男子气概的事情（制作工具和狩猎），而女人

---

① 泰山和简是迪士尼动画电影《泰山》中的男女主人公。——编者注

做女人该做的事情（做饭和照顾孩子），是因为我们就是以这种方式来看待世界的（或者期望世界是这样的）。我们认为男人就应该做与工具相关的事情（机械师、水管工、木工），因为他们在这方面做得比女人强。这是一个社会性别假设，不是一个生物学事实或社会事实。在我查阅过的多达几百页的数据表明，男性和女性都参与了工具制作、狩猎（也许除了狩猎最大型的猎物之外）和婴儿的照料。大多数男性的上肢力量要比大多数女性都强，但他们本质上在工具性劳动方面并不具备更高的技能。在 1940—1945 年（"二战"时期）的美国和欧洲，成千上万的妇女接替了那些上战场的男人的体力劳动和建筑工作，而且她们做得出人意料的好。随着过去 4—5 个世纪我们的社会、宗教和经济发生的变化，人们逐渐倾向于男性和女性更大程度的角色分化，与此同时，我们有了现代社会性别角色的经验。如果不考虑这些数据的话，我们的社会性别生活难以让我们看到过去与今天的不同。

艺术是另一个领域，艺术创作的重现向我们展示了男性在洞穴里画壁画和制作雕像。在艺术方面，除了最近一项关于洞穴艺术的调查，我们几乎没有任何社会性别模式的证据。洞穴艺术最常见的形式之一是手形图案的艺术。大约从 4 万年前开始，人类会冒险进入山洞和石洞中，他们会咀嚼一些颜料和浆果来制作一种涂料，并把他们抹有涂料的手放在洞穴的墙壁上作画。他们会把颜料吐在手上，当他们把手从岩壁上拿开时，手的轮廓就印在了岩壁上。这些留在岩壁上的手印是我们最早的绘画证据之一，它们一直流传到今天。这些艺术作品有益于我们探索过去的生理性别和 / 或社会性别，因为手是我们身体的一部分，手也反映了生理性别和年龄的二元性（大小的差异）。考古学家迪安·斯诺（Dean Snow）观察了 8 个不同洞穴艺术遗址的 32 个手形图案。[49] 他推测出这些手形图案最有可能出自男性还是女性之手、成人还是小孩之手。32 个手形图案中有 24 个出自女性之手，即 75%

的手形图案是由女性完成的，8个出自男性之手的手形图案中有5个看上去出自十几岁男孩之手：35 000—15 000年前，至少在欧洲的部分地区，妇女和儿童做了大部分的手形图案。然而，目前还不清楚，在更广泛的意义上，关于社会性别，这些手形图案能告诉我们一些什么事情。

我们几乎没有远古时代社会性别角色的证据，即使有，它们也几乎不符合我们如今对社会性别的一些假设。直到更晚期的时候，15 000—10 000年前，特别是在农业和定居生活出现之后，其中包括晚期的采集者，社会性别角色变得更为清晰。我们在男性和女性之间的骨骼和牙齿的化学成分开始看到一些差异，这表明他们的营养状况略有差异；我们在肌肉的伤痕和骨头的磨损痕迹上也开始看到了一些差异，这暗示着他们的生活方式和工作方式略有区别。我们也看到了出生率的上升，这说明女性怀孕的时间增长了，婴儿的早期照料和喂养的时间也变长了。所有这些模式可能会反映出社会性别的一些信息。大约同一时间的随葬品和埋葬模式也开始显示出身份和社会性别上的差异（在某些情况下男性和女性的随葬品会有所不同）。正如我们在前几章所指出的那样，高度的社会和物质复杂性、不平等和社会性别都随着人类进化的最后阶段开始显现出来。男性和女性的相似点总是很多，但越接近现在，我们就能看到越多明显的角色差异，这些角色差异体现在食品的采集和加工上、对孩子的照料上、艺术的创作中、社会等级制度中和性取向上。

在我们对人类过去的生理性别和社会性别有了一个很好的了解后，现在我们可以转而研究非常有趣的、无可否认具有投机性的，但也具有惊人的创造性的人类性欲的进化了。

普通、日常有创意的性欲

在我们灵长类动物血统的深处，性活动不仅仅只是为了繁殖而已。在我们的猿类祖先中，社会性行为是社会交往的一个重要组成部分，在我们最近的古人类祖先中可能更是如此。人类的身体进化到从生理角度能够在生命的大部分时间里全年进行性行为。[50] 人类形成了护理系统，从而减少了繁殖时的能量成本所带来的约束。我们进化出一个系统，将性行为从生理和育儿的直接联系中解放出来，并使其作为一种社交工具得到更广泛的应用。接着我们在性方面做到了真正的创意四射。

人类进化出一种能力，使个体间能够形成紧密而持久的结合关系，从而产生生理上和情感上的纽带，这个纽带关系的建立、打破、重新组合在一定程度上通过性行为来进行。人类创造了社会性别，使得男性和女性在社会中扮演不同的角色，并根据随之而来的性别期望行事。社会性别使得人类如何、与谁、何时发生性行为变得复杂。今天的性行为，甚至性行为的可能性，可以是为了快乐、政治、权力，甚至只是为了好玩。总的来说，人类不只有性行为，还有"性欲"。

生物学家安妮·福斯托－斯特林（Anne Fausto-Sterling）告诉我们，"性欲是由文化效应创造出的肉体事实"[51]；我们的身体和欲望都是由我们独特的人类创造力塑造出来的。日复一日，也许是夜以继日，人类参与了创造自己的性景观。

我们参与性活动的欲望、吸引和激情在动物王国里是最活跃的。在生理上，人类可以被一种生理性别、两种生理性别、一种或两种社会性别所吸引，甚至还可以来回交替被吸引。我们是所知的全部物种中唯一一种有一定比例的个体有独特的同性吸引力的哺乳动物。人类也对激起性欲的特定性状发展出了偏好：金发、黑发、幽默的伙伴、鲁莽的坏男孩／女孩、浪漫的姿态、漆皮的高跟鞋、搓衣板般的腹肌等。最重要的是，人类在性器官刺激以外还有各种各样的两相情愿的性活动。我们手牵手、调情、接吻、爱抚、拥抱、按摩、打屁股、捆绑起来，还有其他不涉及性器官的各种各样的性互动。这种活力的黑暗面是，我们也有各种各样的非自愿的暴力和强制的性行为，通过性来实施虐待、强迫、折磨和打击。

许多研究者试图简化这种惊人的复杂的人类性欲，并把它等同于其他哺乳动物的性系统。[52] 他们认为，所有性欲的多样性只是对潜在的基本哺乳动物进化模式的一个覆盖，尽可能多地把你的 DNA 传承到下一代。对于女性来说，这个模式就是通过找到好男人"陪伴"她们或至少给她们和她们的后代一些支持来成功地养育耗时费力的孩子；对于男性来说，这个模式是想让尽可能多的女性受孕，使得他们的 DNA 传承到下一代。这些研究者中的大多数都同意人类增加了大量的复杂性，但他们坚定地认为这种进化压力的模式是理解人类性欲的最好基础。

这种传统的观点符合人们普遍持有的关于人类性欲和关系的通俗假设：我们的身体蠢蠢欲动地需要寻找配偶。遵循这条推理路线，一旦人们找到最好的生理配偶，他们的大脑和荷尔蒙就会相互作用来形成一种特殊的依恋驱动，从而产生一夫一妻的配对结合（可能会持续，也可能不会持续）、他们的后代和核心家庭单元——一个男人、一个女人和他们的孩子。当一个人发现自己的完美伴侣时，进化的化学反应将会产生一对配对结合的关系。[53] 大多数人认为，结合后的一对男女（还有他们的后代）是进化了的，或是自然状态下的人类家庭的单位，婚姻关系是人性的一部分，并且每个人都有一个特定的配对结合的伴侣。动人的歌曲和故事促使这种观点长久不衰。

其他进化生物学家和人类学家对这一观点表示质疑，并提出了另一个截然相反的观点，即男性和女性天生就是矛盾的，男性希望尽可能多地进行性接触，而女性通常只想为后代找到好的（或者具有良好潜质的）父亲。伴随着这些观点，关于男性和女性的性欲有很多为什么、怎么样的假设。

然而，上述任何一种观点都没有强大的人类学、生物学或心理学上的支撑。[54]它们过于简单，与我们所知的人类进化不相符合。在过去的大约150万年里，人属开创了一个育儿系统，从根本上把育儿的成本从单一的女性身上转移到了更广泛的个体身上。这样一个系统使得一个女性将获得一个好男人当作育儿投资的观点不成立。直到最近一段时间（在过去几千年和过去几个世纪之间的某个时期[55]），考古记录中才有证据能够显示核心家庭是核心居所和社会单位。虽然有大量实质性的进化证据表明人类的确寻求（社交上的和生理上的）配对结合，但是这些配对结合不一定非要涉及性行为、婚姻关系、排他性，甚至是异性恋。因此，人类配对结合的性行为反映了繁殖的基本进化目标这一假设过于狭隘。[56]最后，这些传统的解释完全避开了社会性别的问题。

人类创造了一系列的性别期待，即人们应该根据他们生理性别的文化假设来行为做事。但这些假设往往依赖关于男性或女性在生物学上意味着什么的一些不正确的或者至少是一些过于轻率的观念。[57]正因如此，很多人觉得自己与他们文化中的社会性别假设相左。这并不是说社会性别和生理性别之间的所有联系都是错误的，其实不是，只是我们需要注意到，随着时间的推移，社会性别角色和模式的变化比实际上的生理性别的变化更为迅速和广泛。这意味着社会性别不是一成不变的，它和其他所有的文化模式和过程一样，也在经历着变化。因此，就像其他任何事物一样，与社会性别相关的性欲也会随着时间的推移而发生改变。

最重要的是，人类是长相奇怪的哺乳动物，有一种进行想象和符号创造的惊人能力。除了我们的育儿、配对结合和社会性别系统给性欲带来的复杂性以外，我们还利用了人类身体的诸多方面，并把它们与我们的性欲联系起来。例如，最近在很多社会里（最初出现在一些西方社会里，但现在正在四处传播），女性的乳房一直与性欲密切相关，所有魅力的亚文化和政治，都是围绕着它们建立起来的。[58] 甚至还出现了一个外科领域致力于根据社会模式来改变乳房的大小和形状。在一个纯粹的生物学意义上，这是非常奇怪的，因为乳房主要与哺乳和喂养婴儿有关，但在人类中，由于我们直立行走，脂肪堆积在乳房周围，使得人类的乳房比其他动物更加突出。在性唤起过程中，由于乳头周围神经组织环状物（由于母乳喂养而形成的反馈系统）的作用，乳房会变得高度敏感，因此，对于许多女性来说，她们的乳房可以起到增强性活动时身体享受的作用。但是人类的手、脖子、腹股沟、脚和身体的多处其他有高度敏感神经丛的部位也可以起到相同的作用。事实上，大部分覆盖我们身体的皮肤都符合这个类别。

在某种程度上，由于乳房是女性身体的主要有形组成部分，所以它们才会受到如此多的关注。一些研究者认为这是一种进化后的性信号，可以让男性了解女性的性状态……这是一个荒谬的观点，乳房能发出什么信号？乳房的大小或形状与乳汁分泌的能力没有关系，所以仅仅拥有乳房就可以让每个人都知道人类女性有乳腺、能够分泌乳汁。另一些人认为乳房的增长预示着女性怀孕能力的开始，这可能是真的，因为女性的乳房在青春期开始发育，但一旦乳房发育完成，就没有其他可以预示怀孕的信号了……那么，为什么青春期后会有这么多对乳房及其大小和形状的关注呢？[59] 这种怪异的对乳房关注的出现是因为一些文化在女性身体的这一部分和我们所谓的欲望之间创造出了某些关联，欲望是人们想要或希望获得某人或某物的一种强烈的渴望或感觉，当代人类的性欲多是围绕欲望建立的。

欲望的网络是人类文化多样性的一部分。许多社会认为乳房有性吸引力，也有一些社会不这么认为，举个例子来说，古希腊人花了很多时间来思考关于阴茎的问题①，最近这似乎也在美国流行回来了（用电影里的阴茎笑话和始终如一而又密集的阴茎和勃起的增强广告来衡量的话至少是这样）。一些社会遮盖住身体的大部分，他们把皮肤的外露视作性诱惑，也有一些社会几乎不遮盖，人们在简单暴露的肉体中看不到性欲。有些人认为所有类型的性行为对青少年来说都是正常的，但是，成年人必须将自己限制于某些类型的性行为。我们已经选择了身体的许多部分、许多类型的服装和装饰品、许多行为来进入这个欲望的网络，我们也创造了一个完整的性欲景观，并把欲望的网络放入其中。人类社会甚至把不同类型的性活动分门别类。一些社会把生殖器官的接触当作性行为，而把其他类型的性活动当作别的东西；还有一些社会把所有的异性触摸都当作性行为。一些社会正在接受广泛的人类性吸引和性活动，还有一些社会则严厉反对繁殖需要的异性性交之外的任何性活动。当涉及人们对性行为的观点、政治和表达的时候，没有一种模式能概括所有人类社会的特征。

一旦我们把社会性别、语言、文化多样性和人体融合在一起，我们就为人类的性欲创造了一个模板，它对创新、改变和限制都是大开方便之门。人类的性欲并不是固定的以繁殖为目的的性行为，所以我们可以用各种方式来利用与性有关的身体感觉以获得乐趣。这使得人类能够让性行为成为日常生活的许多不同方面的一部分，并为社会、政治甚至经济的目的而巧妙地控制性欲。有多少零售活动与性欲一点关系都没有？从洗发水、酸奶到服装、汽车，广告和包装激发了与产品实际用处毫无关系的欲望。

---

① 他们称之为勃起的阳具。——译者注

性可以帮助我们建立惊人的亲密关系，但也可以被用来打破这些关系。性亲近、性嫉妒、性信任和性背叛是人类经验中很强大的方面。性活动本身无论用积极还是消极的方式来使用都可以成为许多事物的象征。在从积极到消极这个连续体中最糟糕的一端，性欲和欲望可以被当作控制女性或男性的权力工具去虐待他们并强迫他们。在更好的一端，性欲可以被用来作为一种通过接受各种各样的人类经历来促进开放和信任的方式。大多数当代社会落脚于这两个极端中间的某处。

由于没有时间机器，所以我们无法确切知道我们祖先的性行为，但是我们知道如今的人类做了什么，我们从我们的身体和我们的进化记录中找到了些许证据，能帮助我们很好地了解大概的情况。正如科学家丽贝卡·乔丹－杨（Rebecca Jordan- Young）所说："我们不是空白的石板，但我们也不是粉色和蓝色的笔记本。"[60] 我们的大脑不是被安排为"男性"或"女性"的，而是通过外部世界和我们自己的感觉器官之间的相互作用发育而成的；我们的身体系统显示两性之间的重要差异，但它们之间的共同点要多于不同点。社会性别行为和两性关系会随着时间的推移、随着我们社会背景和结构背景的转变而发生变化，我们的世界观和经历也会发生相应的变化。作为一个物种，我们创造了人类的性欲，我们的创造力和我们与世界相互塑造的方式之间的相互作用是一个不断变化而又持续的过程。关于性欲内在创造性的一个重要的信息就是，它本质上是协作性的，即使是一个人自己做，别人也会在自己的想象中赫然耸现。如同所有的创造力一样，要做到最好，需要不止一个人的努力。

在接下来的三章中，我们将通过人类最独特的三种方式，去进一步讨论想象与合作。这三种方式超越日常世俗杂务，可体验到妙不言、至高无上、宇宙论的感受。毫不夸张地说，宗教、艺术和科学创造了人类现在所感知的宇宙。

第四部分

伟大的作品：
人类是如何创造出宇宙的

第九章　宗教的基础

宗教是人类经验中一个博大而精深的组成部分。几乎没有人会质疑，宗教信仰已经成为上千年来人类历史的核心部分。有些人认为宗教比其他任何事情都要好。

如今全球范围内有 58 亿人口认为自己是某个宗教的成员，占世界大约 70 亿人口总数的 83%。[1] 宗教体验是大多数人的日常活动，宗教已经渗入我们的社会里。许多国家把宗教视为其传统的核心，有的国家列出哪些宗教在其国境内是合法的，有的国家甚至试图完全禁止宗教（然而却不怎么成功）。全球的大多数国家有多个宗教节日，并有具有影响力的宗教领袖，如果没有宗教领袖，就靠政府的政策来执行。到目前为止，在 21 世纪的几乎每一年里，七大洲当中有五个洲已经发生过暴力性的宗教冲突。同时，宗教组织为世界各地的伤者、无家可归的人和贫困人口提供了大部分援助。在今天的美国，76% 的人具有宗教信仰，3% 的人是无神论者，4% 的人是不可知论者，17% 的人没有什么特别看法。[2] 如果一个人信教，他与他的邻居们就有了不同之处。2016 年，有 42% 的美国选民表示他们不会把票投给无神论的总统候选人，40% 的选民表示他们不会给穆斯林投票。[3]

人类把宗教看成很严肃的事情。

就在 4 000 年前，第一个亚伯拉罕宗教（Abrahamic religions）——犹太教在地中海东南部地区建立。传说中的创始人耶稣死后不久，大约 2 000 年前，犹太教的一个分支一跃开始成为世界上最大的有组织的宗教，那就是基督教。三个亚伯拉罕一神教中的最后一个——伊斯兰教，大约出现于1 300年前，教徒主要来自阿拉伯半岛和地中海东南部地区。大约1 000年前开始，一些基督教和穆斯林社团开始了各自的扩张，往往以强迫的方式把各自的宗教带到地球上的新领域。三大亚伯拉罕宗教之间的冲突已经时断时续地进行了1 000多年，宗教冲突在大部分世界政治舞台上往往处于中心位置。

就在2016年，一个自称为"伊斯兰国"的宗教激进主义组织的分支，同代表所有三大亚伯拉罕宗教信仰的国家在伊拉克、叙利亚和土耳其之间的边界区域作战。之后当选为美国总统的特朗普呼吁禁止穆斯林进入美国，具有多重信仰的人们聚精会神地听一个特殊的基督徒[天主教领袖，教皇弗朗西斯（Pope Francis）]为和平与宽容呐喊。我甚至还没有提到，地球上40%以上的人不信仰这三大宗教（例如在印度和中国的大部分人）。

据皮尤研究中心－坦普尔顿全球宗教前景项目（Pew-Templeton Global Religious Futures Project）[4]的调查，当前世界宗教的分布是这样的：全球有22亿名基督徒（占世界人口的32%）、16亿名穆斯林（占23%）、10亿名印度教教徒（占15%）、5亿名佛教徒（占7%）、4.05亿人（占6%）信奉各种民间或传统宗教、1 400万名犹太教教徒（占0.2%），估计有5 800万人（仅占不到1%）信奉除此之外的巴哈伊教、耆那教、锡克教、神道教、道教、天理教、威卡教、拜火教（和其他宗教）。

很多人没有意识到最近的宗教布局是如何形成的。如今盛行的大多数宗教存在都不超过几千年，而且没有一个宗教在8 000—6 000年前就有明确的起源记载（印度教是我们目前所知的最古老的一个宗教）。这意味着在我们成为一个属（人属）和作为一个物种（智人）的大部分历史中，在当今人类日常生活中占据如此重要地位的有组织的宗教世界，要么与我们所知的宗教非常不同，要么根本不存在。

宗教和人类独特存在的许多其他部分一样，随着时间的推移而演变，本章旨在研究宗教的演变过程。

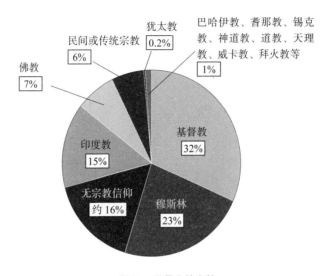

图 10 世界上的宗教

在这个过程中，棘手的部分是具体定义"宗教"，并确定它在化石和考古记录中的证据是什么样的。在过去的几千年里，我们发现教堂、寺庙、文字记录、图标，以及大量的指向特定的宗教传统、习俗与信仰的艺术和象征。但是，回到过去，回到早期的定居点，回到过去的农业文化和动物驯化时期，回到 2 万、8 万、30 万甚至 80 万年前的原始居民生活，我们想询问并找出这些问题的答案：宗教是何时何地起源的？它到底是从哪里来的？[5]

你可能已经猜到了，答案揭晓：宗教是人类独有的特征，它可能是我们物种的创新中最迷人的例子之一。

什么是"信教"

大多数人都选择信教，但并不是每个人对信教的理解都相同。称某人"信教"通常意味着他们对于特定的终极现实和／或某个神或多个神有一套特定的信念，这些信念伴随着一套常规做法。今天，信教可能意味着属于一个既定的宗教，或者不归属于某个特定宗教，而是信仰某个神或多个神，或者甚至是一个人接受了生活的精神或超然部分，但不同意某一套特定的信仰。还有很多人不相信某个神或多个神的存在，但他们会参与特定的宗教传统、节日和仪式［比如"世俗犹太人（secular Jews）"或通常被称为"背教者（lapsed Catholics）"的人］。还有一群人坚决反对神存在的可能性，他们与任何一种宗教组织都保持敌对的关系［通常称为"确认的无神论者（affirmed atheists）"］。

不管我们将他们如何分类，大多数人通常表现得好像有一个超然的或超自然的现实存在，无论他们是否确信这个现实到底存不存在。全世界的人们都有与日常行为有关的迷信行为，他们在不考虑迷信的起源或者迷信是否有用的情况下就做出迷信行为。敲木头，避开邪恶的眼睛，为了好运而戴着一些饰品，相信某些黄道吉日、特殊的动物有特殊的意义，在死者周围要举止得当，都是迷信的行为。这些行为假设有一个超自然的力量在起作用，即使这个假设是潜意识的。人类在这种超然现实中最重要也是最普遍的投入就是祝愿和期望。

祝愿和期望反映了人类通过利用超过基于周围环境或自己的经历的可预测性来对未来结果产生期望的能力。[6]许多物种在决定觅食、发生性行为、打斗、梳理毛发或者只是履行日常生活中的任何任务时都会使用基本的预测能力。但是，这一切都建立在它们有一些可用的物质现实的基础之上（比如它们知道水果在哪里或者它们的对手有多大）

或者在它们已有经验的基础之上（过去在某个特定的地方有水果，或者在过去的战斗中它们能够击败这种对手的其他个体）。人类依靠想象所做出的"祝愿"和"期望"，为个体和群体提供了采取冒险的或不可预测的行动的理由，在正常情况下，这些行动可能会导致行动失败、危险，甚至死亡。当一小群士兵试图抵挡住一支更大的军队时，当一支球队在比赛还剩下最后几分钟时落后三分而聚在一起彼此鼓劲时，当自然灾害摧毁农作物或一个村落而村落里的人们发誓要坚守时，他们都拥有一样东西，那就是期望。尽管有很多迹象表明他们面临困难，尽管他们面前有这样的现实状况，但他们还是不顾一切地尝试着，他们相信自己能成功。其他动物可能偶尔会做出危险或不可预测的行动，但人类经常会祝愿和期望得到似乎超出我们能力范围的结果，并且以个体或群体的形式努力去实现。这是人类生存方式中经常发生的事情。

当人们参加一场考试或是观看一场体育比赛的时候，大多数人内心都会期望或祝愿得到一个特定的结果。这不是基于他们学过的知识，也不是基于他们通过统计数据而了解对阵双方的情况，而是通过求助于某个神灵、一些超自然的力量，甚至并不是什么特别的东西，但他们仍然希望如此。很有可能，人们先是通过期望和祝愿，然后形成了今天宗教的基线。

人类学家莫里斯·布洛克（Maurice Bloch）在一篇题为"为什么宗教并无特别之处，却是我们生活的中心"（Why Religion Is Nothing Special but Is Central）[7]的文章中，指出人性中最显著的一个特点是，在我们的进化史中，我们已经从事务性的存在变成了事务性和超然性的存在。"事务性的存在"，其经验的范围是基于个人之间和群体之间的相互作用和他们在这些相互作用中获取的经验，这样的存在可能有复杂的生活和不断变化的社交网络。比如猕猴或黑猩猩，它们有统治阶层、友情和打斗、历史，以及让它们得以"生存"于一个群体中的

189

多种复杂的习得行为，它们是复杂的、事务性的存在。人类也是如此，但我们生活中也有超然的部分。我们有基于严格的经验和物质现实之外的角色、规则和相互联系，这些角色和规则是由我们个人和共同的想象力[8]创造并成为现实的。"教授""祭司""姑婆""祖先"，这些角色的特点大部分不仅仅来自亲属关系、祭司或教授的培训或经历，或者你所认为的祖先个体的生活现实。我们所举行的仪式以及我们对社会性别、国家、宗教和经济制度的期望都是这个组合的一部分。人类既是事务性的存在，也是超然性的存在，这种模式出现于我们的进化史上某段时间，最有可能是在我们自己人属的进化过程当中。这个过程几乎可以肯定与我们所谓的"宗教"的出现有关。

但是，即便在遥远的过去找到一个宗教的实际记录是有可能的，也是极其困难的，首先我们可能不知道我们在寻找什么。现在所有的宗教都是近期才出现的，所以在遥远的过去不可能找到能够概括它们特点的一些实物。在考古学家中流传着一句老套的玩笑话：只要你发掘一个比5 000—4 000年前更早的遗址，并找到了一个不清楚有什么功能（比如用作烹饪、狩猎或存储）的物品，你就会把这个物品称为"艺术品"或"宗教物品"。这种说法有点挖苦的意味，也有点不负责任了。在人类进化过程中宗教记录的大部分资料里，只是有一些似乎没有任何其他功能的东西，因此它们就被默认为了"宗教物品"。这可不是严谨的科学。

莫里斯·布洛克指出了第二个问题，他告诉我们："人类学家在无数次徒劳的尝试之后，发现他们不可能有效地、令人信服地、跨文化地区别看待或定义一个可以被打上'宗教'标签的独特现象。"[9]是的，即使在今天，给现有的所有宗教来下一个定义也是非常难的。确定某人为信教要比给宗教下一个全面的定义来得简单。因此，给过去属于宗教范围的物品和模式来下定义的话就更困难了。但如果我们想要了解人类创新的火花，值得一试。

认同感

人类学家坎达斯·阿尔科塔（Candace Alcorta）和理查德·索西斯（Richard Sosis）向我们提供了 4 个我们通常称之为宗教的大部分（如果不是全部的话）习俗和信仰的关键模式。[10]

- 他们认为，宗教的第一个特点是相信超自然力量和反直觉的观念。正如我们前面提到的，相信"超自然的力量"指的是人类主动感知超出人类正常感知现实范围的超然的事物、力量和存在，这些力量或存在是与人类生活相关的：它们可能会影响我们和我们存在于其中的自然世界。这些力量的例子包括萨满出神，神灵和神灵的方位，天使、恶魔和其他类似的存在，无所不在、无所不知的无形的神（或多个神）。在每一种情况下，超自然力量的存在破坏或挑战了我们感知世界的"自然"方式，这表明在人类的生活中，自然世界不止如此。对超自然力量的信仰也创造了阿尔科塔和索西斯所称的"反直觉的观念"的可能性，比如会说话的动物、流血的雕像、圣母的诞生、复活，以及一系列所谓的"奇迹"。

- 第二个特点是公开参与宗教仪式。许多动物物种中都存在着我们所谓的仪式化的行为。雄鸟通过跳舞和唱歌来吸引配偶，猕猴露出牙齿表示屈服，狼通过轻蹭对方并露出肚皮来表达问候，这些都是仪式化的行为。人类的宗教仪式遵循一些相同的组织模式，但在两个关键的方面有所不同：人类的宗教仪式依赖象征，仪式本身的作用是用来增强超自然力量信仰的影响。对象征的依赖意味着宗教仪式中的核心内容不是某些事物，其本身已经脱离了本意，指世间万物。"上帝"一词对基督徒有一个非常明确而又重要的意义，"真主"一词对于穆斯林来说也是一样。十字架的标志、转世的思想、以酒代血、以圣饼代肉，以及许多不同地区其他方面的宗教仪式，都充满了象征性的行为。创造象征的能力，并使它们能够与超自然或超然相联系是人类一个独有的创新技能。

• 对超自然的接受和对象征性仪式的依赖导致了第三个特点的产生：神圣与世俗的分离。[11]人类学家罗伊·拉帕波特（Roy Rappaport）告诉我们："仪式不仅确定什么是神圣的，它还创造神圣。"[12]阿尔科塔和索西斯用圣水的例子来证明这一观点。通过仪式，水（在一个象征性仪式中）被祭司祝福后就变成了一种新的东西（水被转化成了别的东西），水就与超自然有了联系，甚至成了超自然的化身：水就变成了圣水。普通水（世俗水）具有化学成分，被用来饮用、洗刷等，它是世俗的和"自然的"；而圣水具有象征性的意义和超能力，因此就变成了与世俗水不同的存在。在所有的宗教中都存在着无数个这样的例子。宗教行为涉及人与超自然之间的联系，只有当人们有能力，至少在某些方面能够区分什么是神圣的、什么不是神圣的时才起作用。

• 关于第四个特点，阿尔科塔和索西斯认为，所有这些知识，宗教制度和行为、信仰，以及与之相关的模式是必须要经过后天习得的。他们认为，教学和学习这些宗教知识的关键时期是青春期。

历史学家，美国宗教学院前院长托马斯·特威德（Thomas Tweed）提出了一个强有力的观点，即宗教描述并改变人类体验情感和生活其他方面的方式。[13]大多数宗教的核心是某种形式的"全新体验"。特威德讨论了这样的体验是如何为教徒们提供语言和意义的框架，来帮助解释"世界的样子和世界应该有的样子"的。如果是这样的话，那么在人类进化过程中的宗教行为和思考能力对人类如何产生认同感以及人类和群体如何理解自我方面有着重要的影响。如今的宗教团体使用象征性的物品以及仪式化的声音和手势来建立一个他们共同理解并体验世界的情景。

总而言之，宗教的特点是相信超自然的力量和反直觉的观念，涉及象征性的仪式，有助于形成一个对世界的共同体验，并培养出区分神圣和世俗的能力，宗教体系中的大部分内容是在童年时期传播的。

当回顾人类进化史时，这些对我们有什么帮助呢？

宗教体验的证据

可以说，这种内心体验的直接证据是不可能找到的，但是，如果象征性的仪式是产生和维护宗教意义的关键，那么我们可以看看化石和考古记录，并尝试找出象征性行为的实物记录是什么时候出现的。有证据表明，宗教体验的基本材料工具（以及制作这些工具所需的认知能力）存在于人类之中。在考古记录中象征性材料的存在，就像一个标记在告诉我们宗教信仰可能已经存在。

一旦我们有了象征性材料的证据，就可以寻找包括象征性物品在内的仪式行为的证据，这可能是宗教仪式曾经发生过的证据。当然，我们要寻找年轻人学习（传授）宗教行为和信仰的证据，这才能证明宗教代代相传。最后，我们想知道我们在何时何地找到有力的证据，能证明在人属的进化记录中神圣与世俗发生了分离。

最近，生物人类学家马克·基塞尔和我一起编写并分析了一个数据库，其中包含所有可能被认为是 200 万—4 万年前由人属制作或改造而成的具有象征性的物品实例，都是目前已公开的。最早的物品能追溯到 50 万—30 万年前，包括被改良过的赭石（一种矿物颜料）、一个用锋利物品（研究人员认为可能是鲨鱼的牙齿）刻出锯齿状图案的蚌壳、一块像人形且经过石器改良后更具人形的石头和一些珠子。更多的物品如被雕刻过的骨头（包括一个看起来像人形的线条图）、更多改良过的赭石，这些赭石可能被当作颜料涂在身上，出现在 30 万—20 万年前。但是在 20 万—10 万年前，具有象征性的物品可能变得更加常见（赭石、贝壳和石头珠子、雕刻图案的石头和骨头），到了 10 万—4 万年前，具有象征性的物品变得更加多样化，变得十足的复杂。与赭石的使用和各种颜料同时出现的雕刻图案的鸵鸟蛋壳、更精致的雕像和很多小饰品，都可以被看作人类身体的装饰品（项链和其他成串的珠宝、经过修饰后穿在身上的羽毛和一些修饰后的骨骼）。在人类历史过去的 4 万年里，象征性物品变得无处不在——洞穴绘画和其他平面艺术、雕像、骨刻，以及一整套无疑具有象征意义的物品。我们至今仍然不清楚这些物品对那些创作者来说意味着什么。

这些物品有宗教含义吗？我希望我能知道问题的答案。

直到 2 万—1 万年前，我们才能够确认这些物品也许具有宗教意义。因此，我们还是很难推测出这些物品的确切用途是什么。例如，在洞穴深处发现了一些令人惊奇的、能追溯到 4 万年前的绘画，洞穴里一片漆黑，进出非常危险。为了这些画作，一个人或一群人要有意爬进一个阴暗、潮湿的洞穴开口处，然后顺着岩洞往下走。他们要在锋利的岩石和光滑的路面上爬行，仅靠一个燃烧的动物油脂的葫芦来照亮前面的路，这些人冒着极大的风险携带着一堆颜料。他们找到合适的地方后，就会花很长的时间（也许是几小时，也许是几天）在狭窄的深达 60 英尺的地下，创造一幅没有人能看得见的画作，除非他人也带着照明体，同样冒着危险笨拙地爬进洞穴。

人们很容易认为这是一种宗教仪式，这一推断是令人信服的。这种复杂、充满危险的活动，需要一群人共同努力，动物的图像、几何形状和人类的手形图案可能具有深刻的象征意义，事实上，除了绘画的人（或是他们带进山洞里的任何人），几乎没有其他人能看到这些东西。所有这些似乎很好地证明了这些画作符合超然的关键标准，可能甚至还反映了一种有意的宗教活动，但我们目前还无法证实这种说法。

所有这些早期的象征性（或似乎有象征性的）物品告诉我们，具有象征性的和可能的宗教思想与行为的能力最晚在 50 万—30 万年前就零星地出现在了人属的群落中。到了 20 万—10 万年前，具有象征性的物品在更多的地方被发现，并且变得更为复杂。在过去的 10 万年里，具有象征性的物品在所有的人种中都变得很普遍。象征性物品的存在并没有告诉我们宗教出现的时间（正如我们现在所知道的），但它的确告诉我们，我们的祖先开始创造出了象征性物品，并在过去的 50 万年里越来越多地使用它们。如今这样的物品是宗教活动和 / 或参与宗教体验不可或缺的一部分，因此很有可能，我们可以认为肯定是在过去的 10 万年里宗教的内涵发展成了今天我们所看到的各种宗教活动，可能我们的祖先使用了我们在考古记录中发现的各种象征性物品。

还有另外一条证据的线索：我们血统的特点就是高度合作。阿尔科塔与索西斯所提出的宗教 4 个特征的其中 2 个（公共宗教仪式和在童年时代的学习）和特威德提到的重点——"全新体验"共同指出：我们需要进行密切的沟通和协作，才能成就我们今天所谓的宗教。如果一群早期人属曾有过一次让他们感到超然的经历，能够感知他们习惯体验的世界之外的东西——一次月食、一次血月、一次地震、一场巨大的野火或洪水会怎么样呢？通过协调，在一次特定的全新体验的意义上达成共识，并与他人一起分享体验的感觉，然后作为一个群体来庆祝此事，这需要一定程度的共同意向性（所有人自觉地同意相同的认知和情感的解释），（据我们所知）在其他动物身上没有发现这种共同意向性。我们知道这种能力在我们的血统中根深蒂固。

100万年前，我们的祖先在抢食猎物、共同育儿和石器的制作过程中就已经开始协作了。这三个过程中的每一个都会涉及某种形式的教学、很高的学习灵活性和相当多的群体协调。这些过程意味着某种相当复杂的信息共享水平，但这并不是通过我们所知的语言来实现的。在50万—30万年前，许多群体的人属已经开始使用火、合作狩猎、制作更为复杂的石器和木器。他们可能也用近似于语言的某种交流方式，可能只是借助一些手势和声音来帮助他们传递并交流越来越多的信息。许多研究人员认为，他们越来越多地将多样化的声音来当作交流系统的一部分，这有可能是象征性行为能力发展的关键点。[14] 在这段时间里，我们的各种能力得到了提高，其中包括协调合作的能力、传递信息和感知的能力（互相解释事物而不只是互相展示事物），以及用火的能力。懂得用火使得我们的祖先有更多的时间可以在晚上劳作、加工食品和工具，并聚集在封闭的空间里互相交流。他们开始谈论生活中日常事件背后的意义。这并不奇怪，正是在这个时候我们看到了最早的似乎有象征性的物品。我们的祖先开始尝试用这些物品创造出某种意义。

一旦创造意义的过程开始，从一个声音和手势的体系，即我们可以称之为"抽象化的语言"到比喻得以出现的过程并不是一蹴而就的。使用手势和声音来代表其他的事物，比如一次经历、一个想法、一个期望或想象力的其他某些方面……我们的祖先日益具备了分享他们想法的能力、想象和分享他们想象的能力。他们逐渐具备了所有人类生活的核心能力：讲故事的能力。这种能力为宗教的出现并登上历史舞台提供了最后一个关键因素。[15]

但是神圣与世俗的关系是怎样的呢？阿尔科塔和索西斯所提出的

宗教特点的关键方面直到最近才在进化记录中清楚地显现出来。在我们人属的全部历史中，虽然我们有一些珠子、洞穴壁画、雕刻的塑像等看起来有明显象征意义的物品，但是我们仍然没有绝对证据来证明神圣与世俗之间存在着任何分化。许多学者认为，洞穴壁画存在于洞穴这样神圣的空间里，而我们人类生活在世俗的空间里，但正如我们前面提到的，我们无法证实这种说法（尽管听上去的确有道理）。

墓葬中的一些证据是，我们可能会看到神圣与世俗的分界线，但早期墓葬的模式（或那些我们认为是墓葬的东西）不同，人们往往把过世的人埋葬在他们生活的地方。有两处墓葬可能是尸体被放置在难以到达的洞穴里的最早实例，[16]一处是位于西班牙的大约40万年前的西玛德罗斯赫索斯（Sima de los Huesos），另一处与在南非发现的200万—100万年前的纳莱迪人有关。在南非的这处墓葬里没有随葬象征性物品，但在西班牙的那处墓葬里有一个雕刻精细、从没使用过的石器随葬品。有人认为，这是与葬礼有关的象征性物品。这个可能性很吸引人，但这两个墓葬只是个例，并且直到更晚期才出现了筹办葬礼的证据。在15万—5万年前的克罗地亚、以色列、法国和伊拉克的遗址里，我们发现了经过筹办的墓葬，死者被放置在深坑或洼地里，墓葬往往与人们的住所位于同一区域。[17]这些墓葬中常随葬鹿角、贝壳等物品，有时是一些石头，这些物品被放在尸体上方或身体部位上面。但是，这也只是一些少见的个例，而且即使在我们所发现的5万年前的人属所有的遗址中，墓葬还不是很普遍。直到1.4万—1万年前，我们才在考古遗址中发现了很多的墓葬，有时会发现墓葬群与生活场所分离（这是我们发现的第一批墓地）。

然而，直到我们看到早期的村庄和城镇（从14 000—8 000年前开始），我们才发现了直接的证据，能够表明一些物品有了可以反映某种宗教仪式或功能的象征性用途，但这些物品仍然经常发现于人们的生活场所。像在现今的土耳其加泰土丘发现的早期城镇遗址（9 000—8 000 年前）就存在象征性空间强有力的标识，我们在那里发现了牛头、雕刻和被称为神龛或祭坛的艺术形式组合。这些显然形成了某种对超自然和／或超然的认知，有充分的证据表明这些物品具有了祭祀的功能。然而，这些祭坛大部分都位于人们的生活场所，祭坛内部和祭坛周围日常和普通（世俗）活动的考古证据就可以当作证明。[18] 在这些早期遗址中，至少在空间上神圣和世俗之间没有分化。如果神圣和世俗之间不需要在空间上有所分化，那么在化石和考古记录中识别这种分化几乎是不可能的，或许这个空间上的分化特征在某些当代宗教中非常普遍，但并不是出于宗教信仰或实践的要求。事实上，直到最近，在许多小规模社会的宗教里，神圣和世俗的分化仍然是基于共享的意义和／或全新体验和解释的可能性，而不是地理位置、物品、地点的形式。

我们几乎没有实物证据可以证明，对我们进化史的前 75% 的人类祖先来说，超然的经历和对超自然的认识在他们的生活中很突出。但在人属历史后 25% 的时间里，我们看到越来越多象征意义的证据和在我们祖先的生活中超然体验的潜在实物证据。毫无疑问，今天的人类存在宗教行为，大多数人即使不信奉某种特定的宗教，也会与某种形式的宗教传统联系起来。因此，信教的能力出现在我们的进化史中，宗教最终在人类身份中找到了固定的位置。

但为什么会这样呢？

通往真神（们）之路

神学家温策尔·凡·海斯丁（Wentzel van Huyssteen）告诉我们："人类首先是具身的存在，因此，我们的所为、所思、所感，都是受我们所体现的物质性所制约的……宗教想象和人类对意义的追求'自然'存在。"[19]

人类学家理查德·索西斯提出，要理解宗教，"分析必须注重宗教系统的功能作用，注重构成宗教结构的独立部分的融合……这些特点从史前的礼制中得来并由早期古人类群体挑选出来……通过促进合作，扩大跨越时空的社会关系的沟通与协调……宗教制度……正如我们所知是一种精细、复杂的适应，有助于支持广泛的人类合作和协调以及人类的社会生活"。[20]

二人都提出了一个类似的观点，信教的能力是人类经验的一个重要组成部分，但至于其原因，他们的观点则略有不同。虽然对为什么人类有宗教信仰有无数种解释，但因为本书的关注点在于我们人类的进化，所以我将只专注于那些试图把宗教的出现和人类进化史联系在一起的解释。重点是要注意，绝大多数的科学解释对超自然事物存在的可能性持否认、部分认可或保持不可知的态度。这本身就表示这些解释中有什么漏洞。

许多科研人员认为，正是由于复杂的认知能力的进化、高度合作、共同的意向和成熟的语言，才使得宗教在人类生活中无处不在。[21]他们的主要观点是，仪式化的行为在人类经验中变得普遍并成为其核心内容，它先于宗教出现并促成了宗教的产生。[22]一些人指出，石器的生产影响了与语言出现之前的沟通和技能传递相关的神经结构，表明仪式化的行为（如生产石器时所需的行为）在人类进化过程中起到了（现在仍然在起）核心作用。[23]他们认为，这些过程为仪式的出现奠定了基础，从而使宗教得以兴起。有很好的证据表明，仪式化的行为与工具制作和早期人类社会生活的其他方面及生态景观息息相关。[24]从根本上来说，这一观点是在 50 万—30 万年前，人属成员制作石器、根据不同的环境分配工具，并以一种能够增加沟通能力和意义共享的方式来利用工具。这使得仪式化的行为得以增加，使创造意义的新技能的出现成为可能。[25]

在这方面，阿尔科塔和索西斯提出宗教仪式与常规仪式分化的关键因素是强烈情感象征的出现。他们认为，不同于与石器制作或狩猎有关的仪式（或其他物种的仪式性行为），宗教仪式赋予了特别的情感体验，并创造了一个更有意义和潜在的超然体验的可能性。他们认为，大脑的可塑性和延长的人类童年期（请参照前几章）使人类的感情高度敏感，尤其是当我们创造和参与象征系统的时候。他们与生物学家皮特·里彻辛（Pete Richerson）和人类学家罗布·博伊德（Rob Boyd）一道声称："通过促进合作、扩展跨越时空的社会关系间的沟通和协调的方式，早期人类群体的宗教仪式象征系统解决了一个生态问题。"在这种情况下，宗教脱胎于人类仪式、象征和广泛的情感体验的能力，这些能力也是人类进化过程中的一环，为的是促进最高水平的合作。

有另一套科学方法试图将宗教行为、信仰和机构的存在及其模式解释为人类进化中对各种特殊挑战的特有的适应方式。一些生物学家和心理学家认为，人类为组织大型群体并促成合作，从而催化了宗教，宗教通过自然（或文化）选择来帮助达成合作。[26] 其他人认为宗教信仰的模式和结构都是产生自人类认知系统（我们的思想）正常的运行机制并受其约束。[27] 他们认为，宗教最好是被看作几种信念，宗教借助人类潜在的心理机制使人类能够想象出超自然的力量并相信它们。这些研究人员对这些潜在的心理机制特别感兴趣。这方面的研究人员认为，人类进化的认知组合，即我们有自我意识[28]并有能力将我们的精神状态（信仰、想象、欲望、知识等）归因于自己和他人，也有能力知道其他人的精神状态可以与我们的有所区别，可以产生促进超自然力量检测的机制和过程：在精神印象产生的过程中，有超自然的力量在许多被观察和感知的现象背后起作用。[29] 如果我们相信超自然力

200

量，那么我们看到一系列宗教实践的发展和细化就不是一个大跨越了。但是，这样的解释如何解释如今主导人类社会的有组织的世界宗教？

大多数人类学家和考古学家把大规模、等级森严的宗教看作过去 7 000—5 000 年间日益复杂的社会制度和物质文化所产生的社会复杂性的一部分。心理学家阿拉·洛伦萨杨（Ara Norenzayan）提出，个别的"真神（们）"宗教[30]（比如犹太教、基督教、伊斯兰教等现代亚伯拉罕宗教）在人类刚刚过渡到牲畜驯化和农耕社会（在过去的 1 万年前左右）之后，随着社会复杂性和协调性的初步提高一同出现。随着人群变得更为复杂、大城镇出现、贫富差距日益扩大和越来越不平等的活动出现，人类信奉的诸神更有说教力（能够设定行为标准）、更有干预力（有对人类生活产生直接影响的潜力）、更加强大。洛伦萨杨接着指出与诸神有关的信仰仪式组合（基本上是宗教），能促进大规模的超强合作和协调，使大规模、复杂的社会得以出现（比如民族和国家）。正如洛伦萨杨所说，各种真神宗教带来了"大型群体"——现代人类超复杂的社会，包括大规模的群体内部合作（民间团体）和重点要提及的大规模的群体内部战争。他说得有道理，考古记录的确告诉我们，宗教和合作与战争或多或少有一些联系。

其他科学家，如多米尼克·约翰逊（Dominic Johnson）和杰西·贝林（Jesse Bering），为真神们的出现提供了类似的解释，但他们专注于超自然的惩罚作为关键的手段在实现人类群体超强合作和引发他们之间冲突中所起的作用[31]（他们再次把战争、集权社会与大型宗教的出现联系在一起）。约翰逊和贝林认为，人类在获取特定认知（神经的和感知的）特征的进化过程中，直接形成了主要宗教，并赋予了其道德约束、惩罚性的神（们）的强烈倾向。基本上，他们认为我们通过进化心智能力来创造以法力无边且具有惩罚性的神（们）为特点的宗教，以便能够协调越来越大的社会群体。洛伦萨杨的说法有些不同，他认为人类文化进化过程产生了一个把我们的社会性、道德、礼仪、"强烈的认同感"与他所称的"真神（们）"联系在一起的系统，真神（们）法力无边、干涉人间事物、能惩罚众人，需要人们的认同。他还说，由于这些特点，真神（们）宗教最终击败了其他宗教，这也是它们在今天的世界占主导地位的原因。[32]

关于法力无边且具有惩罚性的神（们）的论点已经非常普遍，这些论点似乎很有道理，但也存在着一些问题。

法力无边且具有惩罚性的神（们）现象过分强调人类社会在更大规模上协调合作活动中寻找新方法的需要。我们知道，密切合作在成熟的农业、人类定居、社会性别与社会不平等出现之前就已经存在。关于真神（们）的论点忽略了一个可能性，即这些假说中的大部分基本要求（超强合作、复杂的交流、象征的使用等）最晚在10万年前（甚至更早）就已存在，在现在的真神（们）宗教出现的7 000—5 000年前这一时间段肯定已经得到完善。为什么这些宗教没出现得更早呢？如果我们把过去12 000—15 000年的时间里所出现的牲畜驯化、农业和日益扩大的不平等与以真神（们）为特点的特定宗教系统的出现联系起来的话，这将是一个很好的观点。但更为站不住脚的说法是，各种真神（们）宗教演变成了可以促成大规模人类社会出现的关键结构因素，即使它们在构造和扩展人类社会的某些部分中起到了重要作用。

不幸的是，我们最终以"先有鸡还是先有蛋"这种争论不休的情况来结束了关于真神（们）的假说。从时间线上来看，很明显各种真神（们）宗教的存在和结构是初步走向日益增加的社会复杂性和物质不平等的结果，但它们也可能是推动人民管制、惩罚和群体间冲突（比如战争）背后的驱动力。与其说关于真神（们）的论点是错误的，还不如说它是不完整的，不足以解释宗教信仰或宗教体验。相反，它还可以解释特定类型的宗教和宗教机构的兴起。此外，要了解如此复杂和协调的各种宗教的兴起，我们需要把宗教体验坚定地视作人文景观的组成部分。

我认为我们不能从总体上评价宗教的是与非，尤其是真神（们）能否被明确地当作一个不同的驱动力，这一驱动力与我们近期的进化史中随着群体变得更大以及社会和物质上变得更为复杂而逐渐提高的其他形式的社会复杂性不同。在我们最近的进化史中，随着社会群体变得越来越大，社会上和物质上变得更加复杂，社会复杂性的其他形式也逐渐加快。甚至在城镇、城市和国家出现之前，经济、政治和生态系统就变得越来越复杂。因此，我们可能不需要借助超自然的惩罚和控制的威胁来发展和维持大规模的社会。这并不是说这些因素不利于促进或维持这样的社会，而是说它们不是唯一的（或最好的）方式。

关于宗教的许多科学解释中忽略的一个关键点是宗教体验。我们已经确定，超然体验和可能的全新体验是个人教徒体验信教的核心内容。信仰真神（们）宗教的人们在认知上、生理上和感受上各不相同（大有不同），当我们把解释的重点放在宗教"做什么"而不是放在宗教对于信徒来说"是什么"的时候，可能忽略了这些不同中的一个相关的复杂性。

例如，亚伯拉罕信仰中的神是一个真神的典范，因此研究人员们称之为"会惩罚众人和极具说教力"的神。可以肯定地说，这些因素使得这些宗教得以扩张并对信徒施加控制。然而，这些是对诸宗教总体方面相当简单的概述。对于许多践行信仰（犹太教、基督教、伊斯兰教）的信徒来说，在日常生活中，在解读宗教的意义时，宗教具体的核心价值观，比如关心、爱和同情，要比惩罚和控制的因素（禁止、忏悔、赎罪、社会性别的不平等、牧师的统治等）重要。当我们不对宗教机构如何操纵和影响社会的那段历史抱有幻想，我们的确需要认识到个人和社群的宗教体验以及他们对法令、价值观、真神（们）（和其他的）宗教机构的服从都有显著的区别。如果我们只把注意力放在作为一个功能实体的宗教包罗万象的惩罚和执行的组织机构上，那么研究人员有可能看不到个人层面宗教体验和宗教活动中非常重要的多样性和活力。如果我们试图模拟对文化和生物进化过程有直接影响的行为模式，那么个人层面的宗教体验有可能是极其相关的。

我的观点是，我们必须更严肃地提出一个问题：为了便于给各种宗教提供总体结构和进化方面的解释，我们是否可以无视教徒的生活体验。人类几千年来的宗教体验极有可能要（已经）比提供的解释更加有意思。基于一个特定宗教机构的结论认定一个人"有宗教信仰"，这样的想法在思考人类体验上来看非常肤浅。我们在模拟和提出假设时需要记住这一点。[33]

想象、信仰与期望首先出现

有充分的证据表明，就在现代人类首次登上历史舞台之前，我们的祖先正在形成应对生态和社会挑战的日益复杂的重大认知和行为反应。我们对过去人类历史所了解的的一切表明，这种行为、认知灵活性和日益增强的社会合作与协调、象征性思维的发展与实验相结合，使得人类能够具备现在的获得广泛共识、相互协调和语言的现代能力。这些创新的核心在于以独特的方式创造意义的能力。

对生物体如何处理世界上的意义和模式的方法的研究被称为"符号学"（字面意思是"做标记"，即确定标志和意义的过程）。在我们进化过程中的某一时刻，人类创造了一种新的符号，即象征的使用及创造。[34] 对于大多数动物可能包括我们的近亲来说，使用并阅读索引符号（可能与它们代表的东西相关，或者受它们所代表的东西影响，像乌云意味着要下雨）和标志性符号（看上去完全与它们代表的意思一样）是经常的事。在这两种符号中，"能指"（指代物本身——符号）和"所指"（符号的意思）有直接的关系。对于标志性符号来说，所指看上去就像能指；对于索引符号来说，所指与能指相关（下雨通常发生在乌云出现之后）。然而，象征性符号在能指和所指之间没有必然的实际联系，甚至不一定相关。一个象征性符号之所以有一定的含义，只是由于使用这个符号的人们对其所代表的含义达成了一致。美国国旗是一块有图案和颜色的布，如果当初人们没有一起赋予它一定的含义并使用它的含义，那么这块布是没有任何意义的。语言是一个象征性符号系统：你刚才读到的每一个字都是一个毫无意义的标记集群（以及你头脑当中的声音），只是我们（人类）已经对这些标记和声音所代表的含义达成了一致。没有象征性符号的发展，完备的语言是不可能出现的。

如今人们深深地沉浸在一个象征系统中，在这个系统里，想象和期望以及与它们相关的象征可以保持稳定和一定的意义，并为信仰提供支持。我们理想中的道德和公平、对人类如何行为做事的期望、对世界发展的希望等，都是很好的例子。这样思考的能力是由我们的象征性能力所促成的，并且不一定与我们在任何特定时期周围物质世界的任何实际细节有关。但正是由于受到象征和充满意义的体验的影响，使得我们从童年时期就适应了某种文化。这是理解宗教思想的关键。我们解释世界的方式来自许多因素（身体、大脑、感官、感知、经历、其他人类和动物等）的相互作用。不论作为个体还是作为群体，人类都生活在充满密集象征景观的世界里，其中大部分象征景观都是与宗教相关的。

知觉、意义和经验正如肌肉、骨骼和激素一样处于人类历史的中心（至少在过去的几十万年里）。人类如何看待世界，或者我最好这么说——人类如何感知这个世界，是我们进化史中的重要组成部分。象征产生、感知和被人类使用的方式，构成了人类的感知和行为，并创造了一个人类生态，其中的物质世界（物质环境）一直都存在着符号（包括象征）的标记。我们在一定程度上创造了我们所生活的世界。人类对世界的感知构成了我们与世界相互作用的方式，从进化论的角度来看，信仰是非常重要的。

也许理解宗教信仰和宗教机构的出现与演变要比简单地解释宗教为（对）人类"做"了什么要复杂得多。也许将人类有宗教信仰的倾向[35]解释为通过自然选择而产生的适应方式并不是最好的解释，像对我们非常有帮助的拇指、更宽大的产道、让我们能用两条腿行走和跑步（也让我们长有屁股）的臀部肌肉的形状。也许宗教经验是人类生态的关键结果，是人类"存在"于世界上的方式。

在我们的进化过程中，人类形成了一个生态，其中想象和象征成了人类生态学的核心层面。在生态形成过程中，生物体及其所处环境之间的相互作用成为影响塑造生物体身体和环境景观进化压力的一个核心过程。人类想象对实质压力和感知压力的反应，并将这些想象转化为实物或实际行动的能力，成了我们成功的一个主要工具。这种能够获得并有效利用想象力的进化，使我们能够更多地使用想象力来应对一系列不同的社会和生态挑战。人类应用想象力的一种方式体现在宗教仪式、结构和机构中。

这并不是说宗教的出现为人类的进化或宗教任何特定的适应性功能铺平了特定的道路，也并不是说"宗教"使人类成了完全的人，或在其他类人生物都灭绝时让我们人类幸存下来。这种说法只是假设在进化的背景下，无论宗教还是信仰宗教都不会进化成熟，正如我们所假设的，任何人类身体和生态的其他核心方面都不能在没有一系列初期形式的情况下就以现代的形式出现（请参照第一章到第六章）。因此，宗教信仰和实践以及宗教经验深厚的历史渊源，实际上并不是通过当前的宗教实践来解释的。在人类历史中，宗教经验、信仰、仪式和相关机构最初形成时，人类对象征符号的创造和使用及人类的想象力发挥了作用。我们应该确定哪些结构、行为和认知过程促进了人类的这一作用。

这种方法旨在为从不同角度探究人类的宗教经验提供一个更为开放的视角，并且不会想当然地认为"信仰"某一特定宗教传统的人们只要相信宗教活动的宣传就是错误的。如果具备想象力是人类生态的核心部分，并且想象力是对世界包括对超自然的感知发展所必需的一个基本因素，那么人们可以把进化论和宗教观当作人类如何和为什么会进行宗教实践和信仰的部分解释。在进化论的解释中，这种看待人类生态构建与宗教起源的方式为那些赞成宗教是一种功能性适应的人提出的功能性结构发展的观点提供了空间。但其实，神学家认为生态构建—宗教是某种启示性体验，科学家试图将信仰和神性与人类进化模式联系在一起，这两种观点是存在互通之处的。[36]

举个例子来说，人类血统中象征性表达的出现和使用，特别是在过去的 20 万—30 万年里，表明人类的生活方式得到重大扩张和改造。科学家们（包括我自己）认为，这反映了独特的人类生态的全面发展，因此这是促成我们从认知和形态角度上所称的"现代"人出现的一个关键时刻。尽管科学家们借助一套特定的进化过程和一种认知发展的形式（神经系统变得复杂）来解释这一过程，但是神学家们可以加入一些他们自己主观的内容。我们可以把这种向现代人类生态的过渡定义为启示过程的一部分，其中真神（们）的启示使人类能够形成一种反思和超自然的导向，并最终产生了宗教信仰。[37]也就是说，化石和考古记录的事实不能被否定或者被忽略，但对于信教的个体来说，作为人类进化记录中象征出现的一部分，超自然参与的假说就显得非常有道理。

只要一个人不是原教旨主义者（fundamentalist）或对宗教传统不抠字眼的话，我上面所说的方法就能行得通。就像其他人类机构一样，宗教在产生的初期就发生了变化，并将继续变化下去。一个人不能用科学方法或以其他的方式认为，书中所写的任何内容或是人们用多种语言口耳相传的东西都能保持一贯性或者没有被改动过。所有的宗教都是从一开始就发生变化，并且现在仍然在变化着的。任何人如果不能接受这个事实，并坚信他们的宗教从没发生过变化，就是一个千真万确的人类宗教，那么他必错无疑。有大量证据表明，在现代宗教尚未出现很久之前，人类就开始有宗教信仰了。

信教、宗教和人类

正如神学家温策尔·凡·海斯丁认为的那样，人类宗教想象力中很有可能有一种自然性，[38]它是过去几千年里促进人类进化成功过程的一部分。如果事实果真如此，重建人性之路的一个重要部分必须要把想象、信仰，甚至宗教活动为地球上的人类可能已经发挥和仍将继续发挥的作用包括在内。

大多数人认为自己有宗教信仰，因此，任何反对宗教是人性一个重要方面的人，要么忽视了人类经验的一个巨大组成部分，要么只是选择不承认宗教的博大精深。无论任何人对任何宗教有什么个人感受，宗教都不会从人类世界中消失，所以参与宗教信仰并理解宗教是非常值得的。然而，对宗教与宗教机构采取的行动感到气愤与反对宗教信仰并不是一回事。在过去的几千年里，这一点尤其重要，因为一些主要的宗教已经在世界上占据了主导地位。单一民族国家、经济、战争和其他形式的暴力往往与狂热的宗教情感密不可分。我们要懂得一个人有宗教信仰和参加宗教活动、任何一种信仰的教义和理想，与任何特定宗教机构的运行和做事方式之间是有区别的，这往往是一个生死攸关的问题。

认为自己不信仰任何宗教或者认为自己没有宗教信仰，这对人类来说绝对没有任何问题，我们在大部分的人类历史中就是这么生存繁衍的。大量的研究表明，有人认为有宗教信仰或属于某派宗教会让一个人在道德上变得更加高尚或者更加无私，这种想法也是错误的。[39]任何认为世界上所有的人都必须和他们要有相同世界观的人，都是以短浅的目光在看待人类历史。人类成功的途径有很多种，尽管我们作为一个物种有许多共同之处，但丰富多样的人类文化已经存在了数十万年，这是人性的标志之一，不会在短期内消失。所有的人类都生活在一个象征性和意义深远的世界里，我们大多数人做事时至少在有些时候会感觉到有超自然力量的存在。这是一个普遍存在于人类的超然现实，没有其他生物能够体会。

第十章 艺术的翅膀

我在葡萄牙首都里斯本市郊一处深约 60 英尺的洞穴里，弯腰走过巨大的钟乳石下方，在一株湿滑的石笋旁停了下来。我把灯靠近洞壁，可以看出用棕红色颜料涂画出的马和欧洲野牛（已经灭绝了的体型很大的欧洲牛）的轮廓，洞壁上的轮廓和自然的岩壁起伏勾勒出了马和牛的身体、头部和腿。这两种动物栩栩如生，好像在跑动。我突然想到，我可能正站在作画的艺术家（们）站过的确切位置……我想我领会到了艺术家（们）作画的意图。刹那间，我觉得我穿越了，遇见了大约 27 000 年前的艺术家（们），就在那短暂的时刻，我坐上了一架时光机器回到了那里。

我们不仅仅生活在一个深具象征性和充满意义的世界里，我们也创造了一个这样的世界。艺术是人类超然本质的核心创造性成果。艺术不仅仅是一个作品、一个活动或一个过程，而且是一种存在于世界的方式，它本质上超越了现实世界。艺术是一场变革。当然，只有人类才深有体会。

从学术角度解析艺术很不错，但发自内心和亲身经历的艺术作品，如同我曾在葡萄牙的洞穴里看过的那一幅，能够更好地传达人类进化史中艺术的力量。让我提供其他三个我自己的亲身经历作为证明。

• 站在马德里的普拉多博物馆里，我盯着希罗尼穆斯·博斯（Hieronymus Bosch）的画作《人间乐园》（*The Garden of Earthly*

Delights），这部画作令我头晕目眩。我相隔数年回来看过多次，每次都会让我有这般感觉。这幅巨大的、错综复杂而又混乱的三联画杰作，给人的感觉就像电影或视频游戏中最好的高科技特效一样真实、梦幻、恐怖、令人头晕眼花而又迷人绚烂。这位 55 岁的荷兰籍画家大约在 1 500 年创作了这幅画作，几个世纪以来，这幅画作的魅力不减，它向我们展现了极富感染力的意象、色彩、审美意识和喧闹景象。这幅画作涉及宗教、生理性别、社会性别、人与动物的关系、政治、生物、地理等内容。画作在创作完成 500 多年之后仍然引人注目。

• 米开朗琪罗的雕像《哀悼基督》(*Pietà*) 让我热泪盈眶。这尊雕像描绘了圣母玛利亚怀抱着受难后的耶稣时的情形。但让我流泪的不是雕像的主题，而是它的形式。这尊雕像由一块大理石雕刻而成，栩栩如生，看起来一点儿也不像石头。雕像的弧线、边缘、衣服的褶皱、手的形状、脖子、脸部、身体的位置，让你立即与圣母玛利亚及其怀抱里的耶稣连接在一起，让你有一种下一秒他们就会动起来而你会随他们而动的感觉。这只是一块由人类雕刻的石头，但它的美丽和力量是惊人的。据信这个雕像是米开朗琪罗唯一署名的雕像作品。

• 坐在巴厘岛坎普罕南部一座庙宇外，空地上尘土飞扬，一听到加麦兰乐队的第一首乐曲时，我就陶醉了。竹乐器与金属乐器演奏出的旋律和长笛与鼓发出的节拍交织在一起。在音乐的高潮处，三位年轻女舞者出现在了空地的中央，她们身穿颜色鲜艳、编织精致的服装，头戴闪亮的金属首饰和珠宝。随着她们的身体伴着浓重、优美而又刺耳的音乐一同舞动时，她们的眼睛、手、手指和脚趾做着复杂的动作，而这只是开场舞——"欢迎"舞蹈。

艺术稳步推进人类创造的经验，并将继续推进。尽管艺术不切实际，但它在我们进化史中扮演了特殊的角色。

超越实用性

牛津词典把艺术定义为"人类创造技能和想象力的表达或应用，通常以视觉形式呈现，如绘画或雕像，主要为了欣赏美或情感力量来创作作品"。[1]韦氏词典将其定义为"用想象力和技能创造的美丽的或表达重要思想、情感的作品"。[2]这两个定义都符合听到"艺术"一词时许多人通常所认为的含义，但两者都强调艺术的功能，即艺术是什么和艺术能做什么。我们一致认为绘画、音乐、舞蹈和雕像属于艺术形式，大多数人都认为这些作品充满了美感或具有令人愉悦的功能，但这就是艺术的全部吗？我们称那些东西为"艺术品"，倾向于把艺术与实用性、创造性的努力或者为我们或社会服务的商品或物品如电脑、飞机和垃圾处理相对立，但其实在人类进化史中的"艺术"不仅仅是指创造了很多手工艺品，也远远不只是美学或奇思妙想的物品的手工制作、想象和梦想的诉求。

作家玛丽亚·波波娃收集了许多对艺术的定义，第一句就出自美国哲学家、著名的工艺美术团体创始人埃尔伯特·哈伯德（Elbert Hubbard）："艺术不是一个东西，而是一种方式。"[3]她接着列出了多位哲学家、艺术家、建筑师和作家为"艺术"下的定义，并引用艺术的力量作为结尾，告诉我们艺术有"能超越我们的私心、生活中的唯我论，并让我们与世界以及彼此间的关系更完整、更好奇、更全心全意的力量"。艺术能超越私利，如果一心认为艺术创作是为了满足私欲，这个想法就太狭隘了。

艺术家马特·施瓦茨曼（Mat Schwarzman）、基思·奈特（Keith

Knight）及他们的同事们告诉我们，艺术是"通过语言、舞蹈、绘画、音乐和众多特有的文化形式，深刻地诠释生命的人类行为"。[4] 他们告诉我们，创新是一种建立在人类最基本层面上的"肌肉"，这样的创新性和艺术是如此的自然，以至在人们进行艺术创作时很少有人能够注意到。他们并没有把艺术简单地留给我们称之为"艺术家"的专家们，而是让我们认识到，我们一直在通过大型艺术活动磨炼着自己的创作"肌肉"。我们所创作的艺术也是我们创造、使用和修改的信息，它是人类进化史的重要组成部分。

正如考古学家史蒂文·米森（Steven Mithen）告诉我们的："现代人的行为比其他任何现存物种都更具创造性。"[5] 那么，其他物种也会创造"艺术"吗？

多年前，在华盛顿埃伦斯堡中央华盛顿大学的 CHCI（人类与黑猩猩交流研究所），我有幸用一群著名的会使用手语的黑猩猩做了一个研究。我的兴趣不在于它们的手语，而是在它们的世界与人类的世界大量交叉的情况下，这些黑猩猩是如何生活和表现的。其中最有名的一只黑猩猩，也是这个群体的雌性家长，名叫瓦肖（Washoe），在它 2007 年去世时，《纽约时报》为此特发讣告。[6] 它是一个很不寻常的猿类动物，是由人类养大的，它学会了一些改良的美国手语，并会与人类交流，最终成了 CHCI 中 5 只会使用手语的黑猩猩之一。据照顾它的人说，瓦肖也是一个艺术家，它会用水彩笔、蜡笔画画，并会用特别的方式排列物品。与它共处时间最长的研究员罗杰·福茨（Roger Fouts）认为，瓦肖和许多其他的猿类动物（但不是全部）在被要求画画时，它们的作品就是一种艺术。这对我们人类来说并不像画，但正如福茨所指出的，瓦肖的画是连贯的并且是有图案的，而且它非常享受画画的过程。[7] 瓦肖尤其擅长多彩绘画，它的画作有很强的活力和动感。我不得不承认，它的画作像一些被圈养的大象和其他猿类动物的画作一样，看上去很有趣，甚至很好玩。[8]野生大象和猿类动物都不会画出或排列出像"艺术品"一样的作品，但有些动物在获得人类工具（和一点点的指导与奖励）后的确会画画。它们的一些作品，如果挂在画廊里并被标记为前卫艺术，甚至可能会大卖。绝对可以肯定的是，人工饲养的一些动物，如果给予适当的培训和设备，可以创作出能够给人美的享受的作品。

有趣的是，这样的情况也发生在野外，不是猿类动物或者大象，而是鸟类。园丁鸟是在澳大利亚和新几内亚发现的鸟类，它们会把大量的时间花在我们所谓的艺术上。雄性园丁鸟建造精美的鸟巢来吸引雌性并促成交配。雄鸟会收集色彩明亮和发光的物品（贝壳、珠子、玻璃和塑料碎片、树叶、棍棒，甚至口香糖的包装，我不得不实话实说），并以惊人的图案和复杂的形式摆放在它们的洞穴或地面巢穴周围。当雌鸟到来时，雄鸟也会围绕精心布置的巢穴跳舞。整个表演在人类看来绝对是一种艺术（雄性园丁鸟理想的世界对雌鸟来说也极具吸引力）。最近的研究工作显示，园丁鸟能够创造所谓的"强迫透视"（一种视错觉，可以使物体看上去比实际更远、更近、更大或是更小）来增进雌鸟的观看体验。[9]我们所说的更具美感的安排甚至可以帮助雄性达到成功交配的目的。

人类可能所认为的美观（甚至美丽）与许多其他鸟类羽毛的颜色及其求偶的舞蹈也有相似之处。这种美学模式也适用于我们在哺乳动物皮毛中看到的多种颜色。许多动物身体的颜色和面部的标志，既美丽又饱含潜在信息，这让我们很是着迷（一只臭鼬的皮毛，虎鲸、斑马、山魈、雪兔和赤狐身体的图案）。人类似乎与其他动物一样都有某种审美意识。

美学是结构上或感官上有吸引力或令人愉悦的美感和内在感觉。[10]这似乎是一个能够创造艺术的必要的初期形式，但它和艺术不一样，至少和人类艺术不一样。也许人类的审美意识是我们与动物王国其他动物的深度进化联系所展现出来的一个领域。如果我们的审美意识真的历史悠久，那么我们就可以期望进化历史中出现一系列的动物，它们会利用美感并能做得十分精致（比如园丁鸟）。然而，这些美感是否超越了令人愉悦的色彩和表现？是否有任何证据表明，其他动物的审美意识扩展到了更广泛的思考范围？这个范围在人类视觉艺术中很常见，但是要在其他野生动物中观察和测量就真的很难了。很多动物，尤其是灵长类动物，在被圈养时会长久而又紧张地凝视某处，但这可能是被关押而导致的极其无聊带来的副作用，更像是反常行为，而不是思考的行为。然而，我在野外的一些经历表明，也许还有其他一些灵长类动物会思索美感。

直布罗陀巨岩是一座巨大的石灰岩小型山脉，它拔地而起，一直延伸到地中海到达伊比利亚半岛南端。在一个晴朗的日子里，你可以站在巨岩（现在已成为一个自然保护区）的任何一处，眺望直布罗陀海峡，看到对岸摩洛哥（非洲大陆北端）沿岸的直布罗陀巨岩的姊妹山摩西山。景象壮观：两块隔海相望的大陆、一片汪洋大海，以及深蓝色、绿色、棕色和红色的地平线。当我开始在直布罗陀巨岩研究并观察猴子的时候，我常常停下来惊叹于这幅令人敬畏的景象。但令我吃惊的是，猴子们也会这么做。人们常常能碰到一只成年巴巴利猕猴坐在一处古老的城墙上，眺望着、凝视着海峡对岸的摩洛哥。起初我并没有在意，但当我顺着它们的目光看去，我看到了极其美丽的景色。但也许这只是偶然或者猴子模仿人类的一种表现，我找到了验证的机会。

有一年夏天，我与《美国国家地理》杂志动物拍摄团队合作，我们把高清摄像机固定在一些成年猴身上（把摄像机固定在猴子的项圈上，摄像机正好在猕猴的头下，镜头可以拍下猴子正在看的东西）。这些摄像机可以捕捉到猕猴所看到的所有画面，以及陡峭的峭壁和岩石周围茂密的树木与灌木丛的画面，而这些地方我们是无法跟着去的。

回看镜头捕捉到的影像，我们注意到一只雌猴为我们捕捉到了一个近乎完美的画面：它眺望着海峡对岸，远处地中海和摩洛哥山脉的画面甚是迷人。我们每个人都对此啧啧称奇。但它没有就此止步，它有点烦躁，稍微调整了一下姿势（主要调整了它的头部和上身），新的画面是如此的惊艳，以至我们每个人都屏住了呼吸。这只猴子刚刚捕捉到了我们从直布罗陀巨岩顶上能看到的最美的景色。它待在那里，眺望了几分钟，什么也没做，我们也一样。猴子构建美丽画面（反映它们所看到的）的模式，在直布罗陀动物拍摄团队工作时曾出现过多次，在新加坡用其他种类的猴子做实验时也曾出现过。我仍然不知道这意味着什么，但我毫不怀疑，其他灵长类动物和人类可以在美感等某些事情上达成一致。也许感受美和享受美的能力是灵长类动物一种共通的能力，但是人类对美感的处理方式以及在哪里获取美感与其他灵长类动物有所不同。艺术方面的不同要多于美学。

我们为审美的模式和过程，甚至为反审美的设计、图像、物品和行为都赋予了意义。创造和控制审美品质的能力，让人类超越其他生物体、创造艺术，是对审美意识的掌控，是我们之所以是人类的主要原因。

人类今天有很强的图像创作和操控能力：画画、绘图、摄影、摄像、雕刻、雕像、拼贴……很早以前，人类孩子就会用笔描绘东西、画出美丽的图像、涂鸦、画线条、画弯曲的线和乱写乱画。这些行为可以是有目的性和有针对性的（想画画，想描绘一个人、一个想法或一个目标），我们在感到无聊、紧张、兴奋或没有什么特殊原因的时候，也会做出这些行为。创造视觉意象只是我们创造美的众多方法之一。我们也会跳舞。身体跟随着节奏的起伏而舞蹈，没有奏乐时我们也会跳舞，因为潮流对我们的情绪和信息共享产生巨大的影响，而跳舞可以缓解我们的压力、帮助我们谈情说爱、加强社会联系，还可以用来讲故事。跳舞就像音乐一样很常见，它是最有影响力的人类艺术之一。创造旋律和把各种声音汇成一体进行叙事是人类生活的一个重要部分。其他动物能使用声音进行交流，还有一些动物会使用优美而复杂的旋律，像许多鸟类和长臂猿等猿类，但人类创造了有意义的音乐，我们不单单把声音当作美学和直接的沟通，而且还用声音创造了象征性风景（如交响乐、爵士乐、摇滚歌曲、民谣）。我们也把语言混合进来。我们丰富而有象征性的交流系统能唱出旋律，给人以感触、激情和意义的爆发。最后一类是一个可以关联几乎所有我们称为艺术的东西的形式：故事。在讲故事的过程中，我们能够创造和形成一些形象和信息，穿越时空分享它们的意义，并以某种形式将故事叙述出来。人们围着火堆讲述故事，故事通过不同年龄的人传承下来，并以小说、戏剧、电影等形式再生和重新创作。故事是最独特的人类艺术。以上各种艺术形式形成了我们对世界的体验，并将会继续下去。

那么，这些人类艺术是什么时候出现的呢？关于我们的过去和未来，这能告诉作为创新性物种的我们哪些事情呢？

在充满色彩和线条的嘈杂世界里的一件优雅的石器

与人们普遍的看法相反，人类的第一件艺术品不是绘画，不是雕刻，也不是旋律，它是一块被加工过的石头。生物哲学家金·斯特林和考古学家彼得·希斯科克（Peter Hiscock）最近研究了我们祖先制作的早期石器，他们得出结论，认为"石器在充满现代意义的赭石和装饰品出现之前就早已是物质象征了"。[11]

我们知道，把鹅卵石制作成斧头和刀具是我们祖先一个最早、最重要的改造世界的方式，这种制作工具的能力从根本上改变了人类的生态。但我们没有考虑的是这些工具的实际形状和形式，以及在艺术的角度，工具制作的过程对早期人类意味着什么。

把石头加工成工具需要我们在其他动物那里看不到的一定程度的想象力和协调合作的能力。[12] 工具的制作还为一种创造力的出现奠定了基础，这种创造力为艺术打开了大门，比如最早期的奥杜威石器。鹅卵石被制作成切割工具，石片用于切肉和皮。制作过程包括造出锋利的刃，多角度转动石头，从鹅卵石原来的形状中设想出一套并不明显的工具雏形。目的是创造出一些实用的东西，但把一种形状改造成另一种形状的想象和劳动改造了我们的大脑，使得我们的认知板块能够在脑海中构思工具雏形，并用世界上坚硬耐用的材料将它们转化为新的实物。我们可以很容易地想象早期的人类群体，当他们坐在一起把石头制作成石器的时候，意外地或者有意地显摆他们的技术，然后就造出了一个新的石片或一个特别的角，这让他们看到了美（记住，在许多灵长类动物中，审美情趣、美感至少是以原始状态存在的，在我们的祖先中也是）。他们可能会观察上一段时间，并把它展示给群体里的其他人；他们也可能会把它放在一边看或过一段时间就把它扔了。不管他们是否试图再去做同样的事情，我们知道这种石器制作过程为早期人类尝试用石头来创造出外形和形状提供了可能，也知道他们的审美意识可能已经影响了他们所做的事情。[13] 当我们想象我们的早期祖先不断地敲打石块的时候，米开朗琪罗的雕像《哀悼基督》的线条也开始变得更有意义了。

在人类进化的最近阶段（在过去的30万—50万年里），我们开始发现更多的工具，它们不仅仅只有实用价值，当时制作工具的工艺水平和对称性，远远超出了人们所需的有效工具，比如刀、石锤和研磨石。我们称之为晚期阿舍利文化的这些石器开始变得越来越精细、越来越像艺术品。研究人员在一种叫作手斧（两面都被打制成了刀刃、顶部带有尖头的石器）的阿舍利石器中已经发现了他们所称的"黄金分割"或"黄金比例"。[14] 相比其他形状的石器，这种黄金比例形状的石器在切或砍等方面虽然不一定更好用，但似乎有一种美学价值。考古学家马修·波普（Matthew Pope）和他的同事们观看了 148 个文物组合，其中包括在欧洲、非洲、近东和印度发现的整个阿舍利时期考古记录中的 8 000 多件手斧，他们发现，绝大多数手斧都在黄金比例的范围之内。[15] 如果只是机缘巧合的话，那百分之百几乎是不可能的。相距甚远的人属成员，他们制作的工具既美观又好用，可见审美情趣对石器的制作产生了影响。我们也找到了其他的证据来佐证。在这段时间里，区域性和地方性的石器风格明显地显现出来，[16] 有些遗址出土的石器甚至出现了怪异的形状和风格，这表明至少在有的时候一群人中一个或多个个体创造出了明显不同于他人的特殊的工具制作风格，这也许是出于美观的原因，也许是一次特别的创造性爆发的结果。也许某种形状"唤醒"了某个工具制作者，使他变成了石器时代的米开朗琪罗。

例如，在英国有一个叫博克斯格罗夫的遗址，波普和他的同事们提供的证据显示，这里出土的工具是用相对一致的方法制作的，这些区域性的图案遍布广泛，可以长期保存下来。[17] 在该遗址随处可见成堆的大量工具，人们还在多处发现了许多未经使用的工具。这些成堆的工具和工具本身，对工具制作者来说可能不仅仅是用于屠宰动物和修整其他工具的器具或物品。也许这些工具和它们的存在是让生活在这里的人属群体在这个他们在此发展、掌控或移动的地方创造出某种意义的一种途径。石器及其生产成了一种形成群体认同感的方式，让他们把这个地方变成了自己的地盘，实现了人类学家所说的从"空间"到"场所"的转变。

"场所"的出现在法国西南部的布吕尼凯勒洞穴深处得到了极好的证明。[18] 近20万年前，几群尼安德特人搬进了这个洞穴深处（距洞口1 000多英尺）并修建了石头堡垒。他们把洞穴地面以上的石笋打断，并用它们来建造小型的圆形堡垒。这些低矮的圆形堡垒直径为6—15英尺，有证据表明，在较大堡垒里面的一些小土墩上曾有过用火的痕迹。布吕尼凯勒的尼安德特人进入洞穴深处，修建圆形石头堡垒，并用火照亮了堡垒。尼安德特人用石头搭建了自己的栖身之处。

石头不仅仅被用来建造一个实质上的"场所"。在考古记录中有证据表明，这些工具似乎是费了很大的劲才制成的，但未被使用。一个完美的例子是在西班牙阿塔普尔卡胡瑟裂谷的疑似最早的墓葬之一的尸体中发现的美丽、稀有的单个石器（发现它的团队称之为"神剑"）。为什么这群人属费这么多周折，从30英里左右以外的地方找到一块石头，精心地把它制作好，然后把它扔到已经堆了一堆尸体的坑里呢？为什么只有这一个工具，而没有其他的工具呢？目前答案尚不可知，也许是由于这个工具美观，甚至漂亮；也许它完全是一件艺术品，从来没有被想过用来当作一个切割或砍砸工具。[19]

人类艺术进化的下一个阶段将我们带到另一个层次，即色彩的创造和使用。

赭石是一种土质颜料，颜色来自赭石里不同氧化水平的氧化铁。赭石颜色众多，有黄色、棕色、橙色和红色。赭石以土块的形式存在，有点像质地较软的石头。有证据表明，一些人属群体最晚在28万年前，也许在50万年前就使用过赭石了。[20] 我们在考古记录中至少发现了赭石的两大主要用途，并且可以推断出它的第三个用途。第一个用途是做标记，第二个用途是磨碎后和胶状混合物和在一起当作黏合剂，把石头或骨头固定在木头（石尖工具）上。我们推断出的第三个用途是赭石被磨碎后（可能和液体混合在一起）生产出颜料，可以涂抹在身体上、工具上或者其他地方。例如，考古学家威尔·罗布洛克斯（Wil Roebroeks）和他的同事们发表了一个欧洲遗址研究报告，这处遗址能追溯到25万—20万年前，出土了各式各样的工具和其他当时的实物证据，最有趣的是，这处遗址上面覆盖着最初呈液态的、现在已经干了的红色小斑点。[21]该遗址的人属成员把红赭石捣碎后加入液体，使颜料保持液体状态。没有证据表明，绘画或赭色被明显地涂抹在工具上。他们会把颜料涂抹在身上或者脸上，或者在身上和脸上都涂抹上颜料吗？无论他们是怎么做的，他们已经有意识地找到赭石，把赭石从数十英里外的地方搬运回来、制作成液体状，并把它用于他们的工具或生活环境以外的东西上。如果他们用赭色在自己身体上绘画的话，这显然是一种更为复杂的运用美学的方式，从而让他们的想象得以实现。我们发现，在7万—4万年前的很多遗址中，赭色连同其他颜色的颜料，包括黑色颜料被用于各种目的。[22]这就是艺术。

当人类正在用颜色来改变他们和世界的外观时，他们也在用包括颜料在内的一些东西来装饰自己。

人们在珠子上钻孔，以展示出珠子的美。人们通常是用一条简单的线（由动物的筋或者植物材料做成）穿过珠子的小孔，把很多珠子串在一起当作项链或手镯之类的装饰品。这种创造艺术的方式在当今地球上的许多地方都很常见，并且源远流长。然而，即使在今天，人们对于为什么要佩戴珠子、佩戴珠子可能会代表什么、为什么一些特殊的东西（石头、贝壳、骨头）可以用来做珠子等问题上还没有达成共识。

在一个对南非某个狩猎采集部落所做的研究中，人类学家波莉·维斯纳（Polly Wiessner）证实，即使是在一个群体里生活的人们，当涉及对珠子的审美和使用的交流时，他们在风格、品位和理解方面可能有很大的不同。在对串珠发带的研究中，维斯纳发现，虽然他们有一套相当一致的串珠发带设计模式，并且在这方面有共同的文化，但他们个人对什么是最重要的东西（群体认同、个人品位、美观设计和技巧的细节、作为商品的价值等）有所不同。[23] 当我们回顾过去并识别出像珠子这样的东西时，我们可以获知以下两点：一是它们被制作出来、被有意识地使用（最有可能是为个人穿戴或使用并展示给众人），二是珠子可能并不总能向所有的穿戴者或观赏者传达同样的信息。虽然以这两点对珠子的"目的"下一个定论有困难，但它们并不偏离这是我们遥远过去在艺术方面的努力这一事实。

对珠子最早的报道是关于德国的一处遗址的，这处遗址大约可以追溯到 30 万年前，但人们对于测定的年代存在争议。在 13.5 万—7 万年前，我们开始能够更频繁地发现珠子，[24] 尤其是在地中海和南非东部、东南部沿海地区。这些珠子通常是贝壳，令人惊讶的是，它们往往是由一种软体动物——织纹螺属软体动物变化而来。尽管其他软体动物的贝壳也被用作珠子，但在地中海地区和南非发现的绝大多数早期贝壳珠是织纹螺属的两个物种。[25] 织纹螺是一种常见的海螺，其螺旋的外壳在尾部收缩成一点，通常有浅棕色和白色两种颜色，个别有颜色渐变，这让它们看起来很漂亮。织纹螺经常感染上寄生虫，这些虫子能在它们的外壳上钻出孔。有充分的证据表明，人类收集这些有天然小孔的贝壳，然后把小孔钻大，或只是利用这些原有的小孔，用绳子把贝壳串在一起（我们能看到绳子摩擦小孔边缘的磨损痕迹）。也有很多时候，小孔是人为打造出来的，也许他们是从自然环境和进一步处理贝壳的过程中得到的灵感，使得这些早期的"珠宝商"能把更多的织纹螺贝壳串在一起。为什么？这是一个比较难以解释的问题，但我们可以想象得到，这样做的人发现把珠子串在一起时非常美观，因此他们开始有意识地收集贝壳、在贝壳上打孔并把它们串在一起。很显然，珠子被看作一种艺术的表现方式，但其中包含什么信息、包含多少信息，都被尘封在了过去的历史中。[26]

在我们从考古记录中发现珠子的这一时期，一些群落已经开始使用赭色了，可能涂抹在他们的身上或脸上，因此我们在形象、身份或者群体团结方面增加另一种表现方式（珠子）并不是很牵强。甚至有证据显示，珠子并不是这一时期唯一的艺术性首饰。最近一组研究人员回顾了在位于今克罗地亚的13万年前的著名尼安德特人遗址克拉皮纳中发现的大量出土文物。他们在这些文物中发现了以前未曾有人仔细研究过的8只白尾海雕的爪子，其中4只有多处切割痕迹，且这8只爪子的根部都曾被"抛光"过。[27]这些爪子是从海雕（肉可能已经被尼安德特人吃掉了）身上取下并被串连成一件最有可能戴在身上的艺术品的。直布罗陀和其他地点的洞穴遗址也有证据表明，其他人属群体的成员把羽毛从鸟身上拔下来并以某种方式穿戴在身上。[28]如今，各地的人们都会把鸟的羽毛和身体部位当作装饰品。长期以来，人们一直认为这么做是出于美观的原因：鸟类的羽毛往往色彩斑斓，它们的叫声往往非常嘹亮。鸟类还会飞，而很久以来人类对飞这件事都很感兴趣。

赭石和由蜗牛壳做成的珠子的存在、鸟的爪子和羽毛的使用告诉我们，最晚在13万年前，人类就在这个世界上发现了能够产生美感的东西，或至少能够引起他们注意的东西，他们带走这些东西、加以改良并佩戴在身上。我们的祖先通过改变某些材料，使它们与众不同，将它们与人体连接并赋予它们意义，从而有意改变自己的外在。

当时的人们也会乱涂乱画。人类开始雕刻、雕像，用线把其他东西串到一起，这些东西不是用来穿戴，但有可能是用于携带、交易，或只是用于观赏。

就在30多万年前，在今天的印度尼西亚爪哇岛上，一位早期人属成员拿起一个蚌壳和一个锋利的工具（也许是一颗鲨鱼牙），并在蚌壳的内侧刻上一个"之"字形图案。[29] 为什么是蚌壳？为什么用鲨鱼牙？为什么是"之"字形图案？这是艺术还是乱涂乱画？两者真的有区别吗？不幸的是，我们无法回答前四个问题。但对于第五个问题，我有可能知道答案。两者是相互联系的，乱涂乱画的能力是绘画、雕刻和创造意象能力必要的前期形式。正如宗教活动和信仰的发展需要想象和仪式活动作为前提一样，想要绘制和创造出栩栩如生或有表现力的图像，一个人首先要能够通过改变一个物品的外观来把使用工具与有目的地改进该物品联系起来。我们已经知道，许多动物可以做到这一点（许多灵长类动物和鸟类都会使用简单的工具）。我们也知道，最早的人属成员就已经能够制作石器了（在复杂性上我们比所有其他动物都要领先一步）。另外，乱涂乱画不一样。它与制作工具或使用工具不一样，它不具有任何功能。乱涂乱画，在一个物品上雕刻有生气、活力的线条或形状，无论是出于何种原因都是美观的，这样做是为了发挥我们的想象力，而不是为了得到食物或完成某项任务。[30] 人们毫无意义想入非非的能力与乱涂乱画是相关的，这种能力可能是我们人属血统在过去的 30 万年里想要发展和培养的一个关键能力。

我们在早期人类记录中并未发现很多乱涂乱画的例子，后来也一直没有人去寻找。然而，我们的确有可能证明在今天的德国发现了大约 30 万年前被雕刻过的骨头的证据，在 15 万—10 万年前，我们开始看到雕刻文物出现在世界各地多个地方的明显证据。[31] 尤其令人着迷的是，当雕刻变得越来越普遍，不管被雕刻的是什么物品（我们发现了被雕刻的赭石、鸵鸟蛋壳、骨头等），雕刻风格都非常相似。雕刻的图案通常都是一些互相交叉的线条，就像井字线或成片的直线和曲线。基本上，它们看上去就像高级的乱涂乱画。也许人类对于线条的创造存在着一种特殊的审美意识，线条带领着我们去思考和想象。[32]

从乱涂乱画到线条再到画出看上去像人和动物的图案的转变，花

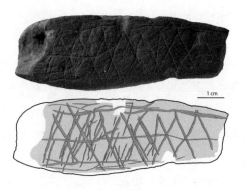

图 11　赭石雕刻

的时间要更长一些。有两个可能是非常早期的雕像作品。第一个是从摩洛哥一个 50 万年前的遗址中发现的被称为坦坦（Tan-Tan）的雕像。它是一块天然看起来很像人体的石英石，有一些证据显示，这些像人的特征后来经过石器改良后使得这个雕像看起来更像人了。第二个是以色列贝列卡特蓝遗址（大约 30 万年前）出土的一块石头，也是天然看上去像人的形状。一些研究人员认为，有证据表明，它被进一步改进看起来更像人（女性）。但对于这两个雕像的说法都引起了激烈的争论。[33] 令人惊讶的是，鉴于珠子和雕刻出现得较早，无可争辩的人类雕像到了人类进化史的后期（4 万—3.5 万年前）才出现。

公认的最早的雕像是一些动物雕像和半人半兽的雕像，最古老的雕像是一座大约 4 万年前的看上去像半人半狮的雕像。最早的雕像中还有狮子雕像、猛犸象雕像和犀牛雕像。与这些雕像一起被发现的是大量的珠子和其他身体装饰品。我们很难去了解这些小型的、手持的动物形象对它们的创造者来说意味着什么。大多数研究人员认为它们是某种能给狩猎带来好运的吉祥物，或者也许是某种描述狩猎故事的方式。其他人认为，这些雕像是了解在创造者的生活和世界观中什么东西重要的线索（最早的雕像发现于欧洲西部）。这些动物雕像可能体现了一种新兴的泛灵论，由于信仰了泛灵论，创造者用他们的想象力来创造反映他们周围活着的和充满活力的事物的艺术；这些动物雕像也有可能与以人类与其他动物的关系为中心的一种仪式活动或信仰系统的发展密切相关；[34] 又也许这些雕像只是出于美观的原因而被创造出来。人形雕像出现的时间要晚于最早的动物雕像。

最著名的人形雕像或许要数维伦多夫的维纳斯，它被发现于奥地利的一处遗址，是一座大约 2.7 万年前的高 4 英寸的女性雕像。她是个身材健硕的女人，看似头戴着一顶编织帽或帽子。在 2.7 万—2 万年前这段时间，小型女性人形雕像在西欧的遗址中很常见（已发现 200 多座），其中很多雕像戴着类似的头饰，一些雕像外表涂有赭红色。[35] 为什么这些雕像会是女性人形？她们为什么会戴着编织帽？第二个问题最近在绳子和其他种类的编织物的一些证据里找到了答案，这些绳子和编织物可以追溯到 2.5 万—2.2 万年前。人们当时可能穿戴着编织帽和服装，或许是出于这个原因，或许是因为她们有很复杂的发型。

第一个问题（为什么这些雕像会是女性人形）通常由一句古话来作答——"我们必须要虔诚"。早期的学者看了雕像后经常认为它们夸张地表现了女性的乳房、臀部、外阴和腹部等生理特征，并认为这些雕像是"生育女神"或其他用于某种典礼、仪式的生殖崇拜。然而，在过去的几十年里，研究人员重新审视了这些说法，并提出了新的观点。一种观点认为，这些雕像是由女性艺术家制造的，雕像身体某些部分的比例失调是由于雕像者观察自己身体时的角度而造成的。[36] 其他人不同意这种以自己为模特制作雕像的理论，他们认为不同身体部位的侧重点不同，最有可能是由于特别强调女性身体的特定文化传统和艺术品位所产生的。有些人甚至认为，我们只考虑画面原因是错误的，这些雕像（它们很小）不是用来静静观赏而是用于手持的，因此夸张的身体部分是影响手持感受的一个因素。

如果你观察从大约3万年前最早的人形雕像到更近甚至1万年前的人形雕像，你会从中发现很多变化。人形雕像中大多数是女性，有些是男性，也有很多动物雕像或者半人半兽的混合雕像。这些雕像的身体形态和对身体不同部位的相对侧重点各不相同。几乎没有一座雕像清楚呈现所有身体部位的细节。这种多样性表明这些雕像从纯粹的美观到典礼甚至宗教仪式都有了一系列的视觉和触觉的意义。这些雕像背后的意义可能很大程度上取决于制作这些雕像的特定群体，因此雕像产生的原因可能有很多。

关于雕像最令人感兴趣的一件事情是，它们与洞穴壁画差不多同时出现，或稍晚于洞穴壁画出现。我们已经讨论了可能是最早的颜料的材料：混合一些液体的赭石（25万—20万年前，甚至更早）。但这种简单的赭石颜料不具备在洞穴墙壁或其他物体上精细绘画所需的流动性、稠密性和黏附性。人们可以把它涂抹或擦在其他东西上，但不可能用它在较大的表面上写出笔画、画出曲线、做精细的描绘，并让它在干了之后仍能保持原状。

我们在南非发现了大约10万年前真正像颜料的材料的最早证据，[37]这种材料是用赭石与在鲍鱼壳里发现的某种动物骨髓里提取的脂肪混合而成的，但是我们没有发现与之相关的绘画证据。另一个诱人的发现来自南非一处距今大约4.9万年的被称为斯布都的遗址，这个发现为我们提供了赭石与野生牛（像奶牛的动物）的牛奶混合的证据。[38]这一发现表明生活在那里的人们不得已猎杀了一头处于哺乳期的野牛，他们用牛奶制作颜料或用于其他可能的用途。但不幸的是，这处遗址也没有任何证据说明颜料的使用方法。

真正把赭石用于实际绘画的第一个证据来自东南亚和欧洲南部的一些遗址。在印度尼西亚苏拉威西的一处叫梁提姆普森的遗址，在洞壁上有一幅大约 4 万年前的清晰的人手轮廓图和一幅大约 3.6 万年前的一只奔跑中的鹿豚（一种野猪）的图像。[39] 在附近的梁扎里发现了 4 万—3.9 万年前的另一幅手形图。在西班牙一处叫作埃尔卡斯蒂约的遗址，发现了一幅 4 万年前的红色圆盘图和一幅 3.7 万年前的手形图。[40] 从此，我们在世界各地发现了越来越多的洞穴壁画。

洞穴壁画最常见的图像是手形图（请参考第八章，手形图大部分是由女性和儿童制作的），其次是动物的图像，比如马、大水牛、猪和鹿。同一画面中往往有多种不同的动物，较新的图像往往直接画在原来的图像上面，有时甚至相隔几千年。人形雕像在绘画早期非常稀少，但在 2.5 万—1.5 万年前开始频繁出现。

我们现在正处于 21 世纪，世界上有博物馆、书籍、电影、电视、扫描仪和互联网，当我们回顾这一切时，很难理解这些洞穴壁画在被创作时对于那些创作者和体验它们的人的重要性。这些洞穴壁画反映了一个真正人文的、真正独特而富有想象力和协作的投入。例如，在西班牙一处世界遗产地阿尔塔米拉洞穴发现的最早的壁画是 2.2 万年前绘制的，而最晚的壁画则是大约 1.3 万年前完成的。[41] 这个洞穴被人类利用并当作创造壁画、故事和奇观的场地的时间跨度超过了 9 000 年。为了说明这一点，埃及吉萨金字塔建成仅有 4 600 年的历史，美国成立也只有大约 230 年的历史。9 000 多年前，人们走进阿尔塔米拉黑暗的山洞，用幽暗的火光照亮了山洞、通道和墙壁，借助光亮开始绘画。他们把想象转化为实物，所绘的壁画今天仍然存在。在这些洞壁上，鹿、野牛和马的形象栩栩如生，似乎在活力四射、五彩斑斓的洞穴中一跃而起、四处狂奔，其中有一些壁画长达 6 英尺。洞壁上岩石自然的弧线、凹凸被运用于壁画的轮廓和图像，让图像给人以生机勃勃的感觉，壁画中的动物像活的一样会跟随观看者奔跑。和许多布满人类绘画的洞穴一样，阿尔塔米拉洞穴是人类与视觉艺术紧密相连以及人类通过想象、合作和创新创造意义的独特能力的巨大标志。

　　尽管洞穴艺术和雕像令人印象深刻，但在 10 000—8 000 年前，几乎所有的艺术品都缺少一个令人好奇的主题：精致的人脸艺术。有些艺术品是人形艺术，也有些艺术品有对脸部的描绘，但对脸部细节的描绘非常罕见。对脸部的描绘，除了用点或凹痕表示眼睛、隆起代表鼻子、画条线代表嘴巴之外，几乎没有任何其他特征。但是从大约 1 万年前，对脸部细致的描绘在地球上许多地方开始变得越来越普遍。考古学家伊恩·库艾特（Ian Kuijt）和其他人认为，直到大约 1 万年前，随着农村和农业的出现，以及随之而来的日益强烈的人类对财产、身份和地位的感知，人的脸部开始在艺术中出现。[42] 人脸在与葬礼活动有关的艺术中最为常见，至少在中东地区这方面已经得到了深入的研究。向定居生活的转变，以及与农业和牲畜驯养有关的身份确立，是一个由小规模群体向更大规模、定居的人类社区的转变，这似乎为人们的身份和社会关系重新下了一个定义。在考古记录中，对人脸细节进行描绘的出现只是我们 30 多万年里视觉艺术散发的魅力中另一个创造性的创新成果。这成就了视觉艺术的实物遗迹，是人类想象力的确凿证据，是我们领会人类感知世界和创造意义在方式上发生转变的一个最重要的工具。

　　但并非所有的艺术都是看得见的，并非所有的艺术都能给我们留下实物遗迹。人类创造意义的三种最重要的形式——歌曲、舞蹈和讲故事，都与短暂的声音和动作有关，而这些声音和动作很少或根本没有留下实物记录。

　　许多人类学家和考古学家会认为，不论是对过去的人还是现代的人来说，歌曲、音乐和舞蹈当然都处于人类生活的中心。私下里有些人甚至可能会认为，我们人类对音乐和舞蹈的喜爱有悠久的历史渊源。

他们只能私下里这么说，是因为我们在试图寻找这方面证据的时候几乎一无所获。但是，这并不能阻止所有的研究者冒险歌颂这种可能性，那就是音乐和舞蹈构成了人类创造力的最早和最重要的几个方面。

考古学家史蒂文·米森认为，音乐是人类一个基本的组成部分。[43]他认为，用我们的声音和一些物品来创造旋律，通过旋律的加工来讲故事，使我们的群体团结、表达我们的想象的能力，深深植根于我们的进化历程之中。他举例说明，语言本身源于音乐与情感表达的原生语言。米森认为，早期人类祖先创造了一个他称作"嗯"的交流系统，这是一个手势和旋律的混合体，是语言的前身。他认为我们的祖先能够"广泛地运用音高、节奏和旋律的变化来传达信息、表达情感并激发他人的情感"。[44]

他的基本观点是，其他灵长类动物使用发声、手势以及身体语言进行沟通，因此我们的祖先也会使用它们所具备的能力。许多非人类灵长类动物也会使用发声（往往旋律优美）来相互交流情感状态和传递危险信号，甚至作为建立和维持紧密的社会关系的一种方式。所有的猿类动物都会使用这样的发声行为，长臂猿就会使用旋律极其优美的呼叫声（灵长类动物学家称它们为"歌曲"）来作为它们主要的沟通方式。米森进一步指出，灵长类动物的叫声中有一种内在的音乐性，因此甚至在人属出现之前我们的祖先就已经具备并使用了这种能力。我们知道，随着人属在进化的头150万年左右在认知和行为模式上得到了更为复杂的发展，他们肯定已经发展出了更为复杂的交流方式，如果没有新型的沟通方式，工具的制作、抢夺猎物、复杂的育儿和教育是不可能产生的。米森认为，这种新型的交流系统其中一部分是更多地使用"声音通感"，其中的发声部分用来表示事物的大小、动作，或者两者兼有。想想我们在描述什么东西掉到了地上时经常发出的呼啸的声响（嗖……轰），或者我们用来描述骏马奔腾时的声音（咯嘬、咯嘬、咯嘬）。米森认为，随着更多复杂的实物表达（艺术）、狩猎、射击和日益复杂的社交生活的出现，现代人类的直接祖先采用了这种原始语言——"嗯"系统，并在旋律方面（音乐和歌曲）对它做了更为复杂的改进，同时出现了更多的支离破碎的声音（具有离散意义的更多声音），最终产生了语言。在这种情况下，音乐和语言共同发展，有一些神经生物学证据能充分证明两者是紧密相连的。

并不是每个人都同意这种观点。[45] 这种观点存在一系列的疑点，从我们或许能发现什么解剖学依据，到缺乏这些转变的实物证据，再到有人认为现在许多语言在结构上与音乐或旋律并无相似之处，所以两者真的没有那么相关。另外，米森可能低估了其他动物通过声音交流大量信息的能力（比如鸟类），以及其他灵长类动物通过手势来进行深入沟通的能力。最后，我们还不清楚这种能力何时从"嗯"系统转变成了早期音乐，然后又变成了语言。也许从早期赭石的使用向珠子和雕像的雕刻这一过程的转变，视觉艺术反映了人属认知和行为上的变化，这代表了从一般声音通感和"嗯"系统的交流向更精细的声音和意义序列（歌曲）的转变。随着视觉艺术的细节变得更为复杂，语言系统接着出现了更多具有特定含义的单字音（早期语言）。这听上去很有道理，但如果没有可靠的时间机器，我们的这些设想大概是不可能得到验证的。

哲学家玛克辛·希茨－约翰斯通（Maxine Sheets-Johnstone）提出了一个相关的观点，他认为，舞蹈和动作在我们认知能力的发展和人类创造复杂情感、行为与沟通系统的方式中处于核心地位。[46] 这一观点与米森对旋律和音乐的主张一致，也与哲学家梅林·唐纳德（Merlin Donald）的主张一致。唐纳德提出模仿（在模仿中人类开始用可控和系统的方法熟练掌握并改善动作，这一能力使他们能够按照指令重复这些动作并赋予这些动作越来越复杂的意义）的主张，[47] 希茨－约翰

232

斯通则把重点放在使用和协调舞蹈、动作来传递共鸣、意义和内容上。希茨－约翰斯通认为人类通过舞蹈进化成了我们现在的样子。

把重点放在旋律优美的声音和动作上似乎非常重要，这些观点听起来很有吸引力，但支持这些观点的证据大多来自与活生生的灵长类动物和其他动物做对比的现代人类行为，以及在考古记录中得到的少量数据。骨笛最早被确定为乐器，但它只有大约 4.3 万年的历史，是在德国的一些遗址中被发现的。[48] 骨笛吹奏起来确实像我们所知道的音符（人们制作出一只 3.3 万年前的骨笛泥塑复制品并演奏）。[49] 只有在过去的 1.4 万年里，我们才开始发现更多乐器的证据。绘画和明显描绘音乐或舞蹈的艺术也是近期才出现。然而，这并不是指旋律优美的声音，特别是打击乐（鼓乐），以及舞蹈在此之前没有出现。许多人类文化将某种形式的鼓乐、某种形式的重复吟唱和旋律优美的动作当作人类的一种表达方式。早期人属成员并不是在短期内就熟练掌握了声音的技巧。在制作石器的过程中就会产生很多声音，他们很有可能把这些声音变成旋律。黑猩猩有时会把倒下的树当鼓敲来引起同类的注意，许多鸟类（如啄木鸟）也会制造出连续的、有旋律的敲击声。我们的祖先会模仿它们，慢慢地，经过很长一段时间，他们把一些声音和这些声音的节奏融汇到一起，这样就要比单纯发出旋律优美的声音和直接敲击石头或两块石头相互敲击发出的声音更加令人愉快。

对于声音、旋律和舞蹈在人类进化过程中的作用现在仍然没有定论，但我愿意赌一把，当人们在听到柴可夫斯基的作品《胡桃夹子》里的《糖梅仙子之舞》、查理·帕克的《夏日时光》，或者滚石乐队的《你不能总是得到你想要的一切》的时候，他们的感受和所能推断出的含义之间有很深的渊源。

通过语言和手势来讲故事是最终的艺术形式，但这种艺术形式并不是一成不变的。事实上，所有的艺术都是讲故事的一种形式。艺术对于那些创造者来说是有意义的，传达这种意义是我们称之为故事的基础。但是人类能够通过声音、手势和可能的视觉帮助聚集成一个群体，并将一系列的思想、事件、希望和梦想联系起来，这种能力不是人类所特有的，可能是我们作为一个创造性物种进化出的关键成果。讲故事能为我们人类指引方向，让我们知道如何在世上生存下去。在日常生活中，尽管我们与其他人所处的时间、地点各不相同，但我们能了解他们身上所发生的事件、他们的想法和经验。从寻常的工作交谈到与家人和朋友一起回顾当天所发生的事情，再到想入非非地做白日梦（告诉自己未来可能会发生的事情），我们每天都在讲故事。

我刚才所说的讲故事的方式需要靠语言才能进行，但你也能知道，我们的祖先不论采取什么形式的原始语言，他们都不得不创新性地使用这些语言形式来进一步培养讲故事的能力。交流日益复杂、富有想象力的想法的需要与交流所需的与他人的密切合作很可能是我们在本章所讨论过的一切内容的基础。艺术的创造是讲故事的过程。近200万年前，最早的人属成员发展并分享了制作奥杜威石器的能力，然后他们协调起来抢夺猎物、开发新的食物种类以及发展新型工具。他们接着学会了狩猎，也学会了火的使用，学会了利用赭石，创造出了雕刻和雕像，牲畜驯化和农业随后出现，视觉艺术也开始发展。自始至终，我们的祖先一直在活动、用手势交流、哼唱、咕哝、跳舞、唱歌，并最终学会了语言，从而进入了我们现在生活的世界。而且，没有任何证据表明我们的进化已经放慢速度。有创意的物种接二连三地获得了成功。

宗教、艺术与其他……

　　人类改造了一个充满意义的世界，同时也被世界改造着。我们的祖先通过创新改变了石头、木头和骨头的形状，也改变了很多其他的东西，并且赋予它们意义，这为艺术的井喷提供了机会，艺术作为人类活动的一个主要组成部分改变了我们看待世界的方式。创新的火花存在于我们每一个人身上，它在个体的努力中蓬勃发展，通过我们深层的能力、习性和合作而发展壮大。创造艺术作品改变了人类经验，成为讲故事以及拓展人类超然和想象方面的核心。这打开了艺术的大门，推动了意识形态，特别是那些有关超自然推理的意识的发展。宗教思想往往是象征性的，通过艺术表现和展示出来。有些人甚至认为艺术和宗教是一回事。但到目前为止，艺术创造力的证据先于任何组织化宗教习俗和礼仪的开端。人们可以认为，促进艺术发展的创新能力在建立有意义的信仰体系的人类能力中至关重要，而信仰体系不仅仅源于现在日常生活中的物质（我们目前称之为宗教）。纵观人类历史，现如今，大多数艺术与任何特定的宗教或宗教习俗无关。宗教使用艺术，但艺术不一定具有宗教性质。

　　虽然人类创造力的这两个领域（艺术和宗教信仰）可以重叠，但它们也是有区别的。我们创新的火花不单单产生了艺术和宗教信仰，同样也产生了另一个核心过程，这个过程往往站在宗教的对立面，这无疑已经成为一种动力来解释为什么是人类而不是其他物种统领了地球。我们创新的火花也是科学的根源。

第十一章　科学架构

如果你有开罐器，打开罐头就很简单。踩下汽车的油门，我们就可以前进，这是因为发动机中会产生一系列受控爆炸，推动活塞上下运动，并带动曲轴转动。重达千吨的飞机能以每小时 165 英里的速度飞离地面，这是因为机翼采用了空气动力学设计。吃片阿司匹林能让我们隐隐的头痛得以缓解，因为它可以抑制一种使大脑感知疼痛的酶。开罐器、内燃机、机翼、阿司匹林拥有一个共同之处：它们都因科学而存在。上述所有解决手段都存在于我们的生活之中，这是因为一个又一个人类团体用创造新想法、新设备、新视角等方式来着手解决某个问题，回答某个疑问，或者解开某个谜团。

现代的牙刷约于一个半世纪之前发明，而牙膏则在几十年后发明。二者的发明都是为了帮助清洁牙齿，从而避免自驯化以来一直伴随我们的龋齿与牙齿损伤问题。在过去的 50 年中，牙刷和牙膏得到了长足的发展，与我们习惯摄入高糖分、高碳水化合物食物对牙齿带来的更高风险齐头并进。更多美国人将牙刷列为"生活中不可或缺"的发明，认为牙刷比家中的其他任何物品都重要，[1] 而这还是 2003 年的事情。2003 年的牙刷效果极佳，但这并不能让我们止步。我们不能止步不前——我们要不断改进、提高、修正所有物品，而在牙刷方面，我们制造出了今天常见的电动牙刷，它们嗡嗡作响，不断旋转振荡，从而实现破坏牙菌斑的效果。人类很少会在某个问题上只得出一个答案或一个解决方案就止步不前。任何解决方案都可以得到改进、修改、控制和提升。

没有人会质疑科学产品让人类同整个世界以及彼此之间的联系方式发生了根本的改变，但是科学并不仅仅同生产技术有关，科学是对于理解的热爱，它能够揭开世界的奥秘，让我们了解比先前的体验多得多的内容。科学是一项令人敬畏的事业，混合了好奇、坚毅、合作、革新、运气和创新。与艺术、宗教相似，科学可以整体反映出一些最美好的方面，正是它们让我们成为人类。

大部分人认为科学发展始于 400 年前，伽利略、培根、笛卡尔、牛顿等先驱共同打造了我们今天所认为的科学方法的内核。还有人将科学的起源追溯至约 2 600 年前的希腊哲学家，米利都的塔莱斯（Thales of Miletus），[2] 他也是亚里士多德的启蒙先贤。塔莱斯追求发展一种自然哲学，追寻物质的起源、大地的职能，以及万事万物。他还试图在天文学的研究中应用类似的概念，并且尝试用物质变化而非超自然因素来解释问题。还有人认为古埃及人和古巴比伦人的工作属于科学范畴，而 1 400—1 100 年前中国（指南针、火药、造纸术和印刷术的发明地）的唐代被认为是真正的科学革新之地。这些地方与人物都可以被看作恰当的科学起源，但是这些观点都不够准确。

如果我们指的是现代科学的某个方面，如科学方法或西方自然哲学史，或者如果我们将科学看作现代技术的起源，那么这些解释都说得通。但是，如果我们将科学看作人类用来理解世界的独有方式，一种深植于我们历史深处的理念，那么我们就会发现，人类的科学能力植根于我们的创新。

仅仅是机制吗

大部分关心科学的人都将科学简单地视为使用科学方法的过程。

这种方法包括对现象的观察，建立可检验的假设来解释现象，并且对该假设进行检验。如果通过检验发现最初的假设不正确，就需要回到原点，并且做出新的假设。如果检验结果支持最初的假设，则需对其进行再次检验证实。如果假设历经多次检验均未被推翻（显示为错误），那么我们就可以说该假设得到强有力的支持，并且是当前对于所观察现象的最佳解释。我们可以随后应用该假设以及其他得到支持的假设来建立更广泛的理论，从而对我们所研究的形式和进程进行解释。例如：

- 对现象的观察：如果你向天空扔东西，它会落回地面。

- 建立可检验的假设来解释现象：类似地球的行星具有重力场，其强度与行星质量成正比，并与物体到行星中心距离的平方成反比。重力场能以固定的加速度向行星中心吸引物体（使物体"落回"）。

- 对假设进行检验，证实该假设得到支持还是被推翻：通过在不同情况下从不同高度投下不同物体对该假设进行验证，对银河系内外天体的运动进行绘制与监控，并且进行一系列数学分析。就重力而言，我们发现物体（在地球上）掉落的最大加速度是每二次方秒 9.8 米 [3]（每二次方秒 32.174 05 英尺，并因距离赤道的远近、在山上的位置等因素而略有变化），而这个答案可以让我们证实地球上具有统一的重力场。通过物理学，我们可以证实重力场就是物体掉落的原因。

重力现在是更多假设及其相应理论的组成部分，包括相对论和量子力学，这些理论可以解释四种力（弱核力、强核力、电磁力、引力）是如何主导宇宙运行的。然而，我们需要再次指出的是，重力是对某种特定现象可测量检验的最佳解释，而不是终极的完美答案。科学家一直致力于对我们的理解进行不断检验和改进。1915 年，爱因斯坦提出了存在力波的假设（作为他关于相对论提出的更广泛内容的一部分）。100 年来，研究人员一直无法通过科学实验的方法来找到引力波。2016 年，在历经一个世纪的失败尝试后，我们终于找到了一种可以"听到"并看到外太空的独特技术，而这一技术使得引力波的发现成为可能。[4] 科学是不断发展、不断延展的。

　　与其他对世界问题进行问答的方法不同，科学方法依赖一定的过程，通过可重复的检验与可证实的方法来推翻或支持某种论断。科学方法永远无法"证明"某件事是正确的，它只能证明某件事是完全错误的，并且可以论证，就我们的实验条件而言，某件事的准确度如何（支持假设并发展理论）。就我们目前的检验水平而言，重力是一种正确的假设。随着我们对宇宙中各种力越发微小的细节进行检验的能力不断发展，我们对于重力的理解（例如以波的形式存在或存在量子引力）得到了不断修正与改进。得到可靠的检验结果并不是科学调查的终点，因为目前的答案很少会是我们所能获取的最佳答案。这一点同其他依赖哲学、神学或逻辑修辞论证的方法截然不同。科学方法能够告诉我们哪个解释在可测量方面不正确，能够通过可测量论证告诉我们哪个解释可能是正确的，但是它不能告诉我们现在看上去正确的东西是我们可能得到的最佳答案。

　　以大爆炸理论为例。这是关于宇宙起源的假设，人们基本上认为宇宙起源于某种密度极大、温度极高的物质，很久很久以前这些物质开始膨胀冷却，直到今天宇宙还在继续膨胀。有一系列的计算和观察可以支持这一理论，而且各个星系正在以同彼此距离成正比的速度不断远离彼此（哈勃定律），也可说明宇宙正在膨胀。宇宙微波背景的存在和结构也显示出了这种膨胀，而氢氦元素的超高丰度（它们属于最初产生的元素）也可以证明宇宙冷却并形成各种元素的发展史。这些都是可测量因素，可以让我们（或者天文学家与物理学家）计算宇宙的年龄：宇宙的年龄约为 137.7 亿岁，[5]但这个数字并不是科学调查的最终结果。这是用我们目前的能力对宇宙发展进行检测所能得出的最佳答案。随着我们的检测能力与天文特征建模能力的不断提高，关于宇宙的理论还会一而再，再而三地改进。

将科学等同于科学方法对于某些思维与辩证训练是有用的，但是我们还需要承认的一点是，这种科学仅仅是一种方法论，[6]仅仅是在过去的三四百年中出现、形成的。

英国科学委员会将科学定义为"以日常现象为基础，用系统的方法对知识的追求、对大自然的理解以及对社会的理解"，[7]这个定义听起来相当合理。科幻作家伊萨克·阿西莫夫（Issac Asimov）告诉我们："科学不能给我们带来绝对真理。科学是一种机制，是一种尝试提高你对于自然认知的方法。它是一个对你关于宇宙的想法进行检验，并且证明想法与检验结果是否相符的体系。"与此同时，著名人类学家克洛德·列维－施特劳斯（Claude Lévi-Strauss）告诉我们："科学家不是给我们正确答案的人，而是询问正确答案的人。"[8]根据这三个关于科学的定义或深思，我们可以建立起对于人类过去的科学进行评估的基础：

• 科学致力于尝试找出世界如何运行的答案，探求实质性解释的答案。

• 科学涉及某种对解释或想法的检验，从而了解这些解释或想法是否"符合"预想的实质结果（例如当你扔下物体时，物体会落下，这是一个实质结果，而重力则是我们目前对于该结果的科学解释，该解释受到了良好的检验）。

• 科学的目标是不断开发最佳的问题，提高我们的理解，而不是知晓一切答案。

如果这三点有效，那么科学就可能是一项具有高度创造力的尝试，并为失败留出了大量的空间（合格的科学包含大量失败——寻找引力波用了一个世纪，即使物理学家们相当确信引力波应当存在）。合格的科学还要求我们接受一个事实，即我们不知道任何给定问题的全部可能答案。这个事实包括这样一种假设，无论我们在任何时间知道多少事情，都一定存在某些我们尚不知晓的相关信息。要让人们接受这些前提并不容易，然而我们一直默认接受了。这是因为我们无比好奇，拥有无尽的创造力。

大量证据显示，创新深植于人类血脉之中，但是如果要利用这种创新来实现符合被我们称为科学的调查，我们还需要某种特定的坚韧精神与资金手段来致力于问题的解决。从事科学研究需要我们拥有充足的好奇心，这种好奇心需要超越我们果腹、止渴的动力，以及对于睡眠、性和安全感的需求。从事科学研究需要对了解"如何"与"为什么"的深层渴望，以及无论可能面临什么样的挫折与失败，都要坚持找出这些问题答案的毅力。从事科学研究在很大程度上取决于驱使我们研究的好奇心和想象力，从而革新、实验、创造。我们不断创新的进化史，不仅仅是由竞争、性或暴力推动前进的，还有科学探索精神。

好奇心

其他动物能够很好地解决问题。大自然中有无数个例子，证明在应对环境挑战时可以采用何等令人叫绝的精妙方案。想想白蚁丘、鸟巢、松鼠为过冬储存坚果，或海豚成群吐出气泡网，使鱼聚集成群，便于捕食。某些动物在了解周边世界，并通过使用和开发工具对世界进行操纵等方面具有革新性。新喀里多尼亚上的乌鸦使用自己选择、改进的工具来获取食物。[9]这些乌鸦对露兜树（一种类似棕榈的植物）的树叶进行改造，将其撕成细条，并用这些细条捕捉昆虫。乌鸦所采用的程序可能是逐渐积累的结果：它们有时候会对同一种工具做出一系列有序改进，使其更好用。我们可以在许多灵长类动物中发现这种工具革新与实验行为：恒河猴、黑猩猩、卷尾猴、猩猩都会使用木头和未改良的石器来加强其获取某种食物的能力。这些灵长类动物可以通过观察其他同伴和实验来了解如何制作并使用这些工具，实验方式包括群体推动的尝试与失误。

除了获取食物外，在环境构成挑战时，许多灵长类动物也会进行革新。下雨时，猩猩会采摘大片树叶并将其置于头上；黑猩猩会在肠道出现蠕虫时采食一种味道不佳、表面覆盖有细小毛刺的树叶，而这种树叶可以帮助它们清洁消化系统。其他许多动物会通过利用周围世界中的物品并将它们用于新的目的来应对生态环境的挑战。尽管这种行为肯定包含某种好奇心——某些关于"如果我这样做会发生什么"的猜想——几乎所有这些革新都是由功能性目标所驱使的：饥饿、口渴、疾病、舒适等。进化的过程使许多物种能够对环境的挑战做出令人惊叹的创新反应。它们的解决方案通常包括某种程度的学习，观察其他同伴，并且进行大量尝试——失误实验。但我们需要记住的是，年轻的黑猩猩需要数月甚至数年时间方能学会如何有效使用石头砸开坚果，而年轻人学会同样的技术只需要一天。

给猴子一个装有食物的箱子，它会竭尽所能地找出获取里面食物的方法。在大部分狗面前放上一个吱吱作响的玩具，它们会花上数小时甚至数天的时间来把玩，研究在什么位置下口才能咬出吱吱的声音，它们还可能把玩具拆开，拖出吱吱作响的部分，一旦玩具不再发出响声，它们可能就会对其失去兴趣，因为玩具不再激发它们的好奇心。某些猿类会对出现在它们周边环境的新物品产生强烈的好奇心，对其进行长达数小时的研究。毫无疑问，新奇性与陌生感会激发其他动物的兴趣和好奇心。

人类也进行了大量类似的功能性实验，并且对生存挑战的问题解决方案具有强烈的好奇心。除了观察他人，通过尝试和失误来学习之外，他们还做了更多。人类所进行的调查和实验远远超过功能与生存所必需的内容，并且人类会随后教授彼此相关的内容。人类想要了解"为什么"和"如何"等问题，所以我们通力协作，在之前获取的信息基础上发展出更多的问题，并找出更加全面、有效、新颖的答案。这就是科学的核心。

成败之外

科学源自一种极具创新性的问题—解决体系，该体系可以增加现有的解决方案——人类在先前掌握的知识基础上开发出更为复杂和多层次的解释与理解。人类想要改进事物的欲望促使我们不断发展新知识，这也促使人类同其他动物有了某些重要差异。

一只年轻的黑猩猩经常看到父母以及其他成年黑猩猩敲开坚果壳，吃里面的果仁。它可能会得到小块果仁，并且意识到果仁很美味。它将这些基本信息联系在一起。有一个坚果，里面有食物，而且有一些工具可以用于获取这种食物。它看到成年黑猩猩抓起某些物品敲击坚果，在几次敲击后，坚果壳会裂开，黑猩猩可以获取其中的食物。于是，它就会开始尝试使用自己身边能够找到的工具来打开坚果壳——小木棍、石头、树枝、土块。它意识到某些工具要比其他工具好用，而且可能通过更多地观察成年黑猩猩，它开始专门使用更加坚硬、体积更大的工具来砸坚果。它会时不时地砸开一个坚果，获取里面的美味。过了很长时间，它逐渐理解了能够更加有效地砸开坚果的

"锤子"所需要具备的特性，但这只有在经过了相当多次尝试和失误，使用过各种各样可能的"锤子"之后才能实现。最后，它可能成为砸坚果的专家，并且成为年轻黑猩猩们专注观察、努力了解如何获取硬壳内美味佳肴的成年黑猩猩之一。但是，成为专家的这一过程可能需要数月甚至数年之久，而且并不是所有可以得到坚果与能够砸开坚果的石头的黑猩猩群体都这样做。[10]

现在也并非所有人类群体都能利用其所处环境中所有可获取的食物，但是大部分人类群体都会利用所处环境中营养价值最高的食物（如坚果）。甚至如果他们不利用某一特定食物，用于开发和加工食物的技术（如工具锤子、刀等）也通常存在，即使这些技术或工具并不是专门用于某种特定的食物。不砸坚果的黑猩猩不会将石锤用于其他目的。这并不是说黑猩猩相对其他动物和其他灵长类来说不具有创新性（它们有），只是与人类相比，黑猩猩在工具的使用和革新方面远远落后。

造成这一差异的原因如下。首先，人类会更加频繁地发问"为什么"和"如何"，并且经常在群体中以合作的形式进行发问。每个个体的创新能力和我们的合作与团队协调技巧融合在一起，构成我们在探索发现方面的核心力量。人类拥有浓厚的共享意向（有意识地在相同的认知解释与目标上达成一致），这促使我们共同致力于挑战与解决方案。我们传递信息、想法、革新的能力要比其他动物的更强大，这种优势甚至在我们这一物种的发展初期就存在了。人类具有对信息进行提升或升级的强大能力。

早期人类可以拿起石头砸开坚果，就像黑猩猩那样。与黑猩猩（至少是成年黑猩猩）类似，早期人属也可以对石头进行区分，寻找更好的石锤。于是早期人属获取了这样的信息：石头可以砸开坚果，某些石头在这方面要比其他石头好用。但是他们还具有一起合作砸坚果的能力，从而传递相关信息并进行探究。如此数次之后，他们开始使用石头的锋利边缘来砸坚果……而这要比其他石锤更好用。或者他们会使用相对较大的扁平石块，并且最终可以一次砸开两个坚果。在这两种情况下，他们都可以聚集在一起，将个体发现和团队合作结合在一起，从而意识到某些特定尺寸和形状的石块可以在砸坚果的工作中实现更高的成功率或生产率。随后他们可能会获取这一信息，分享该信息，并且进一步改进他们所使用的工具，从而提高生产率（一次砸开数个坚果），或者带着这个信息攻克其他问题。这一进程就是提升的最基本形式，也是个体经验与团队合作的联系，这对于发展科学研究的能力来说是不可或缺的。

一个钩子和一根绳子可以让我们从水中钓取食物，虽然我们无法在水中视物并呼吸。在钩子上放点食物，根据绳子的拉力来判断鱼什么时候上钩就是这个过程的全部，但是人类并不会就此止步不前。一旦我们拥有了钩子，有些人就会对其进行改造来改进它的功能：在钩子上添加倒钩，让鱼更难逃脱；增添颜色或更多面，让鱼钩本身看上去就像是鱼饵；或者干脆不放鱼饵，直接将鱼钩装饰成小鱼或昆虫的样子（诱饵）。人类具有创造发明的能力，但是他们有了解这种创造发明以及在使用这种创造发明时获取的信息，并重新考虑基本的概念与设计的欲望。

其他动物也会进行一些提升与升级，但是它们缺少人类探索发现、创造革新、通力协作、信息传递的综合能力。人类的认知能力和手的灵活性（我们的大脑和双手），以及高度合作性让我们相比其他物种拥有了更加多样的操纵世界的方式。如果海豚或逆戟鲸拥有双手，并且在陆地上生活，可能情况会很不一样，但是它们并没有。

人类会询问"为什么"，并且努力用我们得出的答案来创造更好的解决方案（或者至少问出更好的问题）。尽管因我们的能力所限，不是每次都成功，但很显然，苹果手机、飞机、输电网、研究机构和医学技术都源自好奇心、实验、革新和创新，而我们的祖先在远古时代对石头和木头的工作也源自这一切。

矛的轨道

类似科学的最早的证据要追溯至人类这一物种的起源与早期石器。以奥杜威文化的石器制作为例，早期人属过着群居生活，使用非常简单的石器，而且他们也知道使用一块石头来改变另一块石头的形状，得到新工具。这种最简单的石器预示着人类这一物种的出现。早期人属继承了一个已经存在石器制作技术的世界，而且对其进行了改进。然而，或许是经历尝试和失误，他们开始意识到不同的石头存在着显著的差异。这种特征的变化意味着有一些石头可以用于制作更好或更好用的工具，可以使用更长时间，并且具有更为锋利的边缘。可是这种石头并非随处可得。通过通力协作，早期人属群体学会了搜索周围环境，寻找更好的石头，这种方法效果良好。我们发现，这种模式（创造基本的奥杜威工具）持续了很长时间（大约50万年），并且在这一过程中没有太多结构性改变。一旦某种方法效果良好，人们就没有太多对其进行改进的动力了。然而，一丝好奇最终还是带来了提升，可能只有某些群体在某个时间实现了这一点。我们看到石头的使用，以及随后出现的工具种类出现了变化。[11]一旦好奇—实验—革新这个循环开始，它就开始改变我们祖先的大脑工作方式，以及他们彼此交流的方式。[12]

按照今天的标准，发展各种方法，制作更好一点的锋利石器，或者创造更多种石器用于压碎或刮擦物品并没有那么值得赞叹，但是当我们考虑到这些方法是由没有语言，脑容量比我们小很多、脑子比我们简单很多，仅仅拥有我们感知能力雏形的生物体完成的，这些成就看上去就不那么寒酸了。尽管经历了漫长的岁月，与我们今天的科学相关的调查研究、实验和探索发现行为才开始蓬勃发展，我们可以在这种革新中识别出某些在历史长河中尤为重要的成果，它们提升了人类的创新性与好奇心，让我们走向科学的道路。其中包括制作并使用工具进行狩猎的技能、控制火并生火的能力、颜料和黏合剂的发展，以及驯化的最初尝试。前文已经讨论过这些细节了，所以在这里我仅强调创新如何让我们最终拥有制造飞机、发电、保持牙齿清洁、开罐，以及为数百万人口种植粮食的能力。

通过敲掉两侧石片来改造一个简单的石器是一桩令人震撼的成就（地球上还没有其他动物做过此事），但这并不是向着科学研究方向发展的巨大进步。早期人属技术的最初改进出现时间较晚，大多发生于40万—30万年前。其中最令人震撼的一个改进就是发展出了用于投掷的长矛，这让我们实现了远距离狩猎。

最早的投掷长矛或标枪实证来自距今30万年的舍宁根遗址，[13]该遗址位于今天的德国北部。投掷长矛是一端削尖的木制工具，长度适中（4—6英尺），纤细均匀。舍宁根是马匹屠宰场遗址的所在地（约20匹马在这里遭到屠宰），屠宰采用了大量的石器、骨器和木器。这一地区发生过洪涝灾害，从而保留下了许多有机物（木头）。制作一杆投掷长矛是一项不小的壮举。该遗址和一些更早的遗址中有刺矛（更重更厚，一端削尖的木棍）的证据，所以我们知道，在30万年前（可能更早），早期人属成员已经将"尖锐的木棍+捅刺行为+动物=食物"的概念整合完成，这个等式为投掷长矛的出现奠定了基础。

当30万年前的人属在狩猎时发现一匹马后，他们协作制订了一个计划：其中一些人会悄悄绕到猎物后方，而其他人则将其追赶至两片茂密森林之间的小块空地上。位于后方的人会阻截猎物逃跑的退路，其他人从树林中飞奔而出，用各种武器来刺捅或敲击猎物。但马行动迅速、体型庞大，常常会撞开狩猎团队中的两三名负责用削尖木棍对其进行刺捅的成员。有时，狩猎的人群可以从正面捕获马匹，并将长矛深深刺入马匹的胸腔；有时，他们会被撞到一边或遭到马匹踩踏，此刻的混乱状态会导致长矛错失目标。随着马匹跑过，有些人可能会抛出长矛，或投掷棍棒，或直接向它扔石头，通常这些尝试都会无功而返。但是，在某个时刻，狩猎者可能会冒出某个想法，并开始酝酿一个主意。

30万年前的人属可能会向兔子或其他小型猎物投掷石块，有时候他们会成功。狩猎团队中的成员有时也会在嬉闹中向彼此投掷沉重的长矛，或者在猎物逃走时沮丧地将长矛重重抛在地上，这么一来，有时长矛会插在地上。可能不止一人注意到了这一点。作为一个团队，他们可能会开始进行投掷长矛的实验，但是这种沉重而不平衡版本的长矛极少能击中目标，或者即使长矛可以击中目标，也常常不能从正面的恰当角度刺入目标。这就到了协作与创新开始发挥作用的时候了。如果有一杆刺矛恰巧略为轻巧或者更加平衡一些，可能是由某些年轻的成员或喜欢狩猎、身形小巧的女性制作出来的，也许某次当马匹跑过时，她投掷出这支轻巧的长矛，并且刺中了马的腰腿部。长矛刺透血肉，挂在马身上片刻，最终随着马匹的逃走而掉落。但是这一掷已经播种下创新的种子，狩猎团队看到了这一幕，并开始在脑海中进行思考。

一个新的公式出炉：尖锐的木棍 + 狭小的环境 + 轻巧的重量 + 投掷 + 动物 = 食物。现在他们可以进行实验，甚至计算了。在大部分情况下，他们无法得到新的进展，但是狩猎团队的成员有时会尝试各种重量与重心、尺寸与形状的尖锐木棍。这就为创造新型狩猎工具奠定了基础，产生了新的技术和对世界新的理解。这就涉及物理学，对吧？

在物理学的入门课程中，往往会使用一个非常简单的例子来描述人类的头脑是如何将数学融入狩猎的。这个模型被称为"猴子和猎人。"

假设一个猎人正在穿过森林，这时她看到一只猴子挂在一根光秃秃的树枝上。如果她之前遇到过类似的事情，她就会知道当她向猴子投掷尖锐的木棍，猴子可能会跳下树枝去逃脱。于是这时事情陷入一个两难的境地：她的长矛应当瞄准哪里投掷？应当向猴子当前的位置投掷还是向她所了解的猴子在长矛掷出后不久所处的位置投掷？这就是人类对于重力、轨道、质量甚至基础数学的默示承认发生融合的时刻。你可能会认为答案应当是瞄准猴子下方位置，那么你就错了，你应当瞄准猴子。这是因为重力对于长矛和猴子的作用是相同的，所以二者都会以大致相同的速度下落（被重力牵引）。[14] 长矛向两个方向同时运动，因此我们将这个运动轨迹称为轨道。猎人所施加的力让它向猴子的方向运动，而重力则让它向地面的方向运动。这个轨道是一根抛物线，而不是直线。因此，长矛在竖直方向的速率（让我们称之为 vy）初始值为 $vy0$，但是会随着重力与长矛飞向猴子的时间而降低（gt）：$vy = vy0 - gt$。随着时间在投掷与可能命中猴子的一击之间逐渐流失，这个方程中同样涉及时间特征，因此长矛高度的变化会受到其速率、重力、掷出后的时间、它最初瞄准的高度等因素的影响。这就让我们得出这样一个公式：$y = y0 + vy0t - 1/2 gt^2$（t 表示时间），这个公式可以解释长矛在其轨道中的竖直位置。我们的祖先并没有把这一数学推演过程发展成公式，代数和演算的出现时间要晚得多，但是他们确实开始努力搞清楚刚才这个公式所描述的各种关系，并且将这些关系用作投掷各种各样物品的基础，而并不仅仅局限于长矛的投掷。[15]

于是投掷长矛就出现了，带来了一种全新的狩猎方式。我们的祖先并没有像今天这样的语言，但是他们显然具有彼此进行交流、表达想法、一起工作和思考来解决问题的能力，而这往往会带来新技术的创造和新的狩猎方式。可以在不需要离猎物太近的距离（不会被猎物碰撞、撕咬、踢到）攻击猎物的能力使人类的狩猎模式发生了巨大的改变，这也为人类的生存模式带来了同样翻天覆地的变化。到30万—20万年前，人类已经成了远距离狩猎者，而关于抛掷类武器、射击类武器的概念也成了人类方程式的一部分。30万年前开始进行的这一系列关于狩猎的实验为人类创造威力无穷的狙击步枪、地对空导弹、太空探索等行为奠定了基础。同一个基本的方程概念在增添大量变量与复杂性后，[16] 就可以成为我们用来计算发射火箭，让人类飞向月球的方程，也可以成为我们向外太空发射飞行器，抵达太阳系各个位置，甚至飞越太阳系的方程，而这个方程在不久的将来可能就会让人类登上火星。

投掷武器只是增强人类生理能力的一种方式，另一种方式就是给武器装上手柄。给武器装上手柄的过程让人类创造出复合式工具：这是两种工具类别的组合，石头和木头或骨头和木头通过捆绑和 / 或黏结的方式合二为一，从而增强了工具的能力。以锤头为例，锤头由两个部件结合而成，即锤头和把手。任何人都可以用手拿着某种坚硬的物体将钉子砸入木头，但这需要消耗大量的能量，钉子所受到的力与人们挥动胳膊时投入的能量成正比。但是如果我们使用锤子，我们就可以利用物理学来节省力气（把手的杠杆作用）：我们可以减少挥动胳膊所消耗的能量（与直接用手抓握硬物相比），并且可以获得更大的冲击力。我们还可以考虑一下木制长矛的前端加上石尖这种改进。木头可以削成尖锐的形状，但是无论怎么加工，木头都不可能像薄薄的石头边缘那样锋利，而且也不可能像石头那样坚硬。在长矛前端固定上锋利的石片极大地提高了长矛刺透皮肉的效率。复合式工具要比单式工具更好用，但是制作起来也更难一些。

如果要组装一件复合式工具，你需要做到：第一步，想象两件工具的组合；第二步，通过对每个部分进行改进，使各部分适应彼此来组装这个复合式工具；第三步，确保当你使用这件工具时这两部分可以保持连接。第一步还不是太难，但是第二步和第三步就很难了。第二步让我们对工具进行充分的改进，这不仅仅是为了工具本身的用途，也是为了让它们适应彼此。第三步则需要使用绳索、麻线或者某种黏合剂，也就是胶。复合式工具并不只是一项发明，它至少包括三项结合在一起的发明，而它的存在就是综合性调查研究思路出现的标志。[17]

第一步可能在大约 30 万年前就已多次出现，但是在大部分情况下，个体及其团队还不明白如何从第一步向第二步和第三步发展。可能出现过许多次失败的尝试，而我们永远无法在考古学记录中看到这些，但是我们确实看到了成功。真正的有柄工具最晚在 12.5 万年前出现，并且在 8 万—7 万年前更加广泛地出现。[18] 我们可以想象在没有直接指导和语言的情况下进行大量工具制作与复杂的活动，但是复合式工具是不一样的——人类必须先发明胶。

最早的黏合剂可能由赭石制成，赭石是一种颜料，在 30 万—20 万年前的某些早期人属遗址中出现过。但是最早的赭石遗址中并不存在复合式工具，我们也不知道早期人类是如何使用赭石的。直到约 20 万年前，我们才找到有关黏合剂的直接证据，而直到 12.5 万—8 万年前才出现了经常使用黏合剂的证据。考古学家琳·沃德利（Lyn Wadley）及其团队通过对南非斯布都遗址的发掘向我们展示了黏合剂的发展是如何艰辛而富有创造力的。[19] 这个遗址有 7 万多年的历史，具有大量科学萌芽的证据。

研究人员在斯布都发现了长长的锋利石片，它们的形状适用于木柄或长矛。在石片连接处出现了黏合剂的证据：赭石与植物胶（如树液）的混合物。斯布都遗址显示早期人类意识到树上流出的那些具有黏性的树液可以帮忙。可能当人类在某些树林或灌木丛中寻找果实时，会触摸到树液，而草、木棍和其他小物体可能会黏在他们手上。树液黏到他们的工具上，并且时不时地将某些小石片黏在一起。当斯布都遗址的人类回到营地时，有人发现树液已经风干变硬，而这些小石片就被黏在了一起。或许她向其他同伴展示了这些黏在一起的石片，而其中恰好有人正在考虑如何将木头和石头连接在一起（他甚至可能曾因自己的尝试与失败而被嘲笑）。就在这一刻，经历过无数次失败的工具制作者与黏在一起的石片持有者可能会同时认识到一件事情：树液可以将东西黏在一起。为什么不用这种方法来制作新的工具呢？可能他们用了很长时间向同伴进行解释，甚至花费了更长的时间来演示如何发挥作用。水滴石穿，他们的坚持终于带来了回报。这个群体开始实验各种工具与树液的组合，最终发现改进石片和木头的形状的方法，制造出凹槽与扁平的边缘，从而让树液能够实现最大的接触面积与均匀散布。就这样，人类创造出了复合式工具，但这种工具并不是太好用。

树液并不是一种稳定的黏合剂。它在干燥后有一定的黏性，但同时会变得脆弱，一碰就裂。如果受潮，树液就会失去黏性，造成工具散架。这就是赭石的意义。某天，有人将赭石与植物胶混合在一起，这样制成的黏合剂要更加牢固可靠，并且不会在受潮时变松。赭石中的氧化铁成分与植物胶中的化学结构发生反应，创造出这些特性。然而，为了实现这一效果，这两种成分的比例很重要，而且为了彻底干燥这一混合物，要加热才行。这就是沃德利及其团队从斯布都的工具中发现的信息。生活在那里的人类群体发现了这样一个等式：赭石＋树液＋用火烘烤＝强有力的黏合剂。这个过程改进了他们的复合式工具，新的工具比之前的任何版本都更加坚固有效。斯布都的人类对胶的黏合特性与赭石的化学特性进行了思考与实验，这是在没有任何成体系的化学、物理知识的情况下完成的。他们所从事的工作就是科学的最初形态。

与许多化学发现相仿，巧合往往在最终结果中发挥着主要的作用。斯布都的人类已经开始将赭石当作颜料使用，甚至还对他们的工具进行了染色。赭石可能在某次制作复合式工具的过程中与树胶发生了偶然的混合，随后被扔在火堆旁，变得坚固而具有弹性。这个群体可能意识到自己的工具发生了这种变化，并且想要复制这一过程，大部分尝试应当都失败了，这一过程可能持续了数月甚至数年之久，但是在无数次的调查研究与锲而不舍的努力后，最终他们找到了制作良好黏合剂的配方，而这个发明传到了这一地区的其他群体之中。这种模式并不仅仅存在于斯布都的群体之中，我们可以在非洲和欧亚大陆的同期遗址中发现相同进程的证据，而且这种进程也传播到了这些地区。对于事物之间存在的可能关系的想象和对物质世界进行的实验让我们得以发现事物之间的新关系，这是对于事物如何工作的全新理解，而对于这些发现的分享也变得越发普遍。早在7万多年前，胶的创造就显示出了现代科学根源的显著证据。

胶是一项极为便利的发明。它和带柄工具、新型武器、绳索、麻线的更广泛应用，湿颜料与绘画的发展，以及其他许多创新开始在12.5万—1万年前的考古记录中大量出现。但是对植物和动物的驯化则是人类朝着科学方向进一步发展的另一个巨大飞跃。人类转向种植农作物并改良动物的变迁为对自然界进行大规模实验、影响、理解奠定了基础，这也是今天人类（以及科学）的显著特征。

我们知道，早期的驯化和定居（居住在同一个地方）并非一帆风顺，有健康问题、与相邻群体的冲突和许多其他劳作是早期农耕群体的主要特征，但大部分人还是坚持了下来。好奇心、想象力、调查研究驱使他们这样做。

中国珠江河谷地区的人类群体对水稻进行挑选和保护，筛选出那些具有防落粒、抗倒伏特征的基因变种，这一过程几乎完美符合科学方法这一术语的定义。珠江河谷地区的人们搜集野生水稻作为食物。采摘稻秆，在稻粒落到地上以及／或者鸟类或其他动物采食之前获取所有成熟稻粒（野稻）是一项极为耗时耗力的工作。但是肯定有人注意到了野稻的某些变种，这些野稻的稻粒更易从稻秆上脱落，并且他们将这一信息分享给了其他人。这个群体随后开展了一定的工作来确定，是否有办法分辨这种易落粒的野稻与防落粒的野稻变种之间的差异。他们并不知道他们正在使用生物表型（外在特征）来进行基因型的评估（潜在遗传模式），但是结果是一致的：这是一种基础的遗传学实验。最初具有逻辑的回应就是先采摘这种容易落粒的稻粒，一旦成熟即刻采摘，而留着防落粒的品种以后采摘。表面更为粗糙的稻粒会在稻秆上保留更长时间，被吃掉的可能性也更小（并且更可能含有基因突变 sh4）。这就促成了最初的实验成功，虽然有一半是在无意中实现的。先采摘容易获取的稻粒，将其他稻粒留到以后采摘，这样人们就降低了易落粒品种的繁殖率（这种品种的种子更多地被吃掉，这样发芽的种子就更少了），并且让那些具有防脱粒基因突变的品种在繁殖方面占据优势——这在无意间实现了植物的遗传操纵，也是农耕和传统基因改良作物创造的开端。

这一选择过程让野稻开始向防落粒的变种方向发展，从而带来了最初的"假设"。珠江流域的人们随即意识到出现了越来越多的防落粒水稻，因此要将种子从稻秆上摘下需要付出更多劳动。然而，如果他们能够对获取稻秆的位置进行控制，他们就可以确保获取所有的稻粒。他们对现有情况进行了推理，并且假设他们能够控制野稻的生命周期，或者至少控制种类的变异，让它们为自己提供更多食物。随后他们就采用创新的方法进行第二次实验（尽管这耗费了无数代人数个世纪的时间）。他们将野稻生长区域中的其他植物清除，可能还会在稻子成熟时让儿童或年轻人守卫这片稻田，使其免遭飞鸟和啮齿类动物的侵犯。随后，他们就组成一个群体（在这里是一个团体）来同时采摘所有成熟的稻谷，并将其带回村庄或季节性营地。他们并不担心损失太多稻粒（这时大部分稻谷都是防脱粒的）。这就是一次收割。随后，他们会对稻穗进行脱粒，获得能让所有人吃饱还有盈余的食物。因此，他们必须要创造出储存更多食物的技术（采用陶器和其他储存器具）；他们还必须要分配人手来守卫存粮，并对其进行管理。你可能已经看出这项实验的发展方向了。

同样的事情也在全球多种动物身上发生了。在俄罗斯，研究人员对狐狸进行实验后发现，人们可以从狐狸幼崽中选择最亲近人类的那只，在狐狸繁殖40代之后会出现同家养狗在外观与行为方面极为相似的品种。"人类＋狼＋共同生活的空间＋时间＝狗"这个等式显然是地球上许多地区的人类对狗进行的遗传操纵与改进。这更像是一种双向的实验，狼在对我们做实验，而我们也在对狼做实验——尽管我们的实验更加深入而具有创造性（所以它们成了我们的帮手，而我们并没有成为它们的帮手）。对于早期山羊、绵羊等人类捕食的动物来说，这种实验的方向和意图更加类似于我们对植物进行实验的方向和意图。人类对他们的食物进行实验，改变它们的基因——肌肉、骨骼、毛发的发展，并且改变它们的行为方式。

考古学记录显示，在很久以前就存在人类有选择性地捕猎雄性动物，并通过对狩猎进行管理来改良野生畜群的证据。在过去的1万年中，这种管理提升为超越狩猎实验的手段。捕获并饲养动物幼崽可以带来一整套全新的假设与实验的可能。我们所面临的挑战是能否饲养所捕获的动物幼崽。一个关键的难题就是如何喂养野山羊、野绵羊或者其他哺乳动物的幼崽，它们每天都需要奶和大量食物。今天的我们知道，无论采用蒙古的放牧模式还是亚马孙的饲喂方法，许多人类群体都会花费大量时间和精力来照料幼崽，甚至会采用由乳母饲喂人奶的方式。这也非常接近过去的群体们在驯化过程中曾多次尝试过的一项实验。它确实有效，但是经证明极其浪费营养和时间。除此之外，在自己的婴儿与作为饲养的动物幼崽之间建立竞争关系并不是最佳策略。这时，一点点想象力和创新为我们带来了今天所采用的解决方案。

在这一点上，大部分狩猎群体都已进行了一系列观察：第一，每种动物（物种）都有两种性别，其中一种可以生育（雌性）；第二，在大多数动物中，雌性负责幼兽的哺育及大部分照料工作。最初的实验是捕获雌性动物，通过某种方式对其进行圈养，并且等待它们生育抚养幼兽。这样人们就可以让动物自己为人群生产食物——这要比总去打猎强得多。人们很快就发现他们并没有完成整个等式。雌性动物可能一开始会生下一只幼兽，但是之后就不会再生育了。一定是少了点什么，导致雌性动物不会再次怀孕。可能又过了一段时间，或许并非所有人都将这些细节整合在一起，但是大部分人意识到了问题所在。在地球上捕获并饲养动物，从而在身边获得肉类的人类开始设法找出解决方案。或许雄性动物除了被吃掉之外还有些别的什么好处。完整的等式为"雌性 + 雄性 + 圈养 + 时间 = 后代"，这是一种生物计算学。一旦发现这个等式，人类就得到了两个重要的数据位，这是真正的科学洞察：第一，繁殖需要雄性和雌性（一个巴掌拍不响）；第二，后代具有同父母相似的特征。在格雷戈·孟德尔（Gregor Mendel）和查尔斯·达尔文对这一进程做出长篇累牍的阐述之前数千年，人们消除了最终的障碍，而选择性繁殖这种人类对于其他物种进行的遗传操纵行为正式开始。今天我们几乎可以在我们熟悉的所有动物中看到这一过程的实施，并且这也被用于繁殖之外的其他领域，即对其他动物进行实验和操纵，从而改变它们的身体和身体对人类用途的开端。我们从中获益良多，我们在其他动物身上投入了大量成本，带来巨大的影响，而这些动物从中获取的益处则越来越少。

一旦人类意识到自己可以控制其他生物体（植物或动物）的繁殖、外形和行为习惯，知识、想象力、创新和实验就融入了一个完备的体系之中，这个体系整合了数学、生物学和经验。人们假设利用这样一个体系可以弄明白一些事物，对这些事物进行操纵，并且按照自己的意图对其进行改造，这个体系作为人类的一大努力成果预示了应用科学的出现。从那以后，科学调查（对于世界如何运行的好奇）和技术发展（我们如何创造解决方案来让世界更好地为我们工作）之间的联系开始以前所未有的速度迅速攀升，从而带来了人类世，也就是人类的时代，并且在当前让我们自身乃至整个地球濒于重大的灾难边缘。

在过去的 1 万年中，我们的知识基础与技术发展不断加速。我们了解得越多，就拥有越多技术，我们的科学努力与成果也就会变得越发惊人。知识、好奇、想象力、创新、技术提高和我们在合作协调方面的巨大能力，同不断增长的人口密度、不断增加的人口需求、语言、经济和其他诸多因素结合在一起，让我们进入了近现代工程方面的科学大爆炸。乡镇、城市、国家、道路、供水系统、供电网、全球运输体系和互联网都诞生于我们祖先所采用的同一个基础进程，但是我们所处的竞技环境早已改变。我们不再耗费成百上千年的时间，甚至耗费数代人的心血来对我们的知识、实践乃至全世界进行实质性的改变，在过去的几千年中，科学革新与发明以全新的速度进行发展。今天，这一变化无比迅速，让我们之前 200 万年的发展史看上去同蜗牛爬行一样缓慢。1966 年，我刚刚出生时，没有电话，也没有家用电脑，互联网几乎只是个梦想，美国国家航空航天局正准备把人送上月球，而第一架大型长途客机波音 747 还要 3 年时间方能迎来它的首航。那时候地球上大约有 30 亿人。今天，仅仅半个世纪以后，地球上生活了将近 75 亿人口。我的苹果手机要比美国国家航空航天局当年发射第一艘航空飞船时的计算能力更强大，我可以同全球任何地方的人进行视频聊天，而波音 747 已经过时。

科学调查向内在发展

源自我们操纵世界这一嗜好的全球化改变可能会决定我们作为一个物种能够存活多久，毕竟大部分物种最终都走向了灭亡，但是我们从事科学研究的能力还有另一个同样重要、有力的结果：我们拥有了与众不同的内省能力。我们是唯一一个具有科学好奇心的物种，我们将这种好奇心用于自身，带来了实践与存在两方面的挑战。除了不断探寻关于我们为什么会在这里的超自然解释外，我们最近还开始从科学的视角询问"我们是谁"和"我们正在这里做什么"。这就带来了一些很有趣又常常富有争议的结果。

人类已经对自己的身体进行了长时间的调查研究。许多人类群体中的早期哲学家解剖过人类和其他动物的尸体，并且注意到它们之间的异同。罗马医师、西藏医生和阿兹特克祭司都对人类身体及其功用发展出了扎实的理解，他们全都注意到了人类与其他动物之间的相似之处。

关于人类和猩猩的起源，加里曼丹（婆罗洲隶属印度尼西亚的部分）南部当地居民中流传着这样一个故事。传说有两兄弟生活在森林里，许多年后，其中一人厌倦了天天挂在树上的生活，决定过得多产些，他开始在森林中清理出一片区域，为他的家人建造了一幢房屋，并且开始种植水果，还开辟了一个花园。与此同时，另一个兄弟还是懒洋洋地挂在树上，吃着成熟的果子，取笑他那勤奋的兄弟如此卖命工作。这个勤奋的兄弟成了人类的祖先，而留在树上的懒惰的兄弟则成了猩猩的祖先。这个故事不仅仅是用来打发时光的，它反映了科学。为什么猩猩会是人类的兄弟？为什么不是蛇、猪或者熊？因为当人类居住在灵长类动物附近，特别是类人猿附近时，他们早期的科学能力才开始闪现——他们发现了相似之处。当与类人猿并肩而立时，毫无疑问，我们确实与它们很相似。

在没有其他灵长类动物的地区会出现这种模式。这些地区的人类会选择那些具有复杂群体构成或者有些特定行为的动物——狼、郊狼、逆戟鲸（虎鲸）、渡鸦等，因为这些特征会让他们想到人类。人类注意到他们自身与其他生命形式之间存在相似之处，并且利用这些观察结果来生成自己对于自然界关系的理解。这种深思的过程反映出了我们的科学好奇心，并且在过去数百年中迅猛发展，成了一种思考我们是谁、我们从哪里来，以及这一切意味着什么的全新方式。

在彻底改变了我们对于进化与生物学理解的《物种起源》出版12年后，达尔文在1871年出版了《人类的由来及性选择》(*The Descent of Man, and Selection in Relation to Sex*) 一书。这本书要比前一本更令人震撼，它论述了人类同地球上的其他生命一样，都是从更早的物种形式进化而来的。达尔文并不是第一个提出这一理念的人，包括他的祖父伊拉斯谟·达尔文（Erasmus Darwin）在内的许多人也曾正式探究过这些观点，但均无功而返。达尔文是第一个对这个观点提出合乎逻辑、表达清晰的科学论述的人：这是对我们这一物种实质性进化的可试论点。他的论述列举了一系列假设，我们可以对其进行评估、确认或反驳。众所周知，人类在生物学上同哺乳类灵长目有关（甚至属于这一类别）。无数个群体都曾注意到这一点，而"生物分类学之父"林奈（Linnaeus）早在达尔文出版此书的一个多世纪之前就将这一点纳入了现代科学标准之中，但在当时，关于从非人类祖先经过漫长的岁月进化成人类的假说是极具革命意义，甚至令许多人心生恐惧的。这也是科学。我们要发现人类的远古形态，我们要在关系密切的灵长类动物之间发现形式与功能方面的一致性，而所有的人类肯定都彼此密切关联，并源自同一个谱系。所有这些假说都得到了验证，我们已经在本书的前几章中回顾了这些证据。达尔文是正确的。我们是进化而来的，而且我们还在不断进化着。

我们发现达尔文所提出的许多具体的人类进化模式程序并不准确，而且他关于不同人类群体的"进化"程度不同的论断是完全错误的。不幸的是，19世纪和20世纪充满了曲解进化论的人，他们歪曲进化论，以推广种族主义和性别歧视的观点，在某些情况下导致了恐怖政策、压迫和暴行。[20] 今天，在21世纪，还有一些人在做着同样的事情，[21] 但是他们的数量正在逐渐减少，因为许多科学家与这种进化论科学的滥用和曲解进行了不懈的抗争。

达尔文开创了一个趋势，这个科学调查的分支至今兴盛不衰。数百年来的医学调查研究为人类创造了一整套强有力的技术来与疾病和身体损伤斗争。在过去的一个半世纪中，进化论、达尔文和其他许多学者的思想扩展与全面发展为医学带来了变革。我们可以将我们关于病毒、神经生物学、细菌、公共卫生等方面的研究融入我们对构成人类身体动态过程的综合理解之中。

最近的一些科学革新让我们可以充分发掘我们的过去，并且可以对我们根据进化过程的发现进行诠释。在本书的前10个章节中，这种探索让我们对人类拥有了深刻的见解。但是关于未来，我们还有许多许多个问题……而回答这些问题不仅仅需要关注我们存在的可检验的与物质的方面。

科学需要想象力，但是人类的想象力不仅仅能够为我们带来科学。爱因斯坦告诉我们："我们所能拥有的最美好的体验就是未知的神秘——这是孕育真正艺术与真正科学的基本情感。"[22] 正是未知神秘的诱惑力和我们想要解释这些神秘现象的欲望推动了人类的存在。演员兼制片人比尔·奥布赖恩（Bill O'Brien）告诉我们："艺术家和科学家从本质上来说并没有什么不同，他们都致力于通过想象的力量解决人类最大的神秘未知。"[23] 人类在科学方面的能力同我们疑惑和想象的能力交相辉映。我们是一种充满创新性的物种，而我们的未来也依赖于此。

关于我们走向何方（或能走向何方）的最佳答案可以通过进化论科学的交流得出，但并不能仅仅源自科学。如果要解释清楚我们当前所处的世纪将为我们带来些什么，了解我们过去数百万年的进化固然重要，但这还远远不够。如果我们过去的历史能够告诉我们任何内容，那就是作为个体、群体、一个物种，我们需要拥有真正的想象力和创新力来获得最佳的发展。这并不是说我们不会遭遇甚至造成冲突和残酷，不会犯很多错误，而是我们的过去说明，恰恰是在最具有挑战性的情况下，共同工作与思考可以创造出最佳的解决方案。

尾　声　创新人生的节拍

　　正如我在序中提到过的那样，人类学家阿什利·蒙塔古告诉我们，人类的定位、我们在这个世界上的生活方式，是通过我们使用符号、抽象、想法的能力创造的——去大胆想，去梦想。"这些符号、想法都是从头脑中创造出来的……但是人类这种动物不仅仅会学习创造这些东西，还会把这些东西投射到外部世界中，从而将它们转换为现实。"[1]我们去梦想，并使梦想实现的能力就是让我们与众不同的地方。

　　半个多世纪以前，马丁·路德·金同我们分享了他的梦想[2]：

　　　　我梦想有一天我的4个儿女将生活在一个不是以肤色，而是以品格的优劣作为评判标准的国家里。

　　马丁·路德·金充满激情的梦想引发了广泛的共鸣，这不仅仅是因为它强有力地鞭笞了不公，呼吁公平，还因为它激发了我们共同拥有的想象、创造一个更美好的世界的能力。当马丁·路德·金谈到自己的"梦想"时，他实际上是在谈论我们去想象并创造改变的能力。在过去的200万年中，我们的祖先们为我们发展出了拥有梦想，用梦想去改变世界的能力。这种能力让我们成为创新的物种，还让我们的生活变得错综复杂。

　　成为人类、作为人类是一件纷乱、漫长、艰难的事情。从一开始，我们的生活就是群居性的，我们依赖他人，充满困惑和好奇。我们人生的头一两年既不会走，也不会说话。要做好一个人则需要数十年的时间（甚至更久）。我们群体的成员想什么、看什么、吃什么、感觉到什么、做什么、希望什么、梦想什么决定了我们是谁，以及我们如何进行每一项活动，但是在这个过程中，我们每个人都会添加自己的特点。我们不仅是一个与众不同的物种，我们这个物种中的每个个体也是与众不同的。我们具有这样的创新能力，发展了这么久的时间，这意味着我们每一个人都是与众不同的。这就在我们这个物种整体的一致性中创造了观点与能力的多样性，这种多样性会带来许多挑战，同时也会带来更多的机遇。

创新既是一种个体行为，又是一种群体行为。能够将这两方面有效融合在一起的能力就是人类成功的原因。鉴于我们每个人都寻求实现我们各自的潜力，我们必须要意识到彼此合作的需求，无论大张旗鼓还是悄无声息、频繁合作还是偶尔配合、严肃冷静还是充满激情。我们的模式是在群体成员中开展广泛合作，无论年龄、性别，从生命的第一天起便是如此。这种模式包含革新、分享与传授、冲突与挑战、交流与复杂性，甚至失败。作为一个具有创新性的物种的一员，活着是一件不小的功绩，尤其在今天。

最后一章回顾了我们的进化史是如何作为一份指南，一系列建议、意见和工具来帮助我们接受自己充满创新性的生命的。人类生态构建的完整前提和人类一直表现卓越的进化过程使我们能够通过个体行为和群体行为来为我们的子孙后代改造周围的环境。人类的下一个世纪与下一个千年是我们进化遗产的继承者，就像我们继承了我们1 000年前、1万年前、10万年前、100万年前，甚至200万年前祖先的进化遗产一样。

在过去的1万年（我们称之为全新世）中，改变的速度加快了，挑战也随之增多。定居、农耕和饲养动物、建立城市与国家，这一切为创新力创造了新的选择，并且使我们所面对的生态与社会挑战增加。

但是今天我们正处于人类世（现在人类的行为是气候与地貌变化的一种或者全部的主要改变力量），改变的速度与挑战的强度让全新世看上去如同慢镜头播放一般。我们对地球的影响到达了前所未有的高度，能不能避免让事情变糟取决于我们自己。

我们的祖先克服了无数个挑战。当我们面对不利形势时，我们会有宏大的梦想，并采取行动。如果我们能够成功，让21世纪成为一个充满有益创新的纪元，我们的后代在讲述我们的故事时就会强调我们的创新力与合作，而不是我们的错失与冲突。这正是我们期盼和梦想的那种遗产，也是我们必须努力实现的目标。

人类最初的舞步

一旦我们意识到自己想象解决方案的能力，认识到它的重要价值，并通过协作努力来实现这种能力，我们所面临的最大挑战就是应对不可避免的失败。

多样性、挑战和冲突都会帮助我们保持想象力。大部分人都假定冲突是坏事，处于自己的"舒适区"就很好。这并不完全正确。当然，我们并不希望有只巨大的剑齿虎冲过来袭击我们，我们也不希望自己没有工作、没有医保，或者同伴侣、家人、老板、同事争吵，诸如遇到剑齿虎或其他类似紧张危机的糟糕经历，一生一次就够了。但是同家人和朋友的小争议，在技术或金融方面遇到的麻烦，在工作和家庭中遇到的挑战，可以帮助我们自主思考。各种问题迫使我们用脑思考，进行合作，从而想出具有创新性的答案。穿越各种各样的风景，经历各种考验与不时的冲突，要比一直停留在不会对我们的感官与思想带来任何挑战的局面，更容易让我们产生创新性。过去200万年的人类发展史充满了挑战与冲突。

在久远的上古时代，我们还生活在小型觅食群体之中，团队的每个成员都与其他人拥有诸多相同之处，这种同质性促进了我们的理解、交流、合作，催生了我们的创新进程。随着人类开始扩展和发展，群体日益膨胀，出现了社团，人们的职责出现了分化，而他们所面临的社会与生态挑战也越发多样。在社团中存在经验、观念、视角等方面的差异，这成了创新之火的必要燃料。最终，超越单个群体的扩张、想法、过程和传统的混合与再创造帮助我们更加高效地创新。人类目前拥有的所有创新之选都植根于某种程度的多样性。如果我们丧失了思考与领会的多样性与差异，当挑战出现时，我们就没有什么可以依赖的了。

作家戴维·吉费尔斯（David Giffels）为我们讲述了一个例子，证明了多样性在 21 世纪所面临的挑战中的重要性。美国的超大型卖场和购物中心正在杀死我们的想象力。[3] 他指出，地方性公司、小商店和容纳这些单位的多种建筑正在被超大卖场、完全一样的连锁饭店和统一的购物中心结构所替代。在过去的 30—40 年，这种现象导致了一种同质性，从而压抑了美国人的想象力。如果在你的成长过程中，无论身处何方，什么都是一模一样的，你的思想就会被这种相似性所影响。

这种强加给我们的同质性与个人选择每天早上吃同样的早餐，或者喜欢每晚进行同样的散步，穿同样的衣服，甚至每天都要喝同样的一杯咖啡不同。这些都是我们出于延续性或熟悉性，能让我们感觉舒适而做出的选择，甚至可以帮助我们进入一种更加具有创新性的空间。这种选择来自我们自身，属于我们自己充满创新性的生命，而不是被强加在我们身上的。在一个同质化的环境下，我们是不可能做出选择的。让我们回到吉费尔斯的例子，一个有着多种类型商店的环境，每个商店都出售不同的物品，让人们进入不同的地方，与不同的人进行互动，这让我们拥有不同类别的经历和素材来进行想象与创新。即使我们一次又一次地回到同一家商店，其他商店也会影响整个环境，并且为我们充满创新的想象提供必要的精神食粮。美国零售业出现的同质化让我们的体验不再丰富多样。人们可以在美国的任何地区走入一家星巴克（在世界上其他许多地区也是如此），而它们看上去都一样：一样的颜色、一样的菜单、一样的制服、标准化的问候、顾客与服务生之间的交易也总是一样的模式，甚至连饮料都是一样的。尽管这可能是一种成功的商业模式，并且为消费者提供了某些好处（例如原来不能喝到意式浓缩咖啡的地区也可以为消费者提供这种服务），我们在得到这些便利的同时也失去了一些东西。我们的大脑发育很缓慢，里面有许多空间供我们去输入信息，体验人生。而多样性的匮乏，甚至是我们喝咖啡的体验，都可能会削弱我们的创新力。

所以，让我们热情拥抱多样性的存在吧，让我们接受多样性所带来的挑战吧。这就是我们的第一个简单指南。

接下来呢？失败也可以是创新进程的一部分。

游泳运动员黛安娜·尼亚德（Diana Nyad）尝试了5次才成功从古巴游到佛罗里达；[4]诺贝尔炸毁了自己的实验室（和他的弟弟），最终成功研发出了甘油炸药（并且持续为诺贝尔奖提供基金）。大部分科学家在大部分时间都在犯错，几乎所有的运动员射门、击球、投篮的尝试大部分都以失败而告终。随便找几个卓越的科学家、运动员或艺术家，问问他们经历的成功多还是失败多，每次的答案都会是失败多。他们会告诉你，每次无论他们多么压抑、沮丧，失败都会让他们吸取一个教训，从而让他们可以继续前进，即使是选择另一条道路前行。成为人类，尝试拥有创新性，意味着我们需要经常经历失败。

关于如何应对失败，我们的祖先告诉过我们许多东西。正是采用新方法来应对失败的能力让早期人属得以在数十万年前四处迁徙，最终走出非洲。想象一下我们的人类祖先以小群组的形式尝试过多少次才能做出一个有用的石器或木矛，要尝试多少次才能对能源搜集、更好的石材来源或者躲避掠食者的方式进行交流——他们一定经历过无数次失败。我们的祖先用了足足100万年的时间来学习控制火、捕获大型猎物，而搞明白如何将自己的故事画到洞穴的墙壁上又耗费了他们50万年的漫长岁月。人类的历史建立在失败远多于成功的基础之上。

记者汉娜·布洛克（Hannah Bloch）写道："如果没有失败的刺痛激励我们重新评价、重新思索，我们就不可能取得进步。"[5] 某项努力的失败可以向我们展示不足，逼迫我们重新思考或重新评估如何做事，并且学习如何更好地做这些事情。不幸的是，在今天的社会中，尝试和失败常常被看作缺陷，被认为代表一个人的失败。

任何科学实验最常见的结果就是失败。大部分成功的科学都源自推翻假说——通过展示什么是错误的，而不是什么是正确的。正是对失败细节的检查和对实验方法的重新构建让研究人员离成功越来越近。想想电灯、抗生素、互联网等的发明，所有具有创新性的成功前身都充满了失败。

当然，并不是所有的失败都能一笑而过的。我们人类谱系上的大部分群体都已灭绝，几乎没有留下任何痕迹，我们却还在这里。所以，当我们失败时，我们必须要记住我们可不是一般人，我们已经有差不多200万年的历史了。

所以，作为一个具有创新性的人类生命，我们需要做到以下两步：

- 热情拥抱多样性的存在。
- 把失败看作人生之旅的一部分。

没错，但是能更具体点吗

对人类的历史进行回顾，我们可以为自己充满创新性的人生带来关键的主题与具体的要点。尽管我并不是一个营养学家、性问题顾问、心理治疗师或者文艺评论家，但是我知道，我们总有办法能够通过创新性的行为来帮助我们自己和我们的社群解决有关食物、性、两性关系、暴力、信仰、艺术和科学方面的问题，并且带来具有进化意义的结果。

食物

造就我们的不仅仅是我们吃了什么，还有怎么吃、何时吃。人类在吃的领域是特别具有创新性的杂食性动物与社交型进食者。在我们探求常量元素、微量元素和水的平衡过程中，我们良好的身体构造可以让我们食用并消化多种植物和动物部分。我们吃什么和怎么吃在我们的进化之路上发挥了重要作用。随着我们的社会生活越发具备合作性，我们对蛋白质与富含营养成分的食物摄入量有所提升，从而让我们可以放慢脚步，延长生长模式，提高抚养后代的成功率，并且我们还一起学习，变得越来越有创造性。关于人类饮食，有些进化论方面的观点可以诠释今天我们的饮食情况。

首先，人类需要多种饮食才能获取正确、均衡的营养成分，保障自己的健康。对于年轻人来说，这一点尤为重要。从出生到停止生长（17—22 岁）这段时间内，如果不能够摄入充足均衡的营养，我们的大脑生长和肌肉发育就会受阻，从而导致认知和其他行为方面的延迟，这还会对我们造成一系列健康方面的负面影响。这种对我们发育和潜能造成损伤的模式在许多贫穷城市区域的"食物沙漠"[6]中最为显著。[7]发育方面的失误可能会相互关联，而解决方案通常包含充足的优质食物。

有些人会故意避免摄入某些食物。素食主义者或纯素主义者的生活方式看上去好像很健康，但是我们的祖先寻求动物蛋白是有原因的：动物蛋白含有最方便易得、含量密集的营养成分——特别是儿童时期大脑和肌肉发育所需要的营养种类。人类在过去的1万年中对我们食用的植物进行了逐步改造，提高了它们的营养潜能，所以今天我们有很多方式来获取非动物来源的蛋白质。世界上很多地区的成年人可以在不食用动物蛋白的情况下达到良好的营养平衡，但是这需要仔细计划。而对于孩子，就不能这么做了。如果没有任何动物蛋白，让儿童获取正常生长所需的所有恰当营养成分是非常艰难的。人类最初摄入的纯动物蛋白食物就是母乳，[8]这为我们获取成长必需的营养平衡奠定了基础。因此，尽管非动物制品饮食可以满足成年人的需求，但是儿童能够安全成为素食主义者，特别是纯素主义者的可能性要小得多得多。儿童不需要太多的肉或鱼，但是他们确实需要一些。

所谓的生食饮食法和原始人饮食法理念都不是均衡的膳食理念。我们的祖先用了100多万年的时间才掌握了火的使用和烹饪技术。烹饪让我们能够更好地从许多食物中吸取营养，并且让我们发展出菜肴，这也是人类历史的两大革新。许多食物生吃是不错的，但是在稍微烹饪后的营养价值会更高。[9]真正的原始人饮食法没有任何意义。我们祖先的这种饮食习惯（大量蛋白质、少量碳水化合物、没有谷物或加工食品）是因为他们并没有自己种植食物的选择；他们不能走进超市买一些有机甜菜、胡萝卜、甘薯、全麦面包和一些可持续化养殖的鲑鱼，也不能叫份宫保鸡丁的外卖。我们已经开发出了许多令人震撼的食物，它们健康、富含多种营养成分，并且美味可口。如果可以选择的话，我们的祖先应当更愿意像我们这样进食。在21世纪，让我们只食用2万年前人类能够获取的食物既不受人青睐，也不太可能。进化的事实是我们的身体和头脑都在随着我们摄入的食物发展，所以我们应当尽可能吃得健康，这一点很重要。但是我们还应当享受自己的创新能力。人类已经发展出了一些并不怎么有营养的选择，但是这些选择却具有惊人的创造力（例如巧克力熔岩蛋糕），而且适度摄入也足够健康。人类100万年来在烹饪食物、改良菜肴方面做出的创新性努力应当得到尊重。

在我们考虑食物的时候，水分往往受不到充分的尊重。脱水会阻碍我们的认知技能，并且导致严重的健康问题。脱水导致的腹泻是5岁以下儿童的第二大死亡原因。[10] 如何获取安全的饮用水是全球性的危机，而那些缺乏安全饮用水的人类遭受了恐惧的煎熬。即使在较为富裕、拥有充足安全饮用水资源的地区，苏打水等高热量饮料的摄入也会导致严重的水合作用问题。

在大部分地区，如果仔细想想，我们就能够基于自己所能获取的食物制订良好的饮食菜单。我们建议还是要在这个混合菜单中保留一定量的动物蛋白（特别是鱼），但是我们不需要太多动物蛋白。摄入一定量的纤维素和其他植物成分是很重要的，而食用含淀粉的块根和多汁的水果以摄入一定量的碳水化合物就构成了良好的膳食结构。正如记者迈克尔·波伦（Michael Pollan）提醒我们的那样，我们必须要尽可能地寻求平衡，[11] 避免深加工食品[12]，正如数万年来的人类那样，享受我们的进食时刻，并且在可能的情况下使其变得具有社会性。

遵守这些建议不仅对我们有益，而且对我们的微粒体也有益。我们的祖先从数十万年前开始进行高效狩猎，1万年前同动植物建立了驯养关系，自那时起，这些行为的改变也同时改变了我们的微粒体，使其得到了相应的扩张。我们的微粒体就是我们自身，我们就是自己的微粒体，我们是密不可分的。当我们摄入的饮食非常不均衡时，我们体内的微生物也会遭到抑制。我们会生病、乏力、出现消化问题。听从我们肠道（以及里面所有生物）的声音，并且做出相应的回应，这一行为深植于我们这一物种的内心。我们应当继承这一传统。

然而传统并不是我们唯一的指南。目前地球上有约 70 亿人口，而我们吃得太多了。这就导致了一个问题：我们当前的食物模式不具有可持续性。在过去的 1 万年中，我们已经提升了食物生产的强度与密度。今天，我们已经在海洋的多个区域过度捕捞，导致数百个物种的大量灭绝。[13] 我们已经发展出大规模工厂化农场体系，因此许多人食用的牛肉、鸡肉、猪肉营养含量下降，出现潜在的不安全性。大规模肉类生产的模式也导致了一个令动物（以及许多人类工人）遭受苦楚的体系，这种体系让人心生厌恶，更别提其中道德感的缺失了。在发达国家，人们摄入的肉类远超身体所需，而政府调控意味着肉类的成本要低于它本身的价值。要确保人类以及我们所倚赖的其他所有物种能够持续良好发展，建立一个更好的系统化、生态化、创新化生产途径是至关重要的。

人类历史上的第一幅壁画不是关于人类自己的，而是关于他们所吃的动物。我们的祖先发现了他们所倚赖的动物具有的重要性与意义。我们可以从他们身上吸取经验，并且在如何管理我们食用的生物这个问题上更具创新性和人道主义。

食物不仅仅是我们生长、健康、发展的必需品，它还是我们对于自身和所处社群的认知核心。一起烹饪和吃饭、分享食物是我们成功进化的关键要素。食物的管理和食用可是需要用心的地方。下面是一些关于我们这些充满创新性的生命的饮食重点：

> • 明智的食物搜索。在价格、易得性、营养、味道和享受感之间寻找平衡。
>
> • 吃新鲜的。避免成分表很长的包装食品。你的微粒体会感谢你的。

- 在群体中进食。就像我们的祖先那样，让整个群体都参与到食物的采集、准备、享用中来，把这件事当成一件重要的事情来办。

- 在我们当地社区、国家，以及全球范围内你力所能及的地方创造获取食物和水的公平途径。以食物为中心的小型创新活动还有很长的路要走。

性

性和两性关系很少（或者从未）是一件简单的事情。人类的成长意味着在一个充满不同性别期望、身体类型、繁殖选择、家庭结构和性取向的世界中成长。生理特征很重要，但这并非故事的终结。人类的性别和性行为并不是静止不动的。在生理上作为男性或女性会对一个人如何体验这个世界造成差异。怀孕、哺乳、生育、绝经的模式与体型和上肢力量之间的差异导致了一系列进程，使女人和男人的生活变得不一样，但是这种差异并不如许多人认为的那么极端。在过去的200万年中，人类成功地扩张到这颗星球的各个角落，在此过程中可能是男人和女人共同制作了石器，参与到能源的搜集和狩猎之中，照料婴儿，搜集食物，进行各种革新和创新。在生理上，男女之间确实存在一些固有差异，但是在日常工作中，还存在着相当大的重叠部分。大部分人每天做的大部分事情都不会受到体型和上肢力量极限的影响，也不会受到怀孕的影响。如何体验、影响、提高或减少性别差异，取决于一个人所处的社会和社区，以及一个人所做出的决定。

社会性别与生理性别不是一回事，但是它们在我们的脑海中往往关系密切，所以我们常常无法承认这种差异。大部分人都推断我们今天所经历的社会性别差异，同生理性别差异一样，是一种古老的存在，但事实并非如此，至少在进化中不是这样。

人类的社会性别起源于数十万年前。在更为久远的过去，这种差异并没有那么极端、明显，至少根据我们祖先所留下的骨骼和用品来看是这样的。我们今天所看到的具体性别职能证据出现在 6 000—5 000 年前，甚至仅仅出现在过去数百年前，这种判定取决于我们所研究的方面。现代的性别发展模式并不意味着远古时期不存在社会性别，只是那时的社会性别不像今天那样明显，也不与今天的全然相同。社会性别不是一成不变的。

随着社区与社会的发展，社会性别也日益复杂化。毕竟社会性别是人类创新性的产物。无论一个人对于过去和现在的社会性别有什么感觉，我们都不会再走回头路了。社会性别的差异是存在的，而且是实质性的问题。但我们需要记住的是这些差异的模式并非一成不变。

比方说，和普遍的看法不同，大部分性别差异同男性和女性之间的具体生理差异（长期以来这并没有发生太大变化）没有太大联系。例如，今天的美国在经济和政治现实方面存在性别不平等现象。男性的平均收入要比从事相同工作的女性高。女性在人口总数中占据了略高于 50% 的部分，然而在美国参议院这个关键的国家统治主体中只占20%。通过观察人类的生理特征、我们的化石与考古学记录和人类今天的行为，我们可以发现这些模式都不是基于某些进化的能力或我们生理上的可测量方面形成的。并没有证据显示当具有相同资质的男性和女性从事同一份工作时存在能力方面的差异，也没有证据显示男性的管理更加高效。

当代对于跨越文化和整个人类物种的概览为我们揭示了性欲与行为模式方面的许多变种。不幸的是，化石和早期考古学记录并不能给我们带来这方面的指导，性行为无法以化石的形式流传下来。在较晚一些的时期，特别是当陶器上出现象征艺术之后，5 000—3 000 年前大量制作的小塑像、雕像、雕刻、绘画和建筑艺术为我们提供了某些证据。这一时期的性行为存在无数种描绘，涵盖全面，具有图像性特征。如果在美国公众面前展出，较晚的考古学记录中有许多物品都可以被归类为淫秽制品。但是这一切告诉我们的是我们已经了解的内容：有些人类存在大量性行为。

有证据显示我们的祖先绝对不拘泥于礼仪，他们可能拥有我们今天所看到的性行为与性吸引的多种模式的其中一些版本。性行为和性偏好的范畴可能会受到社区内和社区间两性关系的约束。据我们所知，那些通过强制性行为的方式伤害别人的家伙日子可能不怎么好过。今天，人类的性行为受到了历史、法律、传统、经济、媒体、文学和戏剧影响、社交网络，以及个体经历的制约和促进。今天，我们如何进行性行为，为什么进行性行为，以及在哪里发生性行为也会受到许多方面的影响，如物质条件（汽车、避孕用品、性玩具、润滑剂等）、接触某种具体实践行为、对社会规范的反叛或遵循、理想和期望、恋物癖等。

当代人类性行为的情势可能会让我们的祖先大吃一惊，也可能不会。或许除了我们能在化石记录中看到的内容之外，还有着其他许多东西，但是我们永远都不会知道了。要弄明白这种错综复杂的情况，最好的建议就是尽可能地对自己诚恳一些，并且向其他效仿者开放。让我们回到人类两步走的第一条原则：欢迎多样性。处理与性行为相关的问题很难，但是听从我们祖先的含蓄建议或许会有所帮助：不要一个人做这件事情。同伴侣和社区讨论关于性关系的问题，让它们成为社会结构的一部分，可以帮助所有人更容易地弄明白人类性行为的复杂性。

生理性别、社会性别、性行为常常和婚姻与子女抚养联系在一起。在这里，有两个源自我们进化史的关键点：第一，婚姻和性爱关系并不是同一件事情；第二，子女抚养并不是一件独自进行（或仅仅是女性职责）的活动。

弗兰克·西纳特拉（Frank Sinatra）曾经唱过，爱情和婚姻就像马儿和马车，捆绑在一起无法分离，我们曾满怀激情地聆听。许多人依然把婚姻视为人类的自然目标，并且认为被称为"爱情"的东西是婚姻的必要组成部分。然而，考古和历史证据在这一个问题上的答案相当明确：婚姻是较晚期的人类创造，而非源自我们的远古时代。[14] 尽管追求婚姻和明确浪漫关系的目标是较晚期的事情，我们想要构建紧密的配偶关系的驱动力则是根深蒂固的。

我们在第八章中阐述了这种生理现象。从生理感官的角度来说，存在两种配偶关系：社会配偶关系和性配偶关系。这两种关系都是作为人类进化核心模式出现的复杂社会网络的组成部分，这是我们早期创新性与合作性冒险的一部分。配偶关系可能会涉及性关系和被我们今天称为浪漫情感的东西。人类还存在跨越性别与年龄范畴的广泛社会配偶关系，可能要比其他任何物种更多。我们可以同我们的亲属与密友建立社会配偶关系。他们可以同同性个体或异性个体、同龄个体或非同龄个体建立这种关系。人类还存在异性和同性的性配偶关系。我们倾向于期望配偶关系同婚姻或其他某种受到文化认可的关系联系在一起，然而，我们远远不清楚是否所有（甚至大部分）已婚夫妇在性方面和／或社会方面具有配偶关系。

重要的是，我们的性配偶关系与我们的性行为类似，并不限于繁殖目的。在许多社会中，社会和政治历史创建了这样的环境，只认可异性的配偶关系，不认可同性的配偶关系。然而，在 21 世纪初，这种倾向发生了迅速的变化，许多社会改变了它们对于性行为与婚姻的看法，这就是社会创新性在运转。

繁殖是性行为的可能结果，这一点是不言而喻的。看看我们的过去，我们可以很清楚地证明人类婴儿耗费极大，需要大量的照料工作。

我们所拥有的一切证据表明，人类是共同抚育后代的，在我们历史的大部分时期，无论男女老少都会参与孩童的抚养，但是在当代世界的大部分时间里，这种成功的模式瓦解了。

随着有关婚姻的想法出现，大部分发达国家都创建了一种青睐单一核心家庭（一个父亲、一个母亲和他们的孩子）的居住模式，居住在相对孤立的环境中。这种新的发明让抚养后代变得更为艰难。将这种居住模式与当代关于性别的想法结合在一起，照料婴儿在很大程度上成了与女性有关的任务，并且在很多情况下仅仅是母亲自己的任务。这种居住模式和有关照料的假设结合在一起，带来了很大的问题，这是因为：第一，人类的进化让婴儿的需求变得非常高，而单一的照料者（甚至两名照料者）在养育一个孩子时都会有巨大的压力。第二，用如此极端的方式来将照料责任进行性别区分可能会限制女性在行为与社会两方面的选择，增加性别不平等，并且限制了婴儿接触多种个体与经历的机会，从而减少了对发育中大脑和思想的刺激，并且可能会抑制婴儿的想象力。

日托、启智计划、社会化托儿所，甚至大量的社交公共空间都可以缓解这些挑战。我们应当从人类进化进程中得到启发，竭尽所能来创造让孩子接触社会与多样性的机会，从而开发儿童的思想，并且为那些担任繁衍任务的女性提供支持，保证公平。

人类在进行性行为、对自己进行性别划分、建立配偶关系，以及子女抚养方面，明显比较复杂、杂乱、尽力钻研。这些模式是我们成为地球上最能干、最复杂、最有趣物种的一部分原因。

下面是一些关于性和性别的重点：

- 我们可以认识到男性和女性之间的生理差异，但是女性和男性之间的差异并不像很多人认为的那样巨大。这是一个伟大的开端。

• 性别内涵丰富，而不是一种非此即彼的人类特征。无论谁面临性别的什么情况，都可安然面对，这才是人类的正常处理方式。

• 人类在性行为方面具有广泛的多样性，只要个人的性行为方式不涉及伤害或胁迫，它就是正常人类体验的一部分。无论一个人寻求怎样的性行为体验，他很可能都不是唯一这样做的人。

• 人类可以在一生中发展出配偶关系（甚至多重配偶关系），但是这些配偶关系同婚姻不同。婚姻是最近出现的创新性发展。将发展强有力的社会联系放在首位，可以让其他社会目标（婚姻、家庭、伴侣，或所寻求的任何东西）更容易实现。

• 抚养子女是一件很艰难的事情，最好不要独自承担。如果你将有孩子却独身，请寻求家人和朋友的帮助。人类 200 万年来都是这么做的。

暴力

每当我们观看新闻报道、阅读最新报道或转向任何媒体来源时，头条故事几乎总是与恐怖事件相关。如果在《纽约时报》上看到一个名为"4 人今日在纽约市遇害"的标题，没有人会惊讶，但是那些更平常的事情，也是这一天更重要的新闻故事是一则我们永远不会看到的新闻标题："7 999 996 人今日在纽约市好好活着"。对于一个以向我们售卖信息为基础的媒体，我们肯定不会让其推广人类正常情况的内容。

我们的祖先并不是手拉着手在雏菊丛中奔跑了 200 万年。他们有冲突，他们战斗，有时候他们会杀死彼此，但是在大部分时间里，他们一起工作、革新、做东西、创造社会并合作解决世界扔给他们的问题。冲突可以让我们做得更好。当我们意识到自己并非注定要使用暴力，也不受到必须使用暴力的限制时，马丁·路德·金、纳尔逊·曼德拉、里戈韦塔·门楚、圣雄甘地、马拉拉·优素福扎伊、凯萨·查维斯、昂山素季、鲍勃·马利、贝蒂·威廉斯、阿兰达蒂·洛伊等人就开始致力于开发人类在悲悯与共享、想象与希望等方面的力量，并且联合了广泛的人群在面对暴力与残忍时创建和平的繁荣。这一进程每天也都在以润物细无声的方式进行着。

协同、合作、协调不仅仅是用来反对或治疗暴力与残忍的方式，事实上，它们为最令人毛骨悚然的事件提供了基础：德国大屠杀，卢旺达、刚果、柬埔寨发生的大规模暴行，以及全球范围内的战争。如果犯下这些罪行的人们没有集中的协同与协调，这一切也不会发生。在战争中，最暴力的军队不一定会取得胜利，往往是最具有合作性、协调性、关心战友的军队会胜利。这应当给我们希望，找到代替暴力的选择。

下面是一些关于暴力的重点：

•没有人仅仅是骨子里就暴力。任何宣称我们进化史的这些方面让他 / 她成为强奸犯或谋杀犯的人都是在撒谎。

•冲突不一定是件坏事，它经常对我们有好处。冲突和竞争并不是暴力、侵略或残忍的同义词。

•要小心满口胡言的媒体。它们正试图用恐怖和恐惧来向我们兜售一些东西。在大多数时间，人类的相处极具创新性。

•暴力是人类的一种选择，但并非义务或必需。会有残忍的事情发生，但是悲悯发生的频率更高。我们所面临的挑战就是明确如何在我们的日常生活中应用这些事实。

•不平等与暴力有关，并且依然存在，但这并不是一成不变的。我们能够也应当在如何作为个体、社区乃至物种对不公平现象进行改善与管理方面具有创新性。

信仰

人类的想象力为我们的世界带来了难以置信的复杂性。但是，在当今世界，还没有什么东西比信仰更深植于我们想象与希望的能力。有些类型的信仰，通常是具体的信念体系，是几乎每个人生命的一部分。信仰某种宗教信条、实践教义是地球上的普遍行为，但是宗教的意义并不与许多人认为的意义相同。并非每个人都有宗教信仰。宗教在人类记录中的出现时间并不算早。作为一个物种，我们的大多数历史中并没有任何特别的正式信仰体系，也没有制度化的宗教结构。

尽管如此，可能所有的人类社区都拥有自己近乎承认超自然的实践与方式。这就让人类陷入了一个窘境：我们应当如何解释这些意义？事情为什么会发生？这个世界是否存在有形体验之外的东西？我们如何才能在头脑中进行思考与对话？我们是否都拥有一个思想或灵魂？

我们的祖先在过去的数十万年中对这些问题进行了严肃的调查，所得出的答案改变了我们认识世界的方式，从而改变了我们的生活。从食物的搜寻者到种植者，从游牧到定居，从石器到铁器，从猎人到牧场主，从村庄到城市，这一切都改变了人类对意义的思考与体验。

如果我们仔细审视全球大部分宗教的核心教义与基本程序，就会发现许多内容都是相互重叠，甚至一致的。令人惊异的是，这并不能阻止它们彼此之间经常发生冲突，有时候这些冲突还会很暴力。关于为什么这么多宗教基本教义存在重叠，我们可以用下面的理由来解释：它们是同一种人类能力的一部分。我们还可以用一种理由来解释为什么全球不同宗教之间存在大量争论和分歧：它们是机构。它们的权力与拥护者的数量和地位部分相关，而它们会为了争取拥护者而进行竞争。教徒相信教义真谛，与思考宗教的意义，是不同的。

对于我们远古时期的研究没有找到多少有关今天宗教的信息，但是这些研究告诉我们人类思考意义的能力以及这些能力可能会如何与宗教和惯例联系在一起。在不远的过去，我们对于宗教本身有了更深刻的见解。将这两者结合在一起，思考我们在这本书中已经涵盖的内容可以让我们了解一些重点，从而增强我们在关于宗教问题方面的创新思维。

- 没有宗教信仰的人不应当因为别人拥有某种信仰而对他们产生非议。我们应当认识并尊重这一点，地球上大部分人拥有某种宗教信仰。我们同样都拥有创造并参与意义的能力，仅仅是采取不同的方式而已。
- 拥有宗教信仰的人不应认为世界上只有一种做好人、理解世界的方式，而且不应认为这种方式只属于某一特定的宗教传统。有大量数据显示这种观点是错误的。
- 我们应当小心有人利用宗教机构或某些宗教断言来破坏或降低人类的创新性与潜能。否认我们作为一个创新性物种的能力和倾向（例如复杂的性行为、社区、科学、艺术）具有根本上的破坏性。宗教原教旨主义尤其可能导致压迫和滥用，应当遭到反对。
- 没有某个宗教性或其他性质的人类传统或机构拥有所有的答案，或者拥有正确的答案。要成为人类，我们有无数种途径。即使你坚守自己的信仰，也要包容其他异见。

艺术

人类艺术不仅仅是一件作品、一项活动或者一个结果。艺术是我们在同世界相互影响的过程中与世界进行互动、再想象，并解释的途径。这让我们可以讲述故事，体验意义。前面提到的所有类别（食物、性、暴力和信仰）都会在艺术中找到某些最强有力的体现：色彩、形状以及不同菜肴的呈现方式，对于性的直白或隐晦图像表达和对于性行为的实时戏剧，从描述战场英勇拼杀的故事到恐怖电影对于暴力的描写和唤醒，宗教图像、仪式和音乐的力量。所有这些都是对我们作为人的定义的常规诠释。

虽然看上去我们经常会努力奋斗，让艺术保留在我们的生命中，但并不一定。从我们的祖先开始在蚌壳（约30万年前）、赭石、鸵鸟蛋上涂鸦时起，我们就拥有了去创造图像和意义的欲望并难以自拔。所有人类在孩童时期都曾经让自己沉浸在艺术尝试中，不幸的是，后来许多人会停止这样做。

这是为什么呢？许多社会把艺术与游手好闲联系在一起。艺术被看作对于社会需求无益的行为，这是一种愚昧的观点。讲故事、描述感觉、用歌唱和舞蹈来表达某种感受对我们来说同制作石器、生火、避免被吃掉、弄明白如何种庄稼一样重要。这些过程一直相互影响、相互纠缠，甚至同今天写电脑代码、构建法律论据或者设计高能物理实验表现出同样的能力。艺术可以帮助人们精准地进行任何工作，因为它开发了我们的想象力，让我们的创新力能以其他动物望尘莫及的方式蓬勃发展。艺术让我们在这个世界上占据了高人一等的位置，为我们开启了新的视野与远景和新的可能性，而我们却嘲笑艺术家游手好闲。

下面是一些重点内容：

- 每个人在孩童时期都是艺术家。为什么要阻止？我们要培养孩子的艺术天赋，但是还要继续培养成人的艺术感。我们应当不时做一些与艺术有关的事情，并且同朋友、家人协作完成。

- 不要将你认为是艺术的东西划分成"高雅"或"低俗"的类别。芭蕾和街舞、涂鸦和油画、打油诗和十四行诗、随手涂画和大理石雕像，你不一定非要喜欢它们，但是它们全都是艺术。它们蕴含着人性。

• 除了画家、雕像家、音乐家、作家、演员，还应当尊重你的管道工、机修工、司机。我们有些祖先会制作出具有特殊美学价值的石器，有些祖先会在剔下大象肉的时候采用特别花哨的模式，有些祖先会在将食物呈现给群体之前创造出新的食物组合方式，他们都在自己的技能中融入了艺术感。日常生活技能也可以充满艺术感。

• 自己悄悄做一些具有艺术感的事情可以培养我们的创新性和想象力的发展，我们又可以将这些能力用于公开的日常社会生活中。

科学

科学是本书的一个合适的结尾。毕竟，科学是启发本书创作的灵感。

最广泛意义上的科学具有悠久的历史，这是一种在早期人属的发展史中就已经出现过的进程。一直以来，我们将好奇心和想象力、革新和创新力、决心和复杂的教授、学习、分享结合在一起。当前的科学探索对人类的进化以及其他物理过程进行了调查，包括视觉、思想、恒星构成和宇宙本身的起源，现在的科学调查达到了一个新的水平。

询问我们是谁、我们来自哪里、我们去向何方这几个问题并非新鲜事，但将科学方法应用于这些问题上是新做法。在人类历史的大部分时间中，这些问题都是用神话故事、社会传统和早期宗教信仰来回答的。在过去的1万—2万年，这些答案可能随着某些社会身份、财产观念、正式的宗族、部落、语言群体、贸易网络和其他大型社区群落的发展而进一步固化。大规模制度化宗教的出现增强了这个混合体，并且创立了教义来解答这些问题。最初的写作出现后，出现了哲学的建构，在哲学领域，人类对这些问题给予了专门的关注。在过去的 3 000—4 000 年中，哲学探究、宗教教义、传统故事主导了对于我们是谁、我们来自哪里，以及我们为什么要这样做的人性探究的回答。但是在过去的 400 多年时间里，特别在过去的 200 年中，科学方法出现了。

将某种既能证伪又基于资料数据的探究应用于我们自身和周边世界上，这一能力让我们可以用一种更具有创新性的独特方式诠释事物。生物学和物理学让我们对世界有了全新的认知，但无论所产生的数据与分析质量和真实性如何，对这些结果进行诠释的还是人类本身。这也就意味着创新性和想象力加上大量社会调节的解释能够让科学结果变得更加复杂，引发疑问和新的假设，并对新的假设进行检验。人类永远无法达到完全的客观。无论科学家还是其他人，任何不承认这一点的人都受到了欺骗。所以，我们所听说的任何科学都会获得大量创新性发展。区别在于，在科学中，无论科学家怎么说，我们都应当能够查看他们所使用的数据并得出自己的判断。本书中所列出的一切都源自某些科学研究，对大量可获取的数据进行诠释，或者对某些不同的研究手段进行对比、评价、推断。我们对科学进行思考和理解的诀窍在于科学要比大部分人想象的更容易理解。如果科学的根源深植于我们的过去，那么今天每个人都会拥有某种程度的对科学调查理解和实践的基本能力。

人类不需要被动接受被告知的东西。比方说，我们接受在狩猎、男人、战争之间存在某种联系，并将此视作常识。这只是听起来正确而已。在本书中我列出了一系列论据，说明了为什么这种联系不仅不存在，还误导并阻挠了许多更加有趣的关系。如果你不同意的话，就做些科学研究吧。你可以查阅本书注释，查看我所引用支持这些观点的出版物。你可以读读这些出版物，也让你的朋友读一下，看看你是否同意。在图书馆里或者在网上做点研究，问问别人，看看科学调查能将你带向何方。我们还可以保留各自的观点。

现在很多高品质在线课程和网站都包含大量信息。[15] 当然，你现在正在阅读本书，所以你可以知道有些用更加深奥或浅显的语言诠释进化论科学的书。阅读是人类最伟大、最与众不同的技能之一。正如伊萨克·阿西莫夫所言，科学"是一个对你关于宇宙的想法进行检验，并且证明想法与检验结果是否相符的体系"。科学在你的能力之内。

下面是一些关于科学的重点：

• 大部分科学都不是那么深奥的事情。人类的理解能力要比我们自己认为的更强大。我们将好奇心、认知能力、协作式教学和创新性融合在一起，这种独特的结合让我们能够以特别有效而充满想象力的方法来思考、消化信息。利用这种天赋可以为我们所有人带来益处。

• 进化论方法和所有物理、生物、社会科学在理解健康、环境问题、种族与种族主义、衰老、性别和性、暴力，以及许多人类日常面对的核心问题方面至关重要。基础科学与算数、阅读、写作、历史一样重要。我们应当将它教授给孩子。

• 科学被看成内置的理科学士探测器。如果没有任何办法评价科学家在说什么，那就保持警惕。不要让科学家们摆脱责任，要求他们用易懂的信息对研究结果做出更清晰明确的诠释。要注意方法论和实施方法论的人之间的界限。

• 过有科学意义的生活。科学致力于尝试找出世界如何运行的答案，探求实质性解释的答案。我们应当每天都这样做……享受你的科学人生吧！

前进吧，创新者

成为人类本身就是一个具有创新性的过程。然而在今天，我们都有自己的义务，现代世界的复杂多样将我们引领向 100 万个方向，这种创新性的行为看上去偏离我们日常生活轨道甚远，我们需要花费时间和精力才能接受，而我们的时间、能量和努力都是有限的。但是即使比过去艰难很多，我们和我们的家人、朋友、社区，乃至物种对创新性的需求远远高于以往。

我们的祖先通过具有创新性和合作性的个人和集体生活为我们奠定了基础，我们不能浪费了这些遗产。200 万年前，我们的祖先身形矮小，赤身裸体，没有尖牙、长角和利爪的保护，他们用几根木棍和石头克服了几乎不可能克服的困难。这一切都是因为他们拥有彼此和创新的火花，我们也拥有。

创新的星星之火正蓬勃发展，将光明撒遍全球。我们发展出了更好的工具和衣服、更长和更健康的寿命、飞机、极富美感的思想、进行星际航行的航天器，以及更多的孩子，但是我们所面临的挑战也成比例增长，并且没有减慢的迹象。

让我们正面应对这些挑战，争取再度过 200 万年的创新岁月。

注　释

序　宣扬创新和一项新综合研究

1. Popova, M., "About," *Brain Pickings,* accessed October 17, 2015, http://www. brainpickings.org/about/.

2. Hodder, I., "Creative Thought: A Long-Term Perspective," in *Creativity in Human Evolution and Prehistory,* ed. S. Mithen, 61–77(London: Routledge, 1998).

3. Mithen, S., ed., *Creativity in Human Evolution and Prehistory* (London: Routledge, 1998); Montagu, A., *The Human Revolution* (New York: Bantam, 1965).

4. Tharp, T., *The Collaborative Habit: Life Lessons for Working Together* (New York: Simon & Schuster, 2009).

5. Gabora, L., and Kaufman, S.B., "Evolutionary approaches to creativity," in *The Cambridge Handbook of Creativity,* ed. J. Kaufman and R. Sternberg, 270–300 (New York: Cambridge University Press, 2010).

6. Tomasello, M., and Carpenter, M., "Shared Intentionality," *Developmental Science* 10 (2007):121–125, DOI: 10.1111/ j.1467-7687.2007.00573.x; Tomasello, M., *A Natural History of Human Thinking* (Cambridge, MA: Harvard University Press, 2014).

7. Fogarty, L., Creanza, N., and Feldman, M.W., "Cultural Evolutionary Perspectives on Creativity and Human Innovation," *Trends in Ecology and Evolution* 12 (2015): 736–754.

8. 尽管查尔斯·达尔文作为进化论的奠基人享有很高的声誉，但需要注意的是，进化论的最初想法是由达尔文和华莱士共同提出的。进化论光辉的历史，常常被归功于达尔文的一个创造性举动以及另外几位学者的发展，事实上是数以千计的思想家历经数个世纪的创新性合作的经典案例。

9. Jablonka, E., and Lamb, M., *Evolution in Four Dimensions: Genetic, Epigenetic, Behavioral, and Symbolic Variation in the History of Life* (Cambridge, MA: MIT Press, 2005); Laland, K.N., et al., "The extended evolutionary synthesis: its structure, assumptions and predictions," *Proceedings of the Royal Society of London B* 282 (2015): 20151019, http:// dx.doi.org/ 10.1098/ rspb.2015.1019; Pigliucci, M., "An extended synthesis for evolutionary biology: the year in evolutionary biology," *Annals of the New York Academy of Sciences* 1168 (2009): 218–228.

10. 基因在人体发育和运作中起着重要的作用，但其并非处于主导地位，而是作为人体复杂系统的组成部分运作的。诸如蓝图、构建模块和生命代码等术语并非描述 DNA 的最佳方式。人们往往受到误导，认为基因是通过自身运作的，其实，它们仅仅是庞大集成系统的一部分而已。表观遗传学是研究所有在基因水平之上的发育的相互作用系统的学科，它反映出多种因素影响生物体的发育，并且基因仅在很少的情况下直接影响生物体性状的现实情况。许多性状，如体型、形态、面貌等，不仅是基因相互作用的结果，而且是一系列进化和环境影响的结果，而行为则更为复杂了。

11. Weiss, K., and Buchanan, A., *The Mermaid's Tale: Four Billion Years of Cooperation in the Making of Living Things* (Cambridge, MA: Harvard University Press, 2009).

12. Nowak, M.A., and Highfield, R., *Super Cooperators: Altruism, Evolution, and Why We Need Each Other to Succeed* (New York: Free Press, 2011); Sober, E., and Wilson, D.S., *Unto Others: The Evolution and Psychology of Unselfish Behavior* (Cambridge, MA: Harvard University Press, 1998); ibid.

13. 对过去发生的问题、时间和地点以及未来可能发生的问题、时间和地点进行思考，这是我们人类的独特能力。我们的大脑让我们能够反复琢磨现在、过去或未来的困难，以便在实际问题发生之前想出解决办法并做出选择。See Bikerton, D., *Language and Human Behavior* (London: UCL Press, 1996); Donald, M., *The Origins of the Modern Mind* (Cambridge, MA: Harvard University Press, 1991); Deacon, T., *The Symbolic Species: The Co-Evolution of Language and the Brain* (London: Penguin, 1997).

14. See "Niche Construction: The neglected process in evolution," School of Biology, St. Andrews University, accessed January 20, 2016, http://synergy.st-andrews.ac.uk/niche/, for an excellent overview.

15. See the science writer Carl Zimmer's excellent and interactive description of this in "Genes Are Us. And Them," *National Geographic,* accessed October 17, 2015, http://ngm.nationalgeo graphic.com/2013/07/125-explore/shared-genes.

．．．．．．．．．．．．．．．．．．．．．．．．．．．．．．．．

第一章　会创新的灵长类动物

1. This vignette is drawn from a larger essay on much of my work with macaques: Fuentes, A., "There's a Monkey in My Kitchen (and I Like It): Fieldwork with Macaques in Bali and Beyond," in *Primate Ethnographies,* ed. Karen Strier, 151–162 (Boston: Pearson,

2014).

2. 显然，作为观察者，不应以这样的方式与猴子互动，但是泪珠总会以一种偷偷摸摸的方式和你在一起，这时站起来就会引起其他群体成员的注意，也会比静坐在那儿更能惹事。

3. For a concise overview, see Bernstein, I., "Social Mechanisms in the Control of Primate Aggression," in *Primates in Perspective,* 2nd ed., ed. C. Campbell et al., 599–607 (New York: Oxford University Press, 2011).

4. 还有其他高度社会化的哺乳动物，如鲸鱼和狼，它们具有相似的社会生态位。

5. Good overviews of these concepts are in Campbell, C., et al., eds., *Primates in Perspective,* 2nd ed. (New York: Oxford University Press, 2011). See chapters 27, 32, and 38–44 for a terrific set of summaries of primate social complexity and creativity.

6. These data are discussed at length in Fuentes, A., "Object rubbing in Balinese macaques (Macaca fascicularis)," *Laboratory Primate Newsletter* 31 (1992): 14–15; Fuentes, A., et al., "Macaque Behavior at the Human-Monkey Interface: The Activity and Demography of Semi-Free Ranging Macaca fascicularis at Padangtegal, Bali, Indonesia," in *Monkeys on the Edge: Ecology and Management of Long-tailed Macaques and Their Interface with Humans,* ed. M.D. Gumert, A. Fuentes, and L. Jones-Engel, 159–179 (New York: Cambridge University Press, 2011). There is also great information on this site and these behaviors in Bruce Wheatley's 1999 book, *The Sacred Monkeys of Bali* (Long Grove, IL: Waveland Press); and Nahallage, C.A.D., and Huffman, M.A., "Comparison of stone handling behavior in two macaque species: implications for the role of phylogeny and environment in primate cultural variation," *American Journal of Primatology* 70 (2008): 1124–1132.

7. Gumert, M.D., and Malaivijitnond, S., "Marine prey processed with stone tools by Burmese long-tailed macaques (Macaca fascicularis aurea) in intertidal habitats," *American Journal of Physical Anthropology* 149, 3 (2012): 447–457.

8. Sanz, C., Call, J., and Boesch, C., *Tool Use in Animals: Cognition and Ecology* (New York: Cambridge University Press, 2014).

9. Fragazy, D., and Perry, S., *The Biology of Traditions: Models and Evidence* (Cambridge: Cambridge University Press, 2005). See also Whiten, A., "The Scope of Culture in Chimpanzees, Humans and Ancestral Apes," in *Culture Evolves,* ed. A.

Whiten et al. (Oxford: Oxford University Press, 2012): 105–122.

10. For overviews of these patterns and many fascinating others, read the book edited by Bill McGrew, Linda Marchant, and Toshisada Nishida, *Great Ape Societies* (Cambridge: Cambridge University Press, 1998).

11. Malone, N.M., Fuentes, A., and White, F.J., "Variation in the social systems of extant hominoids: comparative insight into the social behavior of early hominins," *International Journal of Primatology* 33 (2012): 1251–1277; MacKinnon, K.C., and Fuentes, A., "Primate Social Cognition, Human Evolution, and Niche Construction: A Core Context for Neuroanthropology," in *The Encultured Brain*, ed. D. Lende and G. Downey, 67–102 (Cambridge, MA: MIT Press, 2012).

....

第二章　古人类血统中最后站立的人

1. 我们可以通过所知的猿类和人类以及从化石记录中得出的推论来描绘出这样一幅最近公共祖先的画像。See Malone, N.M., Fuentes, A., and White, F.J., "Variation in the social systems of extant hominoids: comparative insight into the social behavior of early hominins," *International Journal of Primatology* 33,

6 (2012): 1251–1277, DOI: 10.10007/s10764-012-9617-0.

2. White, T. D., et al, "Ardipithecus ramidus and the paleobiology of early hominids," *Science* 326 (2009): 75–86.

3. Ibid; Lovejoy, O., "Reexamining human origins in light of Ardipithecus ramidus," *Science* 326 (2009), DOI: 10.1126/science.1175834.

4. Johanson, D., "Lucy, thirty years later: an expanded view of Australopithecus afarensis," *Journal of Anthropological Research* 60, 4 (2004): 466–468.

5. McPherron, S.P., et al., "Evidence for stone-tool-assisted consumption of animal tissues before 3.39 million years ago at Dikika, Ethiopia," *Nature* 466 (2010): 857–860.

6. Haile-Selassie, Y., Melillo, S.M., and Su, D.F., "The Pliocene hominin diversity conundrum: do more fossils mean less clarity?" *Proceedings of the National Academy of Sciences* 113 (2016), www.pnas.org/cgi/doi/10.1073/pnas.1521266113.

7. Hovers, E., "Tools go back in time," *Nature* 521 (2015): 294–295; Harmand, S., et al., "3.3.million-year-old stone tools from Lomekwi 3, West Turkana, Kenya," *Nature* 521 (2015): 310–316.

8. Heinzelin, J., et al., "Environment and behavior of 2.5-million-year-old Bouri hominids," *Science* 284 (1999): 625–629; Semaw, S., "The world's oldest stone artefacts from Gona, Ethiopia: their implications for understanding stone technology and patterns of human evolution between 2.6–1.5 million years ago," *Journal of Archaeological Science* 27 (2000): 1197–1214.

9. Spoor, F., "The middle Pliocene gets crowded," *Nature* 521 (2015): 432–433.

10. Wood, B., and Strait, D., "Patterns of resource use in early Homo and Paranthropus," *Journal of Human Evolution* 46 (2004): 119–162.

11. Berger, L.R., "The mosaic nature of Australopithecus sediba," *Science* 340 (2013): 163.

12. Villmoare, B., et al., "Early Homo at 2.8 Ma from Ledi-Geraru, Afar, Ethiopia," *Science* 347 (2015): 1352–1354.

13. Berger, L.R., et al., "Homo naledi, a new species of the genus Homo from the Dinaledi chamber, South Africa," *eLife* 4 (2015): e09560.

14. Antón, S.C., Potts, R., and Aiello, L.C., "Evolution of early Homo: an integrated biological perspective," *Science* 345 (2014): 45–58.

15. 虽然我在这里讲的人属和傍人属的故事并不像直接坐时间机器回到过去看那样简单直白，但是这种方法通过使用实际数据和学术记录实现了一个架构，从而绘制了我们祖先的起居画面，使得我们能从硬核科学中获悉人类演变的直观信息。我所讲故事的具体细节是投机性的（也就是说，我们实际上并不知道这是怎么发生的），是基于我们对祖先的了解以及他们所居住的生态环境所得出的结论。The scenario described here is derived from published research in the primary research literature and books, including the following: Blumenschine, R.J., et al., "Environments and hominin activities across the FLK Peninsula during Zinjanthropus times (1.84 Ma), Olduvai Gorge, Tanzania," *Journal of Human Evolution* 63 (2012): 364–383; Fuentes, A., Wyczalkowski, M., and MacKinnon, K.C., "Niche construction through cooperation: a nonlinear dynamics contribution to modeling facets of the evolutionary history in the genus Homo," *Current Anthropology* 51, 3 (2010): 435–444; Hart, D., and Sussman, R.W., *Man the Hunted: Primates, Predators, and Human Evolution* (New York: Basic Books, 2005); Lee-Thorp, J.A., and Sponheimer, M., "Contributions of biogeochemistry to understanding early hominin ecology," *Yearbook of Physical Anthropology* 49 (2006): 131–148; Pante, M.C., et al., "Validation of bone

surface modification models for inferring fossil hominin and carnivore feeding interactions, with reapplication to FLK 22, Olduvai Gorge, Tanzania," *Journal of Human Evolution* 63 (2012): 395–407; Potts, R., "Environmental and behavioral evidence pertaining to the evolution of early Homo," *Current Anthropology* 53, 6 (2012): S299–S317.

16. Wood, B., "Reconstructing human evolution: achievements, challenges, and opportunities," *Proceedings of the National Academy of Sciences* 107 (2010): 8902–8909; Wood, B., and Leakey, M., "The Omo-Turkana Basin fossil hominins and their contribution to our understanding of human evolution in Africa," *Evolutionary Anthropology* 20, 6 (2012): 264–292; Antón, S.C., Potts, R., and Aiello, L.C., "Evolution of early Homo: an integrated biological perspective," *Science* 345 (2014): 45–58.

17. 有时，最早的人属被称为匠人（*Homo ergaster*），而后来在欧洲出现的人属被称为先驱人或前人（*Homo antecessor*）。

18. See Krause, J., et al., "The complete mitochondrial DNA genome of an unknown hominin from southern Siberia," *Nature* 464 (2010): 894–897.

19. Cooper, A., and Stringer, C.B., "Did the Denisovans cross Wallace's line?"

Science 342 (2013): 321–323; Hawks, J., "Significance of Neanderthal and Denisovan genomes in human evolution," *Annual Reviews of Anthropology* 42 (2013): 433–449.

20. 我们十分地清楚，尼安德特人的性格几乎"人性化"。虽然并非像如今的我们一样，但他们确实是人类生态位的一部分。See Roebroeks, W., and Soressi, M., "Neandertals revised," *Proceedings of the National Academy of Sciences* (2016), www.pnas.org/cgi/doi/10.1073/pnas.1521269113.

21. Villa, P., and Roebroeks, W., "Neandertal demise: an archaeological analysis of the modern human superiority complex," *PLOS ONE* 9, 4 (2014): e96424, DOI: 10.1371/journal.pone.0096424; Cooper, A., and Stringer, C.B., "Did the Denisovans cross Wallace's line?" *Science* 342 (2013): 321–323.

22. White, T.D., et al., "Pleistocene Homo sapiens from Middle Awash, Ethiopia," *Nature* 423 (2003): 742–747, Bibcode:2003Natur.423..742W, DOI: 10.1038/nature01669, PMID 12802332.

23. 有些人认为，少数其他智人仍生活在孤立的环境之中（如在弗洛勒斯岛上或在西班牙南部），但这都是2万—1.5万年前的事了。

24. See Fuentes, A., *Race, Monogamy,*

and Other Lies They Told You: Busting Myths About Human Nature (Berkeley: University of California Press, 2012), for a good summary of the science of race; see Templeton, A.R., "Biological races in humans," *Studies in History and Philosophy of Science Part C: Studies in History and Philosophy of Biological and Biomedical Sciences* 44, 3 (2013): 262–271.

25. See the special issue of the journal *Human Biology* 2014 (the official publication of the American Association of Anthropological Genetics) devoted to this topic, http://www.wsupress.wayne. edu/news-events/news/detail/human-biology-reviews-troublesome-inheritance. See also Hunley, K.L., Cabana, G.S., and Long, J.C., "The apportionment of human diversity revisited," *The American Journal of Physical Anthropology* 160 (2016):561–569.

26. See Gravlee, C.C., "How race becomes biology: embodiment of social inequality," *American Journal of Physical Anthropology* 139 (2009): 47–57; Marks, J., "Ten Facts About Human Variation," in *Human Evolutionary Biology*, ed. M. Muehlenbein, 265–276 (New York: Cambridge University Press, 2010); Sussman, R., *The Myth of Race* (Cambridge, MA: Harvard University Press, 2014); Fuentes, A., "A troublesome inheritance: Nicholas Wade's botched interpretation of human genetics, history, and evolution," *Journal of Human Biology* 86, 3 (2015); Fuentes, A., *Race, Monogamy, and Other Lies They Told You: Busting Myths About Human Nature* (Berkeley: University of California Press, 2012).

· ·

第三章　让我们一起做把刀吧

1. Devore, I., and Lee, R.B., *Man the Hunter* (Piscataway, NJ: Transaction Publishers, 1969).

2. Hart, D.L., and Sussman, R.W., *Man the Hunted: Primates, Predators, and Human Evolution* (New York: Basic Books, 2005).

3. Dyble, M., et al., "Sex equality can explain the unique social structure of hunter-gatherer bands," *Science* 348 (2015): 796–798.

4. Ungar, P.S., Grine, F.E., and Teaford, M., "Diet in early Homo: a review of the evidence and a new model of adaptive versatility," *Annual Review of Anthropology* 35 (2006): 209–228.

5. Archer, W., et al., "Early Pleistocene aquatic resource use in the Turkana

Basin," *Journal of Human Evolution* 77 (2014): 74–87. For even more evidence that lake-edge ecologies were important for our early relatives, see Roach, N.T., et al., "Pleistocene footprints show intensive use of lake margin habitats by Homo erectus groups," *Scientific Reports* 6 (2016): 26374, DOI: 10.1038/ srep26374.

6. See, for example, Sanz, C., and Morgan, D., "The Social Context of Chimpanzee Tool Use," in *Tool Use in Animals: Cognition and Ecology*, ed. C.M. Sanz, J.Call, and C.Boesch, 161–175 (Cambridge: Cambridge University Press, 2013); Sanz, C., Call, J., and Morgan, D., "Design complexity in termite-fishing tools of chimpanzees (Pan troglodytes)," *Biology Letters* 5 (2009): 293–296; Sanz, C., and Morgan, D., "Flexible and persistent tool-using strategies in honey-gathering by wild chimpanzees," *International Journal of Primatology* 30 (2009): 411–427.

7. Lonsdorf, E.V., "What is the role of mothers in the acquisition of termite-fishing behaviors in wild chimpanzees (Pan troglodytes schweinfurthii)?" *Animal Cognition* 9 (2006): 36–46.

8. Hovers, E., "Tools go back in time," *Nature* 521 (2015): 294–295; Semaw, S., "The world's oldest stone artefacts from Gona, Ethiopia: their implications for understanding stone technology and patterns of human evolution between 2.6–1.5 million years ago," *Journal of Archaeological Science* 27 (2000): 1197–1214; and Harmand, S., et al., "3.3-million-year-old stone tools from Lomekwi 3, West Turkana, Kenya," *Nature* 521 (2015): 310–313.

9. See Dietrich Stout's great overview entitled "Stone Toolmaking and the Evolution of Human Culture and Cognition," in *Culture Evolves,* ed. A. Whiten et al., 197–214 (Oxford: Oxford University Press, 2012).

10. Stout, D., and Chaminade, T., "Stone tools, language and the brain in human evolution," *Philosophical Transactions of the Royal Society B* 367 (2012): 75–87.

11. Kuzawaa, C., et al., "Metabolic costs and evolutionary implications of human brain development," *Proceedings of the National Academy of Sciences* 111 (2015): 13010–13015.

12. Antón, S.C., Potts, R., and Aiello, L.C., "Evolution of early Homo: an integrated biological perspective," *Science* 345 (2014), DOI: 10.1126/ science.1236828; Aiello, L.C., and Key, C., "Energetic consequences of being a Homo erectus female," *American Journal of Human Biology* 14 (2002): 551–565; Aiello, L.C.,

and Wells, J.C.K., "Energetics and the evolution of the genus Homo," *Annual Review of Anthropology* 31 (2002): 323–338.

13. 现代人的脑容量大于 1 000 立方厘米，平均约为 1 350 立方厘米。然而，脑容量的大小不是最重要的，因为现如今所有健康人类的脑容量范围都在 1 000—2 000 立方厘米之间（人体体型大小范围很广），在此范围内，所有认知缺陷都是微乎其微、无法测量的。（例如，爱因斯坦的脑容量就低于平均水平）。

14. Tattersall, I., "If I had a hammer," *Scientific American* 311 (2014): 54–59; Tattersall, I., "Diet as driver and constraint in human evolution," *Journal of Human Evolution* 77 (2014): 141–142.

15. Iriki, A., and Taoka, M., "Triadic (ecological, neural, cognitive) niche construction: a scenario of human brain evolution extrapolating tool use and language from the control of reaching actions," *Philosophical Transactions of the Royal Society B* 367 (2012): 10–23, DOI: 10.1098/rstb.2011/.0190; Stout, D., and Chaminade, T., "Stone tools, language and the brain in human evolution," *Philosophical Transactions of the Royal Society B* 367 (2012): 75–87; Coward, F., and Gamble, C., "Big brains, small worlds: material culture and the evolution

of the mind," *Philosophical Transactions of the Royal Society B* 363 (2008): 1969–1979.

16. Hecht, E.E., et al., "Acquisition of Paleolithic tool making abilities involves structural remodeling to inferior frontoparietal regions," *Brain Structure and Function* 220 (2015): 2315–2331; Morgan, T.J.H., et al., "Experimental evidence for the co-evolution of hominin tool-making teaching and language," *Nature Communications* 6 (2015): 6029, DOI: 10.1038/ ncomms7029; Stout, D., "Tales of a Stone Age Neuroscientist," *Scientific American* 314 (2016): 28–35.

17. Stout, D., "Stone toolmaking and the evolution of human culture and cognition," *Philosophical Transactions of the Royal Society B* 366 (2011): 1050–1059; Stout, D., "Stone Toolmaking and the Evolution of Human Culture and Cognition," in *Culture Evolves,* ed. Andrew Whiten et al., 197–214 (Oxford: Oxford University Press, 2012); Nonaka, T., Bril, B., and Rein, R., "How do stone knappers predict and control the outcome of flaking? Implications for understanding early stone tool technology," *Journal of Human Evolution* 59 (2010): 155–167.

18. Potts, R., "Environmental and behavioral evidence pertaining to the evolution of early Homo," *Current*

Anthropology 53 (2012): S299–S317.

19. Ibid; Potts, R., "Evolution and environmental change in early human prehistory," *Annual Review of Anthropology* 41 (2012): 151–167.

20. Hart, D., and Sussman, R.W., *Man the Hunted: Primates, Predators, and Human Evolution* (New York: Basic Books, 2005).

．．．．．．．．．．．．．．．．．．．．．．．．．．．．．．．．

第四章　杀死并吃掉，等等

1. Domínguez-Rodrigo, M., and Pickering, T.R., "Early hominid hunting and scavenging: a zooarcheological review," *Evolutionary Anthropology* 12 (2003): 275–282.

2. Semaw, S., "The world's oldest stone artefacts from Gona, Ethiopia: their implications for understanding stone technology and patterns of human evolution between 2.6–1.5 million years ago," *Journal of Archaeological Science* 27 (2000): 1197–1214.

3. Domínguez-Rodrigo, M., et al., "Unraveling hominin behavior at another anthropogenic site from Olduvai Gorge (Tanzania): new archaeological and taphonomic research at BK, bed II," *Journal of Human Evolution* 57 (2009): 260–283.

4. Domínguez-Rodrigo, M., "Meat-eating by early hominids at the FLK 22 Zinjanthropus site Olduvai Gorge (Tanzania): an experimental approach using cut-mark data," *Journal of Human Evolution* 33 (1997): 669–690; Domínguez-Rodrigo, M., et al., "Unraveling hominin behavior at another anthropogenic site from Olduvai Gorge (Tanzania): new archaeological and taphonomic research at BK, bed II," *Journal of Human Evolution* 57 (2009): 260–283.

5. Saladie, P., et al., "Carcass transport decisions in Homo antecessor subsistence strategies," *Journal of Human Evolution* 61 (2011): 425–446.

6. Unger, P., Grine, F., and Teaford, M., "Diet in early Homo: a review of the evidence and a new model of adaptive versatility," *Annual Review of Anthropology* 35 (2006): 209–228; Schoeninger, M.J., "Stable isotope analyses and the evolution of human diets," *Annual Review of Anthropology* 43 (2014): 413–430.

7. Schoeninger, M.J., "Stable isotope analyses and the evolution of human diets," *Annual Review of Anthropology* 43 (2014): 413–430.

8. Dyble, M., et al., "Sex equality can explain the unique social structure of hunter-gatherer bands," *Science* 348 (2015): 796–798; Fry, D.P., and Söderberg, P., "Lethal aggression in mobile forager bands and implications for the origins of war," *Science* 341 (2013): 270–273; Lee, R., *The!Kung San* (Cambridge: Cambridge University Press, 1979).

9. Dominy, N.J., et al., "Mechanical properties of plant underground storage organs and implications for dietary models of early hominins," *Journal of Evolutionary Biology* (2008), DOI: 10.1007/s11692-008-9026-7; Laden, G., and Wrangham, R.W., "The rise of the hominids as an adaptive shift in fallback foods: plant underground storage organs (USOs) and australopith origins," *Journal of Human Evolution* 49 (2005): 482–498, DOI: 10.1016/j.jhevol.2005.05.007; O'Connell, J.F., Hawkes, K., and Blurton Jones, N.G., "Grandmothering and the evolution of Homo erectus," *Journal of Human Evolution* 36 (1999): 461–485, DOI: 10.1006/jhev.1998.0285; O'Connell, J., Hawkes, K., and Jones, N.B., "Meat-Eating, Grandmothering, and the Evolution of Early Human Diets," in *Human Diet: Its Origin and Evolution,* ed. P.S. Ungar and M.F. Teaford, 49–60 (London: Bergin and Garvey, 2002).

10. Crittenden, A.N., "The importance of honey consumption in human evolution," *Food and Foodways* 19 (2011): 257–273.

11. Watts, D., and Mitani, J., "Hunting behavior of chimpanzees at Ngogo, Kibale National Park, Uganda," *International Journal of Primatology* 23 (2002): 1–28; Wrangham, R.W., and Bergmann-Riss, E.L., "Rates of predation on mammals by Gombe chimpanzees, 1972–1975," *Primates* 38 (1990): 157–170.

12. Pruetz, J.D., et al., "New evidence on the tool-assisted hunting exhibited by chimpanzees (Pan troglodytes verus) in a savannah habitat at Fongoli, Sénégal," *Royal Society Open Science* 2 (2015), DOI: 10.1098/ rsos.140507.

13. Hardus, M.E., et al., "Behavioral, ecological, and evolutionary aspects of meat-eating by Sumatran orangutans (Pongo abelii)," *International Journal of Primatology* 33 (2012): 287–304.

14. Sahle, Y., et al., "Earliest stone-tipped projectiles from the Ethiopian rift date to 279,000 years ago," *PLOS ONE* 8 (2013): 1–9.

15. Hardy, K., et al., "Dental calculus reveals potential respiratory irritants and ingestion of essential plant-based nutrients at Lower Palaeolithic Qesem Cave Israel," *Quaternary International* 398 (2015): 1–7.

16. Koebnick, C., et al., "Consequences of a long-term raw food diet on body weight and menstruation: results of a questionnaire survey," *Annals of Nutrition and Metabolism* 43 (1999): 69–79.

17. Wrangham, R., and Carmody, R., "Human adaptation to the control of fire," *Evolutionary Anthropology* 19 (2010): 187–199.

18. Smith, A.R., et al., "The significance of cooking for early hominin scavenging," *Journal of Human Evolution* 84 (2015): 62–70.

19. Roebroeks, W., and Villa, P., "On the earliest evidence for habitual use of fire in Europe," *Proceedings of the National Academy of Sciences* 108 (2011): 5209–5214.

20. Wrangham, R., *Catching Fire: How Cooking Made Us Human* (New York: Basic Books, 2009).

21. Roebroeks, W., and Villa, P., "On the earliest evidence for habitual use of fire in Europe," *Proceedings of the National Academy of Sciences* 108 (2011): 5209–5214.

··

第五章　排队的美好

1. Solnit, R., "In New Orleans, Kindness Trumped Chaos," *Yes! Magazine,* August 27, 2010, http://www.yesmagazine.org/issues/a-resilient-community/in-new-orleans-kindness-trumped-chaos.

2. Nowak, M., and Highfield, R., *SuperCooperators: Altruism, Evolution, and Why We Need Each Other to Succeed* (New York: Free Press, 2011); Fuentes, A., "It's not all sex and violence: integrated anthropology and the role of cooperation and social complexity in human evolution," *American Anthropologist* 106 (2004): 710–718.

3. 某些动物的行为十分罕见，它们的同情心让人惊奇，只不过不仅很少发生（尽管在网上能看到很多），也并非存在于任何物种之中。我发现许多雄猴和雌猴都在自己的群体中收养孤儿，就像一只狗拯救了一只小兔子，亦像一只猫哺养了几只老鼠幼崽，但这些仅仅是罕见的情况，并非狗或猫的特征（但这种行为在家畜中更常见）。有趣的是，正如我们所见，物种之间的同情心越强烈，往往它们的脑容量越大、大脑结构越复杂，社交生活也越长久。在这些物种的社会架构中，年长的雌性往往扮演重要角色（如逆戟鲸和大象）。在其他灵长类动物中，这种行为也会发生，但并不常见。

4. 我们还将一些非常复杂的社交型哺乳动物群体称为社区。黑猩猩、逆戟鲸和大象都生活在这种社区中。这些社区，包括人类社区，比单个群体具有更高层次的协调性和复杂性。

5. Rodseth, L., et al., "The human community as a primate society," *Current Anthropology* 32 (1991): 221–254; Fuentes, A., "Integrative anthropology and the human niche: toward a contemporary approach to human evolution," *American Anthropologist* 117 (2015): 302–315; Fuentes, A., "Human evolution, niche complexity, and the emergence of a distinctively human imagination," *Time and Mind* 7 (2014): 241–257; Gamble, C., Gowlett, J., and Dunbar, R., "The social brain and the shape of the Palaeolithic," *Cambridge Archaeological Journal* 21 (2011): 115–136.

6. 这与兽群或鸟群不一样。它们往往在同一个地方组成群落，并以相同的方式协调移动（比如一群鸟类或兽类），但它们与由一群互相认识、有社交关系的个体组成的社区架构不同。兽群和鸟群的社交性更低，它们组成群落往往是为了自身安全或者进行简单的交流。

7. Dunbar, R.I.M., "The social brain: mind, language, and society in evolutionary perspective," *Annual Reviews of Anthropology* 32 (2003): 163–181; Dunbar, R.I.M., Gamble, C., and Gowlett, J., *Social Brain, Distributed Mind* (Oxford: Oxford University Press, 2010).

8. 许多鸟也一样。任何脑容量相对较大的生物，其婴儿期似乎都要更长。

9. McKenna, J.J., "The evolution of allomothering behavior among colobine monkeys: function and opportunism in evolution," *American Anthropologist* 84 (1979): 804–840; McKenna, J.J., "Aspects of infant socialization, attachment, and maternal caregiving patterns among primates: a cross-disciplinary review," *Yearbook of Physical Anthropology* 22 (1979): 250–286; Burkart, J.M., Hrdy, S.B., and van Schaik, C., "Cooperative breeding and human cognitive evolution," *Evolutionary Anthropology* 18 (2009): 175–186.

10. Gettler, L.T., "Direct male care and hominin evolution: why male-child interaction is more than a nice social idea," *American Anthropologist* 112 (2010): 7–21; Gettler, L.T., "Applying socioendocrinology to evolutionary models: fatherhood and physiology," *Evolutionary Anthropology* 23 (2014): 146–160.

11. Aiello, L.C., and Key, C., "Energetic consequences of being a Homo erectus female," *American Journal of Human Biology* 14 (2002): 551–565; Aiello, L.C., and Wells, J.C.K., "Energetics and the evolution of the genus Homo," *Annual Review of Anthropology* 31 (2002): 323–

338.

12. Hrdy, S.B., *Mothers and Others: The Evolutionary Origins of Mutual Understanding* (Cambridge, MA: Harvard University Press, 2009); Burkart, J.M., Hrdy, S.B., and van Schaik, C., "Cooperative breeding and human cognitive evolution," *Evolutionary Anthropology* 18 (2009): 175–186.

13. Hawkes, K., "Grandmothers and the evolution of human longevity," *American Journal of Human Biology* 15 (2003): 380–400; Hawkes, K., O'Connell, J.F., and Blurton-Jones, N.G., "Human Life Histories: Primate Trade-offs, Grandmothering Socioecology, and the Fossil Record," in *Primate Life Histories and Socioecology*, ed. P.M. Kappeler and M.E. Pereira, 204–227 (Chicago: University of Chicago Press, 2003); Hrdy, S.B., *Mothers and Others: The Evolutionary Origins of Mutual Understanding* (Cambridge, MA: Harvard University Press, 2009).

14. Hawkes, K., "Grandmothers and the evolution of human longevity," *American Journal of Human Biology* 15 (2003): 380–400; Hawkes, K., O'Connell, J.F., and Blurton-Jones, N.G., "Human Life Histories: Primate Trade-offs, Grandmothering Socioecology, and the Fossil Record," in *Primate Life Histories*

and Socioecology*, ed. P.M. Kappeler and M.E. Pereira, 204–227 (Chicago: University of Chicago Press, 2003).

15. 而且有充分的研究来证实我们的祖先是如何做到的。See Flinn, M.V., et al., "Evolution of the Human Family: Cooperative Males, Long Social Childhoods, Smart Mothers, and Extended Kin Networks," in *Family Relations: An Evolutionary Perspective*, ed. C.A. Salmon and T.K. Shackleford, 16–38 (New York: Oxford University Press, 2004); Gettler, L.T., "Direct male care and hominin evolution: why male-child interaction is more than a nice social idea," *American Anthropologist* 112 (2010): 7–21; Hrdy, S.B., *Mothers and Others: The Evolutionary Origins of Mutual Understanding* (Cambridge, MA: Harvard University Press, 2009); Gamble, C., Gowlett, J., and Dunbar, R.I.M., "The social brain and the shape of the paleolithic," *Cambridge Archaeological Journal* 21 (2011): 115–136; Fuentes, A., *Evolution of Human Behavior* (New York: Oxford University Press, 2009).

16. 请注意，从"序"来看，这是生物体及其环境彼此适应的进化过程，它影响着各种生物形状的形成，并互相交织，塑造着生物体未来的形状。

17. Delganes, A., and Roche, H., "Late Pliocene hominid knapping skills: the

case of Lokalalei 2C, West Turkana, Kenya," *Journal of Human Evolution* 48 (2005): 435–472; Nonaka, T., Bril, B., and Rein, R., "How do stone knappers predict and control the outcome of flaking? Implications for understanding early stone tool technology," *Journal of Human Evolution* 59 (2010): 155–167.

18. Sterelny, K., *The Evolved Apprentice: How Evolution Made Humans Unique* (Cambridge, MA: MIT Press, 2012).

19. Adovasio, J.M., Soffer, O., and Page, J., *The Invisible Sex: Uncovering the True Roles of Women in Prehistory* (Walnut Creek, CA: Left Coast Press, 2009).

20. Fuentes, A., "Integrative anthropology and the human niche: toward a contemporary approach to human evolution," *American Anthropologist* 117 (2015): 302–315; Hiscock, P., "Learning in lithic landscapes: a reconsideration of the hominid 'toolmaking' niche," *Biological Theory* 9 (2014): 27–41; Morgan, T.J.H., et al., "Experimental evidence for the co.evolution of hominin tool-making teaching and language," *Nature Communications* 6 (2015): 6029, DOI: 10.1038/ ncomms7029; Stout, D., and Chaminade, T., "Stone tools, language and the brain in human evolution," *Philosophical Transactions of the Royal Society B* 367 (2012): 75–87.

21. Ingold, T., *The Perception of the Environment: Essays on Livelihood, Dwelling and Skill* (New York: Routledge, 2000); Ingold, T., "Toward an ecology of materials," *Annual Review of Anthropology* 41 (2012): 427–442.

22. Spikins, P., *How Compassion Made Us Human* (Barnsley, UK: Pen and Sword Press, 2015); Spikins, P., Rutherford, H., and Needham, A., "From homininity to humanity: compassion from the earliest archaics to modern humans," *Time and Mind* 3 (2010): 303–326.

23. Lordkipanidze, D., et al., "A complete skull from Dmanisi, Georgia, and the evolutionary biology of early Homo," *Science* 342 (2013): 326–331.

24. Spikins, P., *How Compassion Made Us Human* (Barnsley, UK: Pen and Sword Press, 2015); Spikins, P., Rutherford, H., and Needham, A., "From homininity to humanity: compassion from the earliest archaics to modern humans," *Time and Mind* 3 (2010): 303–326; Walker, A., Zimmerman, M.R., and Leakey, R.E., "A possible case of hypervitaminosis A in Homo erectus," *Nature* 296 (1982): 248–250.

25. Gracia, A., et al., "Craniosynostosis in the Middle Pleistocene human cranium 14 from the Sima de los Huesos, Atapuerca,

Spain," *Proceedings of the National Academy of Sciences* 106 (2009): 6573–6578.

26. 后一个 *spaniens* 表示亚种（详见第一章）。

· ·

第六章　食品安全的实现

1. Bar-Yosef, O., "The Natufian culture in the Levant: threshold to the origins of agriculture," *Evolutionary Anthropology* 31 (1998): 159–177.

2. Ibid.

3. Maher, L.A., et al., "A unique human-fox burial from a pre-Natufian cemetery in the Levant (Jordan)," *PLOS ONE* 6 (2011): e15815. DOI: 10.1371/journal.pone.0015815.

4. Davis, S.J.M., and Valla, F., "Evidence for domestication of the dog 12,000 years ago in the Natufian of Israel," *Nature* 276 (1978): 608–610.

5. Larson, G., and Fuller, D., "The evolution of animal domestication," *Annual Review of Ecology, Evolution, and Systematics* 45 (2014): 115–136.

6. Ibid.

7. Zeder, M.A., "The domestication of animals," *Journal of Anthropological Research* 68 (2012): 161–190.

8. Shipman, P., *The Animal Connection: A New Perspective on What Makes Us Human* (New York: W. W. Norton, 2011).

9. Olmert, M.D., *Made for Each Other: The Biology of the Human-Animal Bond* (Philadelphia: Da Capo Press, 2009); Shipman, P., *The Invaders: How Humans and Their Dogs Drove Neanderthals to Extinction* (Cambridge, MA: Belknap Press, 2015).

10. Larson, G., and Fuller, D., "The evolution of animal domestication," *Annual Review of Ecology, Evolution, and Systematics* 45 (2014): 115–136; Zeder, M.A., "The domestication of animals," *Journal of Anthropological Research* 68 (2012): 161–190; Shipman, P., *The Animal Connection: A New Perspective on What Makes Us Human* (New York: W. W. Norton, 2011).

11. 虽然我们现在认为狗和狼是不同的物种，但它们仍然完全可以异种交配、共同生活，3 万年的时间不足以形成真正的物种分化。

12. 犬科动物包括狗、狼、狐狸、土狼等哺乳动物。

13. Trut, L., Oskina, I., and Kharlamova, A., "Animal evolution during domestication: the domesticated fox as a model," *BioEssays: News and Reviews in*

Molecular, Cellular and Developmental Biology 31 (2009): 349–360.

14. Shipman, P., *The Invaders: How Humans and Their Dogs Drove Neanderthals to Extinction* (Cambridge, MA: Belknap Press, 2015).

15. Marom, N., and Bar-Oz, G., "The prey pathway: a regional history of cattle (Bos taurus) and pig (Sus scrofa) domestication in the northern Jordan Valley, Israel," *PLOS ONE* (2013), http:// dx.doi.org/ 10.1371/ journal. pone.0055958.

16. Zeder, M.A., "The domestication of animals," *Journal of Anthropological Research* 68 (2012): 161–190.

17. 只有当人类的总体密度不高时，狩猎才能发挥最佳作用。一旦我们住进大城市或大村庄，狩猎野兽就不再是食物供给的最佳选择。

18. Hunt, C.O., and Rabat, R.J., "Holocene landscape intervention and plant food production strategies in island and mainland Southeast Asia," *Journal of Archaeological Science* 51 (2014): 22–33.

19. Smith, B.D., "The initial domestication of Cucurbita pepo in the Americas 10,000 years ago," *Science* 276 (1997): 932–934.

20. Piperno, D.R., et al., "Starch grain and phytolith evidence for early ninth millennium B.P. maize from the central Balsas river valley, Mexico," *Proceedings*

of the National Academy of Sciences 106 (2009): 5019–5024.

21. Beadle, G.W., "Teosinte and the Origin of Maize," in *Maize Breeding and Genetics,* ed. D.B. Walden, 113–128 (New York: John Wiley & Sons, 1978); Benz, B.F., "Archaeological evidence of teosinte domestication from Guilá Naquitz, Oaxaca," *Proceedings of the National Academy of Sciences* 98 (2001): 2104–2106; Flannery, K.V., "The origins of agriculture," *Annual Review of Anthropology* 2 (1973): 271–310.

22. Piperno, D.R., and Flannery, K.V., "The earliest archaeological maize (Zea mays L.) from highland Mexico: new accelerator mass spectrometry dates and their implications," *Proceedings of the National Academy of Sciences* 98 (2001): 2101–2103; Piperno, D.R., et al., "Starch grain and phytolith evidence for early ninth millennium B.P. maize from the central Balsas river valley, Mexico," *Proceedings of the National Academy of Sciences* 106 (2009): 5019–5024.

23. Callaway, E., "The birth of rice," Nature 514 (2014): S58–S59; Fuller, D.Q., et al., "The domestication process and domestication rate in rice: spikelet bases from the Lower Yangtze," *Science* 323 (2009): 1607–1610.

24. Ibid.

25. Larsen, C.S., "Biological changes in human populations with agriculture," *Annual Review of Anthropology* 24 (1995): 185–213.

26. Bar-Yosef, O., "The Natufian culture in the Levant: threshold to the origins of agriculture," *Evolutionary Anthropology* 6 (1998): 159–177; Ullah, I.I.T., Kuijt, I., and Freeman, J., "Toward a theory of punctuated subsistence change," *Proceedings of the National Academy of Sciences* (2015), www.pnas.org/ cgi/ doi/ 10.1073/ pnas.1503628112; Kuijt, I., "What do we really know about food storage, surplus, and feasting in preagricultural communities?" *Current Anthropology* 50 (1009): 641–644.

27. 女性的哺乳期越长，婴儿出生的间隔时间就越长。当人类母亲哺育婴儿时，常常发生泌乳性闭经：身体会在哺乳期暂停生育。这使得女性的身体能集中能量分泌母乳以帮助婴儿生长。如果妈妈停止哺乳，生育周期就会重新开始。这是早期农耕时代所发生的情况，婴儿生育的间隔时间也会从3—5年变为1年左右（出生率上涨两倍以上）！

28. Bentley, G.R., Goldberg, T., and Jasienska, G., "The fertility of agricultural and non-agricultural traditional societies," *Population Studies* 47 (1993): 269–281.

29. Larsen, C.S., "Biological changes in human populations with agriculture," *Annual Review of Anthropology* 24 (1995): 185–213.

30. 人们种植的食物种类不同，会有很大的区别。例如，玉米比小麦更受青睐。此外，其他食材对其也有影响。See ibid; Powell, M.A., "The Analysis of Dental Wear and Caries for Dietary Reconstruction," in *The Analysis of Prehistoric Diets,* ed. R.I. Gilbert and J.H. Mielke, 307–338 (Orlando, FL: Academic Press, 1985); Turner, C.G., "Dental anthropological indications of agriculture among the Jomon people of central Japan," *American Journal of Physical Anthropology* 51 (1979): 619–636.

31. Beckett, S., and Lovell, N.C., "Dental disease evidence for agricultural intensification in the Nubian C-group," *International Journal of Osteoarchaeology* 4 (1994): 223–239.

32. See summaries in Larsen, C.S., "Biological changes in human populations with agriculture," *Annual Review of Anthropology* 24 (1994): 185–213.

33. See Cohen, M.N., and Armelagos, G.J., eds., *Paleopathology at the Origins of Agriculture* (Orlando, FL: Academic Press, 1984).

34. Harper, K.N., et al., "On the origin

of the treponematoses: a phylogenetic approach," *PLOS Neglected Tropical Diseases* 2 (2008): e148, DOI: 10.1371/journal .pntd.0000148; Larsen, C.S., "Biological changes in human populations with agriculture," *Annual Review of Anthropology* 24 (1995): 185–213.

35. See the NIH Human Microbiome Project site (http:// hmpdacc.org) for a fascinating overview of the human microbiome, what it does, and what it is made of. There are a number of good scientific articles and data summaries available on the site.

36. Turnbaugh, P.J., et al., "The effect of diet on the human gut microbiome: a metagenomic analysis in humanized gnotobiotic mice," *Science Translational Medicine* 1 (2009): 6ra14; Takahashi, K., "Influence of bacteria on epigenetic gene control," *Cellular and Molecular Life Sciences* 71, 6 (2014): 1045–1054; Paul, Bidisha, et al., "Influences of diet and the gut microbiome on epigenetic modulation in cancer and other diseases," *Clinical Epigenetics* 7 (2015), DOI: 10.1186/s13148-015-0144-7.

....

第七章　创造战争（与和平）

1. The Gun Violence Archive,

accessed July 19, 2016, http://www.gunviolencearchive.org/reports/mass-shootings/2015. "大规模射击" 的定义是在一次枪击事件中射击 4 个及以上的人。

2. "Assault or Homicide," National Center for Health Statistics, Centers for Disease Control and Prevention, last updated July 6, 2016, http://www.cdc.gov/nchs/fastats/homicide.htm.

3. Hobbes, T., *Leviathan* (1651; repr., New York: Penguin, 1982).

4. Wrangham, R., and Peterson, D., *Demonic Males: Apes and the Origin of Human Violence* (New York: Mariner Books, 1996).

5. Pinker, S., *The Blank Slate: The Modern Denial of Human Nature* (New York: Viking Press, 2002), 316.

6. Gat, A., "Proving communal warfare among hunter-gatherers: the quasi-Rousseauan error," *Evolutionary Anthropology* 24 (2015): 111–126.

7. Wilson, E.O., *The Social Conquest of Earth* (New York: Liveright, 2015).

8. De Waal, F., *The Age of Empathy* (New York: Broadway Books, 2010).

9. Fry, D., *Beyond War: The Human Potential for Peace* (Oxford: Oxford University Press, 2007); Ferguson, B.,

"Pinker's List: Exaggerating Prehistoric War Mortality," in *War, Peace, and Human Nature*, ed. D.P. Fry, 112–131 (Oxford: Oxford University Press, 2013).

10. Carbonell, E., et al., "Cultural cannibalism as a paleoeconomic system in the European Lower Pleistocene," *Current Anthropology* 51 (2010): 539–549.

11. Otterbein, K., "The earliest evidence for warfare?: a comment on Carbonell et al.," *Current Anthropology* 52 (2011): 439.

12. Bowles, S., "Conflict: altruism's midwife," *Nature* 456 (2008): 326–327.

13. Sussman, R.W., and Garber, P.A., "Cooperation, Collective Action, and Competition in Primate Social Interactions," in *Primates in Perspective,* 2nd ed., ed. C. Campbell et al., 587–598 (Oxford: Oxford University Press, 2011).

14. Flack, J.C., et al., "Policing stabilizes construction of social niches in primates," *Nature* 439 (2006): 426–429; Barrett, L., Henzi, S.P., and Lusseau, D., "Taking sociality seriously: the structure of multi-dimensional social networks as a source of information for individuals," *Philosophical Transactions of the Royal Society B* 367 (2012): 2108–2118; Strum, S.C., "Darwin's monkey: why baboons can't become human," *Yearbook of Physical Anthropology* 149 (2012): 3–23.

15. Wrangham, R., and Peterson, D., *Demonic Males: Apes and the Origin of Human Violence* (New York: Mariner Books, 1996), 108–109.

16. Wilson, M.L., "Chimpanzees, Warfare and the Invention of Peace," in *War, Peace, and Human Nature,* ed. D.P. Fry, 361–388 (Oxford: Oxford University Press, 2013).

17. Pruetz, J., et al., "New evidence on the tool-assisted hunting exhibited by chimpanzees (Pan troglodytes verus) in a savannah habitat at Fongoli, Sénégal," *Royal Society Open Science* (2015): 140507, DOI: 10.1098/ rsos.140507.

18. Wilson, M.L., "Chimpanzees, Warfare and the Invention of Peace," in *War, Peace, and Human Nature,* ed. D.P. Fry, 361–388 (Oxford: Oxford University Press, 2013); Wrangham, R., and Peterson, D., *Demonic Males: Apes and the Origin of Human Violence* (New York: Mariner Books, 1996), 108–109.

19. See Ferguson, B., "Pinker's List: Exaggerating Prehistoric War Mortality," in *War, Peace, and Human Nature,* ed. D.P. Fry, 112–131 (Oxford: Oxford University Press, 2013); Fuentes, A., *Race, Monogamy, and Other Lies They Told You: Busting Myths About Human Nature*

(Berkeley: University of California Press, 2012); Hart, D.L., and Sussman, R.W., *Man the Hunted: Primates, Predators, and Human Evolution* (New York: Basic Books, 2005); Marks, J., *What It Means to Be 98 Percent Chimpanzee* (Berkeley: University of California Press, 2002), for extensive discussion on the problems with using chimpanzees as analogies for human ancestors, especially when it comes to violence and war.

20. Archer, J., "Testosterone and human aggression: an evaluation of the challenge hypothesis," *Neuroscience and Biobehavioral Reviews* 30 (2006): 319–345. See also, Fine, C., *Testosterone Rex: Myths of Sex, Science, and Society* (New York: W. W. Norton, 2017).

21. 心理学家史蒂文·平克和政治学家阿扎尔·盖特提出了这一说法。

22. Fry, D., and Söderberg, P., "Lethal aggression in mobile forager bands and implications for the origins of war," *Science* 341 (2013): 370–373.

23. Boehm, C., "Purposive social selection and the evolution of human altruism," *Cross-Cultural Research* 42 (2008): 319–352.

24. Wilson, M., and Daly, R., "Coercive Violence by Human Males Against Their Female Partners," in *Sexual Coercion in Primates and Humans: An Evolutionary Perspective on Male Aggression Against Females,* ed. M.N. Muller and R.W. Wrangham, 319–339 (Cambridge, MA: Harvard University Press, 2009).

25. Chagnon, N., "Life histories, blood revenge, and warfare in a tribal population," *Science* 239 (1998): 985–992.

26. Fry, D., *Beyond War: The Human Potential for Peace* (Oxford: Oxford University Press, 2007).

27. Beckerman, S., et al, "Life histories, blood revenge, and reproductive success among the Waorani of Ecuador," *Proceedings of the National Academy of Sciences* 106 (2009): 8134–8139.

28. Debra, M., and Harrod, R., "Bioarchaeological contributions to the study of violence," *Yearbook of Physical Anthropology* 156 (2015): 116–145.

29. See Ferguson, B., "War Before History," in *The Ancient World at War,* ed. P. D'Souza, 15–27 (London: Thames and Hudson, 2008); Ferguson, B., "Pinker's List: Exaggerating Prehistoric War Mortality," in *War, Peace, and Human Nature,* ed. D.P. Fry, 112–131 (Oxford: Oxford University Press, 2013); Kim, N., and Kissel, M., *Emergent Warfare and Peacemaking in Our Evolutionary*

Past (London: Routledge, 2017). Many of these sites are also those heralded by Steven Pinker in his book *Better Angels of Our Nature* (New York: Viking, 2011).

30. Kissel, M., and Piscitelli, M. (in prep), "Violence in Pleistocene Populations: Introducing a New Skeletal Database of Modern Humans to Test Theories on the Origins of Warfare." See also Haas, J., and Piscitelli, M., "The Prehistory of Warfare: Misled by Ethnography," in *War, Peace, and Human Nature*, ed. D.P. Fry, 168–190 (Oxford: Oxford University Press, 2013).

31. Sala, N., et al., "Lethal interpersonal violence in the Middle Pleistocene," *PLOS ONE* 10 (2015): e0126589, DOI: 10.1371/journal.pone.0126589.

32. Ibid.

33. Mirazón Lahr, M., et al., "Inter-group violence among early Holocene hunter-gatherers of West Turkana, Kenya," *Nature* 529 (2016): 394–398.

34. Pinhasi, R., and Stock, J., eds., *Human Bioarcheology of the Transition to Agriculture* (New York: John Wiley & Sons, 2011).

35. Ibid.

36. Lillie, M.C., "Fighting for your life? Violence at the Late-glacial to Holocene transition in Ukraine," in *Violent Interactions in the Mesolithic: Evidence and Meaning,* ed. M. Roksandic, *British Archaeological Reports International Series* 1237 (2004): 89–96.

37. Ferguson, B., "War Before History," in *The Ancient World at War,* ed. P. D'Souza, 15–27 (London: Thames and Hudson, 2008); Keeley, L., *War Before Civilization: The Myth of the Peaceful Savage* (Oxford: Oxford University Press, 1996).

38. Wild, E.M., et al., "Neolithic massacres: Local skirmishes or general warfare in Europe?" *Radiocarbon* 46 (2004): 377–385.

39. Pinker, S., *The Better Angels of Our Nature* (New York: Viking, 2011); Gat, A., "Proving communal warfare among hunter-gatherers: the quasi-Rousseauan error," *Evolutionary Anthropology* 24 (2015): 111–126.

40. Keeley, L., *War Before Civilization* (Oxford: Oxford University Press, 1996); Bowles, S., "Did warfare among ancestral hunter-gatherers affect the evolution of human social behaviors?" *Science* 324 (2009): 1293–1298.

41. Ferguson, B., "Pinker's List: Exaggerating Prehistoric War Mortality," in *War, Peace, and Human Nature,* ed. D.P. Fry, 112–131 (Oxford: Oxford University Press, 2013).

42. Ibid.

43. Fry, D., and Söderberg, P., "Lethal aggression in mobile forager bands and the implications for the origins of war," *Science* 341 (2013): 270–273; Fry, D., *Beyond War: The Human Potential for Peace* (New York: Oxford University Press, 2009).

44. Bowles, S., and Choi, J., "Coevolution of farming and private property during the early Holocene," *Proceedings of the National Academy of Sciences* 110 (2013): 8830–8835.

第八章 有创意的性

1. 动物通过性行为繁育后代，也有许多生物不能进行有性繁殖（大量的植物、单细胞或结构更简单的动物）。但是，所有的哺乳动物和大多数结构复杂的动物都通过性行为进行繁殖。

2. Nunn, C., and Alitzer, S., *Infectious Diseases in Primates: Behavior, Ecology and Evolution* (Oxford: Oxford University Press, 2006).

3. Diamond, J., *Why Is Sex Fun? The Evolution of Human Sexuality* (New York: Basic Books, 1997). See the quote here: http://www.jareddiamond.org/Jared _ Diamond/Why_ Is_ Sex_ Fun.html.

4. Have a look at the Kinsey Institute's webpages for a great overview: "Exploring Love, Sexuality, and Well-being," Kinsey Institute, Indiana University, accessed July 20, 2016, https://www.kinseyinstitute.org/.

5. Centers for Disease Control and Prevention, National Center for Health Statistics, "Sexual Behavior, Sexual Attraction, and Sexual Identity in the United States," data from the 2006–2008 National Survey of Family Growth; and "Teenagers in the United States: Sexual Activity, Contraceptive Use, and Childbearing," National Survey of Family Growth 2006–2008, series 23, number 30; see also "FAQs & Statistics," Kinsey Institute, Indiana University, http://www.iub.edu/~kinsey/resources/FAQ.html.

6. "Sexual Health, Disease & Sexually Transmitted Infections," Kinsey Confidential, accessed July 20, 2016, http://kinseyconfidential.org/resources/sexual-health-disease/; and "Sexually Transmitted Diesases (STDs)," Centers for Disease Control and Prevention, accessed July 20, 2016, https://www.cdc.gov/std/.

7. Fine, C., *Testosterone Rex: Myths of Sex, Science, and Society* (New York: W. W. Norton, 2017); Sanders, S.A, et al., "Misclassification bias: diversity in conceptualisations about having 'had sex,'

" *Sexual Health* 7 (2010): 31–34; Clarkin, P., "Humans Are (Blank)- ogamous," accessed July, 28, 2016, https://kevishere.com/2011/07/05/part-1-humans-are-blank-ogamous/.

8. Fine, C., *Delusions of Gender: The Real Science Behind Sex Differences* (London: Icon Books, 2010).

9. Becks, L., and Agrawal, A.F., "The evolution of sex is favoured during adaptation to new environments," *PLOS Biology* 10 (2010): e1001317, DOI: 10.1371/journal.pbio.1001317.

10. 好的，对于许多生物来说这要更复杂，但这是最基本的模式。

11. 单孔目哺乳动物（如鸭嘴兽）除外，它们没有乳头，只能让母乳从皮肤的汗腺中流出，黏在毛发上，并让幼崽舔舐。其他哺乳动物无论雌雄都有乳头，但通常只有雌性拥有与其相连的乳腺。

12. 在一些哺乳动物，如鲸鱼、海豚和海豹中，由于特殊的环境限制，雄性的生殖器在身体内部。

13. See Dunsworth, H., "Why Is the Human Vagina So Big?" Social Evolution Forum, Evolution Institute, December 3, 2015, https://evolution-institute.org/blog/why-is-the-human-vagina-so-big/.

14. 我们十分清楚，灵长类动物是这样的，但不甚确定其他哺乳动物是否如此。See Campbell, C., "Primate Sexuality and Reproduction," in *Primates in Perspective*, 2nd ed., ed. C. Campbell et al., 464–475 (Oxford: Oxford University Press, 2011).

15. Ibid; Thierry, B., "The Macaques: A Doubly Layered Social Organization," in *Primates in Perspective,* 2nd ed., ed. C. Campbell et al., 229–241 (Oxford: Oxford University Press, 2011).

16. Campbell, C., "Primate Sexuality and Reproduction," 464–475, and Stumpf, R., "Chimpanzees and Bonobos: Inter- and Intraspecific Diversity," 353–361, in *Primates in Perspective,* 2nd ed., ed. C. Campbell et al. (Oxford: Oxford University Press, 2011).

17. Ibid.

18. Fausto-Sterling, A., *Sexing the Body: Gender Politics and the Construction of Sexuality* (New York: Basic Books, 2000); Donnan, H., and MacGowan, F., *The Anthropology of Sex* (London: Bloomsbury, 2010).

19. McKenna, J.J., "The evolution of allomothering behavior among colobine monkeys: function and opportunism in evolution," *American Anthropologist* 84 (1979): 804–840; McKenna, J.J., "Aspects of infant socialization, attachment, and maternal caregiving patterns among primates: a cross-disciplinary review,"

Yearbook of Physical Anthropology 22 (1979): 250–286; Burkart, J.M., Hrdy, S.B., and van Schaik, C., "Cooperative breeding and human cognitive evolution," *Evolutionary Anthropology* 18 (2009): 175–186.

20. Gettler, L.T., "Applying socioendocrinology to evolutionary models: fatherhood and physiology," *Evolutionary Anthropology* 23 (2014): 146–160.

21. Hrdy, S.B., *Mothers and Others: The Evolutionary Origins of Mutual Understanding* (Cambridge, MA: Harvard University Press, 2009); Burkart, J.M., Hrdy, S.B., and van Schaik, C., "Cooperative breeding and human cognitive evolution," *Evolutionary Anthropology* 18 (2009): 175–186; Gettler, L.T., "Direct male care and hominin evolution: why male-child interaction is more than a nice social idea," *American Anthropologist* 112 (2010): 7–21.

22. Hawkes, K., "Grandmothers and the evolution of human longevity," *American Journal of Human Biology* 15 (2003): 380–400; Hawkes, K., O'Connell, J.F., and Blurton-Jones, N.G., "Human Life Histories: Primate Trade-offs, Grandmothering Socioecology, and the Fossil record," in *Primate Life Histories and Socioecology,* ed. P.M.

Kappeler and M.E. Pereira, 204–227 (Chicago: University of Chicago Press, 2003); Hrdy, S.B., *Mothers and Others: The Evolutionary Origins of Mutual Understanding* (Cambridge, MA: Harvard University Press, 2009).

23. Ibid.

24. 目前有充分的研究来证实这是如何发生在我们祖先身上的。See Flinn, M.V., et al., "Evolution of the Human Family: Cooperative Males, Long Social Childhoods, Smart Mothers, and Extended Kin Networks," in *Family Relations: An Evolutionary Perspective*, ed. C.A. Salmon and T.K. Shackleford, 16–38 (New York: Oxford University Press, 2007); Gettler, L.T., "Direct male care and hominin evolution: why male-child interaction is more than a nice social idea," *American Anthropologist* 112 (2010): 7–21; Hrdy, S.B., *Mothers and Others: The Evolutionary Origins of Mutual Understanding* (Cambridge, MA: Harvard University Press, 2009); Gamble, C., Gowlett, J., and Dunbar, R., "The social brain and the shape of the paleolithic," *Cambridge Archaeological Journal* 21 (2011): 115–136.

25. For details of the traditional approach, see Symons, D., *The Evolution of Human Sexuality* (Oxford: Oxford University Press, 1981); Buss, D.M., and Schmitt,

D.P., "Sexual Strategies Theory: An Evolutionary Perspective on Human Mating," *Psychological Review* 100 (1993): 204–232; Chapais, B., *Primeval Kinship: How Pair-Bonding Gave Birth to Human Society* (Cambridge, MA: Harvard University Press, 2010); Lovejoy, C.O., "Reexamining human origins in light of Ardipithecus ramidus," *Science* 326 (1009): 108–115.

26. Fuentes, A., "Re-evaluating primate monogamy," *American Anthropologist* 100 (1998): 890–907; Fuentes, A., "Patterns and trends in primate pair bonds," *International Journal of Primatology* 23 (2002): 953–978; Curtis, J.T., and Wang, Z., "The neurochemistry of pair bonding," *Current Directions in Psychological Science* 12 (2003): 49–53.

27. See Barash, D.P., and Lipton, J.E., *The Myth of Monogamy: Fidelity and Infidelity in Animals and People* (New York: Holt, 2002); Squire, S., *I Don't: A Contrarian History of Marriage* (New York: Bloomsbury, 2008); Ryan, C., and Jetha, C., *Sex at Dawn: The Prehistoric Origins of Modern Sexuality* (New York: Harper, 2010), for a good set of discussions on this topic.

28. Fuentes, A., "Patterns and trends in primate pair bonds," International Journal of Primatology 23 (2002):

953–978; Curtis, J.T., and Wang, Z., "The neurochemistry of pair bonding," *Current Directions in Psychological Science* 12 (2003): 49–53.

29. Fuentes, A., *Race, Monogamy, and Other Lies They Told You: Busting Myths About Human Nature* (Berkeley: University of California Press, 2012).

30. Ellison, P.T., and Gray, P.B., eds., *The Endocrinology of Social Relationships* (Cambridge, MA: Harvard University Press, 2009); Curtis, J.T., and Wang, Z., "The neurochemistry of pair bonding," *Current Directions in Psychological Science* 12 (2003): 49–53.

31. Fuentes, A., *Evolution of Human Behavior* (Oxford: Oxford University Press, 2009); Ryan, C., and Jetha, C., *Sex at Dawn: The Prehistoric Origins of Modern Sexuality* (New York: Harper, 2010); Chapais, B., *Primeval Kinship: How Pair-Bonding Gave Birth to Human Society* (Cambridge, MA: Harvard University Press, 2010).

32. See Fuentes, A., *Race, Monogamy, and Other Lies They Told You: Busting Myths About Human Nature* (Berkeley: University of California Press, 2012); Barash, D.P., and Lipton, J.E., *The Myth of Monogamy: Fidelity and Infidelity in Animals and People* (New York: Holt,

2002); Squire, S., *I Don't: A Contrarian History of Marriage* (New York: Bloomsbury, 2008); Ryan, C., and Jetha, C., *Sex at Dawn: The Prehistoric Origins of Modern Sexuality* (New York: Harper, 2010), for further insight on this.

33. 需要注意的是，如今大多数人的婚姻都是假定一夫一妻制的。同时，人类在社交关系和性关系上进行配对结合，但是所有的婚姻配偶都有性关系和 / 或社交关系吗？鉴于人们结婚理由和结婚方式有巨大的不同，答案可能并非如此。很少有人研究这些问题，我们目前并没有关于这一关键问题的有效参考数据。

34. Squire, S., *I Don't: A Contrarian History of Marriage* (New York: Bloomsbury, 2008).

35. 实际上，即使生理性别也不是这么简单的。即使在 DNA 的层面也可能会有很多的模糊性，在非雌即雄之外，哺乳动物有更多的发展空间，但几乎所有的哺乳动物都会沿着一个非雌即雄的方向发展。See Fausto-Sterling, A., *Sexing the Body: Gender Politics and the Construction of Sexuality* (New York: Basic Books, 2000).

36. Nanda, S., *Gender Diversity: Cross-Cultural Variations, 2nd ed.* (Long Grove, IL: Waveland Press, 2014); Wood, W., and Eagly, A.H., "A cross-cultural analysis of the behavior of women and men: implications for the origins of sex differences," *Psychological Bulletin* 128 (2002): 699–727; Fine, C., *Delusions of Gender: The Real Science Behind Sex Differences* (London: Icon Books, 2010); and Fine, C., *Testosterone Rex: Myths of Sex, Science, and Society* (New York: W. W. Norton, 2017).

37. Nanda, S., *Gender Diversity: Cross-Cultural Variations,* 2nd ed. (Long Grove, IL: Waveland Press, 2014).

38. Hyde, J.S., "The gender similarities hypothesis," *American Psychologist* 60 (2005): 581–592; Hyde, J.S., "Gender similarities and differences," *Annual Review of Psychology* 65 (2014): 373–398.

39. Zell, E., Krizan, Z., and Teeter, S.R., "Evaluating gender similarities and differences using metasynthesis," *American Psychologist* 70 (2015): 10–20.

40. Archer, J., "The reality and evolutionary significance of psychological sex differences" (unpublished manuscript, July 2016) Microsoft Word File; see also Fine, C., *Testosterone Rex: Myths of Sex, Science, and Society* (New York: W. W. Norton, 2017).

41. Reviewed in Joel, D., and Fausto-Sterling, A., "Beyond sex differences: new approaches for thinking about

variation in brain structure and function," *Philosophical Transactions of the Royal Society B* 371 (2016): 20150451, DOI: 10.1098/ rstb.2015.0451.

42. See the overview by McCarthy, M.M., "Multifaceted origins of sex differences in the brain," *Philosophical Transactions of the Royal Society B* 371 (2016): 20150106, DOI:10.1098/ rstb.2015.0106.

43. Jordan-Young, R.M., *Brain Storm: The Flaws in the Science of Sex Differences* (Cambridge, MA: Harvard University Press, 2011); Eliot, L., *Pink Brain Blue Brain: How Small Differences Grow into Troublesome Gaps—and What We Can Do About It* (New York: Mariner Books, 2010); Joel, D., "Male or female? Brains are intersex," *Frontiers in Integrative Neuroscience* 5 (2011): 1–5; Ingalhalikar, M., et al., "Sex differences in the structural connectome of the human brain," *Proceedings of the National Academy of Sciences* 111 (2013): 823–828; Fine, C., et al., "Plasticity, plasticity, plasticity . . . and the rigid problem of sex," *Trends in Cognitive Sciences* 17 (2013): 550–551; Fine, C., "His brain, her brain?" *Science* 346 (2014): 915–916; ibid.

44. Aiello, L., and Key, C., "Energetic consequences of being a Homo erectus female," *American Journal of Human Biology* 14 (2002): 551–565; Aiello, L.C., and Wells, J.C.K., "Energetics and the evolution of the genus Homo," *Annual Review of Anthropology* 31 (2002): 323–338.

45. Conard, N.J., et al., "Excavations at Schöningen and paradigm shifts in human evolution," *Journal of Human Evolution* 89 (2015): 1–17.

46. Estalrrich, A., and Rosas, A., "Division of labor by sex and age in Neandertals: an approach through the study of activity-related dental wear," *Journal of Human Evolution* 80 (2015): 51–63; Kuhn, S.L., and Stiner, M.C., "What's a mother to do? A hypothesis about the division of labor among Neanderthals and modern humans in Eurasia," *Current Anthropology* 47 (2006): 953–980.

47. Estalrrich, A., and Rosas, A., "Division of labor by sex and age in Neandertals: an approach through the study of activity-related dental wear," *Journal of Human Evolution* 80 (2015): 51–63.

48. See Adovasio, J.M., Soffer, O., and Page, J., *The Invisible Sex: Uncovering the True Roles of Women in Prehistory* (Washington, DC: Smithsonian Books, 2007).

49. Snow, D., "Sexual dimorphism in upper Paleolithic European cave art,"

American Antiquity 78 (2013): 746–761.

50. 我们并没有这样做。大多数人类或多或少都有性生活，也有许多人很少有甚至没有性生活。

51. "肉体"是指"肉身的"。See Fausto-Sterling, A., *Sexing the Body: Gender Politics and the Construction of Sexuality* (New York: Basic Books, 2000).

52. Symons, D., *The Evolution of Human Sexuality* (Oxford: Oxford University Press, 1981); Buss, D.M., and Schmitt, D.P., "Sexual Strategies Theory: An Evolutionary Perspective on Human Mating," *Psychological Review* 100 (1993): 204–232; Fisher, H., *Anatomy of Love: The Natural History of Monogamy, Adultery, and Divorce* (New York: Simon & Schuster, 1992).

53. 但是，还有很多人认为，配对结合的过程对女性更具吸引力，男性则对此有抵制心理。See, for example, the classic Symons, D., *The Evolution of Human Sexuality* (Oxford: Oxford University Press, 1981); Buss, D.M., and Schmitt, D.P., "Sexual Strategies Theory: An Evolutionary Perspective on Human Mating," *Psychological Review* 100 (1993): 204–232.

54. Fuentes, A., *Race, Monogamy, and Other Lies They Told You: Busting Myths About Human Nature* (Berkeley:

University of California Press, 2012).

55. Ryan, C., and Jetha, C., *Sex at Dawn: The Prehistoric Origins of Modern Sexuality* (New York: Harper, 2010); Fuentes, A., *Race, Monogamy, and Other Lies They Told You: Busting Myths About Human Nature* (Berkeley: University of California Press, 2012).

56. Fuentes, A., "Re-evaluating primate monogamy," *American Anthropologist* 100 (1998): 890–907; Fuentes, A., "Patterns and trends in primate pair bonds," *International Journal of Primatology* 23 (2002): 953–978.

57. Fausto-Sterling, A., *Sexing the Body: Gender Politics and the Construction of Sexuality* (New York: Basic Books, 2000); Fuentes, A., *Race, Monogamy, and Other Lies They Told You: Busting Myths About Human Nature* (Berkeley: University of California Press, 2012); Fine, C., *Testosterone Rex: Myths of Sex, Science, and Society* (New York: W. W. Norton, 2017).

58. Yalom, M., *A History of the Breast* (New York: Alfred A. Knopf, 1997).

59. See William, F., *Breasts: A Natural and Unnatural History* (New York: W. W. Norton, 2013), for an overview of these debates.

60. Jordan-Young, R.M., *Brain Storm: The*

Flaws in the Science of Sex Differences (Cambridge, MA: Harvard University Press, 2011).

·······························

第九章 宗教的基础

1. "The Future of World Religions," Pew-Templeton Global Religious Futures Project, accessed July 20, 2016, http://www.globalreligiousfutures.org/; "Topics & Questions," Pew-Templeton Global Religious Futures Project, accessed July 20, 2016, http://www.globalreligiousfutures.org/questions.

2. "America's Changing Religious Landscape," Pew Research Center: Religion and Public Life, accessed July 20, 2016, http://www.pewforum.org/2015/05/12/americas-changing-religious-landscape/.

3. Saad, L., "Support for Nontraditional Candidates Varies by Religion," Gallup, accessed July 2016, http://www.gallup.com/poll/183791/support-nontraditional-candidates-varies-religion.aspx? utm_source=Politics& utm_medium=newsfeed& utm_campaign=tiles.

4. "The Future of World Religions," Pew-Templeton Global Religious Futures Project, accessed July 20, 2016, http://www.globalreligiousfutures.org/.

5. 我们在进化的层面上探讨该问题：人类在何时何地拥有了宗教行为？这与神学解释不同，所有的宗教都有内在的起源和解释。但重要的是要认识到，提出一个问题（进化论）绝不是完全否认另一个问题（神学方面）的宗教影响。两者可以共存，因为两者的答案几乎毫无区别。

6. Fuentes, A., "Human evolution, niche complexity, and the emergence of a distinctively human imagination," *Time and Mind* 7 (2014): 241–257.

7. Bloch, M., "Why religion is nothing special but is central," *Philosophical Transactions of the Royal Society B: Biological Sciences* 363 (2008): 2055–2061.

8. 想象力并不意味着"简单拼凑"，想象力是感觉创造的能力，是我们一直所讨论的祝愿和期望。

9. Bloch, M., "Why religion is nothing special but is central," *Philosophical Transactions of the Royal Society B: Biological Sciences* 363 (2008): 2055–2061; Rappaport, R.A., *Ritual and Religion in the Making of Humanity* (Cambridge: Cambridge University Press, 1999).

10. To develop this list Alcorta and Sosis draw heavily on previous anthropological

and sociological work on religion, especially that of Mary Douglas, Émile Durkheim, Mircea Eliade, Bronislaw Malinowski, Roy Rappaport, Victor Turner, and Edward Tylor. See Alcorta, C.S., and Sosis, R., "Ritual, emotion, and sacred symbols: the evolution of religion as an adaptive complex," *Human Nature* 16 (2008): 323–359.

11. 事实上，大多在此处使用"亵渎"作为一个形容词，意思是世俗的或者"不是宗教的或不神圣的"，但大多数人认为亵渎是动词，意思是"侮辱、不尊重或侵犯某种神圣的东西，因此称为亵渎"（《韦氏词典》）。所以这里的世俗仅仅意味着与宗教仪式或神圣（超自然）状态无关。

12. Rappaport, R.A., *Ritual and Religion in the Making of Humanity* (Cambridge: Cambridge University Press, 1999).

13. Tweed, T., "Ancient Crossings and Foraging Religions: from Itinerant Paleoindian Bands to (Mostly) Sedentary Archaic Communities, 9200 BCE–1100 BCE," in *Heavenly Habits: A History of Religion in the Lands That Became the United States* (New Haven, CT: Yale University Press, 2018), which might be considered symbolic.

14. For example, see Mithen, S., *The Prehistory of the Mind: A Search for the Origins of Art, Religion, and Science*

(London: Phoenix, 1998).

15. Thomas Tweed outlines this scenario very well in his book in preparation *Heavenly Habits: A History of Religion in the Lands That Became the United States* (New Haven, CT: Yale University Press, 2018).

16. Carbonell, E., and Mosquera, M., "The emergence of a symbolic behaviour: the sepulchral pit of Sima de los Huesos, Sierra de Atapuerca, Burgos, Spain," *Comptes rendus palévol* 5 (2006): 155–160; Dirks, P.H., et al., "Geological and taphonomic context for the new hominin species Homo naledi from the Dinaledi chamber, South Africa," *eLife* 4 (2015): e09561.

17. Pettitt, P., *The Palaeolithic Origins of Human Burial* (London: Routledge, 2011).

18. Hodder, I., and Cessford, C., "Daily practice and social memory at Çatalhöyük," *American Antiquity* 69 (2004): 17–40.

19. Van Huyssteen, J.W., *Alone in the World? Human Uniqueness in Science and Theology* (Grand Rapids, MI: William B. Eerdmans, 2006).

20. Sosis, R., "The adaptationist-byproduct debate on the evolution of religion: five misunderstandings of

the adaptationist program," *Journal of Cognition and Culture* 9 (2009): 315–332.

21. King, B., *Evolving God: A Provocative View on the Origins of Religion* (New York: Doubleday, 2007); Jeeves, M., ed., *Rethinking Human Nature: A Multidisciplinary Approach* (Grand Rapids, MI: William B. Eerdmans, 2009); Rappaport, R.A., *Ritual and Religion in the Making of Humanity* (Cambridge: Cambridge University Press, 1999); Van Huyssteen, J.W., *Alone in the World? Human Uniqueness in Science and Theology* (Grand Rapids, MI: William B. Eerdmans, 2006).

22. Rappaport, R.A., *Ritual and Religion in the Making of Humanity* (Cambridge: Cambridge University Press, 1999); Rossano, M.J., "Ritual behaviour and the origins of modern cognition," *Cambridge Archaeological Journal* 19 (2009): 243–256.

23. Coward, F., and Gamble, C., "Big brains, small worlds: material culture and the evolution of the mind," *Philosophical Transactions of the Royal Society B* 363 (2008): 1969–1979; Sterelny, K., *The Evolved Apprentice: How Evolution Made Humans Unique* (Cambridge, MA: MIT Press, 2012).

24. Sterelny, K., and Hiscock, P., "Symbols, signals, and the archaeological record," *Biological Theory* 9 (2014): 1–3; Stout, D., "Stone toolmaking and the evolution of human culture and cognition," *Philosophical Transactions of the Royal Society B* 366 (2011): 1050–1059.

25. Fuentes, A., "Human evolution, niche complexity, and the emergence of a distinctively human imagination," *Time and Mind* 7 (2014): 241–257.

26. Johnson, D.D.P., and Bering, J.M., "Hand of God, mind of man: punishment and cognition in the evolution of cooperation," *Evolutionary Psychology* 4 (2006): 219–233; Norenzayan, A., *Big Gods: How Religion Transformed Cooperation and Conflict* (Princeton, NJ: Princeton University Press, 2013); and Johnson, D., *God Is Watching You: How the Fear of God Makes Us Human* (Oxford: Oxford University Press, 2016).

27. 这些将被列入"宗教认知科学"（CSR）或"宗教进化认知科学"（ECSR）的领域，其实践者主要在认知心理学与宗教、思想哲学、神经科学和社会认知人类学中进行研究。

28. 称作"脑海中的理论"。

29. See the following for this position and some overviews and critiques: Atran, S., *In Gods We Trust: The Evolutionary*

Landscape of Religion (Oxford: Oxford University Press, 2002); Bering, J.M., "The Evolutionary History of an Illusion: Religious Causal Beliefs in Children and Adults," in *Origins of the Social Mind: Evolutionary Psychology and Child Development*, ed. B. Ellis and D. Bjorklund, 411–437 (New York: Guilford Press, 2012); Boyer, P., *Religion Explained: The Evolutionary Origins of Religious Thought* (New York: Basic Books, 2001); Watts, F., and Turner, L., *Evolution, Religion, and Cognitive Science: Critical and Constructive Essays* (Oxford: Oxford University Press, 2014).

30. Norenzayan, A., *Big Gods: How Religion Transformed Cooperation and Conflict* (Princeton, NJ: Princeton University Press, 2013).

31. Johnson, D.D.P., and Bering, J.M., "Hand of God, mind of man: punishment and cognition in the evolution of cooperation," *Evolutionary Psychology* 4 (2006): 219–233; Johnson, D.D.P., *God Is Watching You: How the Fear of God Makes Us Human* (Oxford: Oxford University Press, 2016).

32. See Fuentes, A., "Hyper-cooperation is deep in our evolutionary history and individual perception of belief matters," *Religion, Brain and Behavior* 5, 4 (2014): 19–25, DOI: 10.1080/ 2153599X.2014.928350, for a broader discussion of these.

33. Ibid; Rappaport, R.A., *Ritual and Religion in the Making of Humanity* (Cambridge: Cambridge University Press, 1999).

34. Here I am relying on the philosopher Charles Sanders Peirce's system of semiosis (for a good overview see Atkin, A., "Peirce's Theory of Signs," in *Stanford Encyclopedia of Philosophy*, article published October 13, 2006, substantive revision November 15, 2010, acccessed July 20, 2016, http:// plato.stanford.edu/ entries/peirce-semiotics/). Peircian semiotics are used by anthropologists to explore human evolution and the development of symbols in the human past (e.g., Deacon, T., *The Symbolic Species: The Co-evolution of Language and the Brain* [New York: W. W. Norton, 1997]; Kissel, M., and Fuentes, A., "From Hominid to Human: The Role of Human Wisdom and Distinctiveness in the Evolution of Modern Humans," *Philosophy, Theology and the Sciences* 3, 2 [2016]: 217–44).

35. Rappaport, R.A., *Ritual and Religion in the Making of Humanity* (Cambridge: Cambridge University Press, 1999); Van Huyssteen, J.W., *Alone in the World? Human Uniqueness in Science and*

Theology (Grand Rapids, MI: William B. Eerdmans, 2006).

36. See, for example, Deane-Drummond, C., *The Wisdom of the Liminal: Evolution and Other Animals in Human Becoming* (Grand Rapids, MI: William B. Eerdmans, 2014); Van Huyssteen, J.W., *Alone in the World? Human Uniqueness in Science and Theology* (Grand Rapids, MI: William B. Eerdmans, 2006); Deane-Drummond, C., and Fuentes, A., "Human being and becoming: situating theological anthropology in interspecies relationships in an evolutionary context," *Philosophy, Theology and the Sciences* 1 (2014): 5.

37. See, for example, Deane-Drummond, C., "Beyond Separation or Synthesis: Christ and Evolution as Theodrama," in *Darwin in the 21st Century: Nature, Humanity and God,* ed. P.R. Sloan, G. McKenny, and K. Eggleson (South Bend, IN: University of Notre Dame Press, 2015); Van Huyssteen, J.W., *Alone in the World? Human Uniqueness in Science and Theology* (Grand Rapids, MI: William B. Eerdmans, 2006).

38. Van Huyssteen, J.W., *Alone in the World? Human Uniqueness in Science and Theology* (Grand Rapids, MI: William B. Eerdmans, 2006).

39. See, for example, Decety, J., et al., "The negative association between religiousness and children's altruism across the world," *Current Biology* 25 (2015): 2951–2955; Galen, L.W., "Does religious belief promote prosociality? A critical examination," *Psychological Bulletin* 138 (2012): 876–906; Sablosky, R., "Does religion foster generosity?" *Social Science Journal* 51 (2014): 545–555.

....

第十章　艺术的翅膀

1. "Art" in OxfordDictionaries.com, accessed July 21, 2016, http://www.oxforddictionaries.com/us/definition/american_ english/art.

2. "Art" in *Merriam-Webster's Collegiate Dictionary Online*, accessed July 20, 2016, http://www.merriam-webster.com/dictionary/art.

3. Popova, M., "What is Art? Favorite Famous Definitions, from Antiquity to Today," *Brain Pickings*, accessed July 20, 2016, https://www.brainpickings.org/2012/06/22/what-is-art/.

4. Knight, K., and Schwarzman, M., *Beginner's Guide to Community-Based Arts* (Los Angeles: New Village Press,

2005).

5. Mithen, S., *Creativity in Human Evolution and Prehistory* (London: Routledge, 1998).

6. Carey, B., "Washoe, a Chimp of Many Words, Dies at 42," *The New York Times*, November 1, 2007, http://www.nytimes.com/2007/11/01/science/01chimp.html.

7. Fouts, R., and Mills, S.T., *Next of Kin: My Conversations with Chimpanzees* (New York: William Morrow, 1998).

8. For a good overview, see Boxer, S., "It Seems Art Is Indeed Monkey Business," *The New York Times*, November 8, 1997, http://www.nytimes.com/1997/11/08/arts/it-seems-art-is-indeed-monkey-business.html.

9. Kelley, L.A., and Endler, J.A., "Male great bowerbirds create forced perspective illusions with consistently different individual quality," *Proceedings of the National Academy of Sciences* 109 (2012): 20980–20985.

10. For a range of the philosophical, literary, and other academic takes on this topic, see Umberto Eco's books *The History of Beauty* (Rome: Rizzoli, 2004) and *On Ugliness* (Rome: Rizzoli, 2007); Scrunton, R., *Beauty: A Very Short Introduction* (Oxford: Oxford University Press, 2011); Cahn, S.M., and Meskin, A.,

Aesthetics: A Comprehensive Anthology (New York: Blackwell, 2007).

11. 赭 石 是 一 种 颜 料。Hiscock, P., "Learning in lithic landscapes: a reconsideration of the hominid 'toolmaking' niche," *Biological Theory* 9 (2014): 27–41; Sterelny, K., and Hiscock, P., "Symbols, signals, and the archaeological record," *Biological Theory* 9 (2014): 1–3.

12. Vaesen, K., "The cognitive bases of human tool use," *Behavioral and Brain Sciences* 35 (2012): 203–218.

13. McPherron, S.P., "Handaxes as a measure of the mental capabilities of early hominids," *Journal of Archaeological Science* 27 (2000): 655–663, Mithen, S., "Social Learning and Industrial Variability," in *The Archaeology of Human Ancestry*, ed. J. Steele and S. Shennan, 207–229 (London: Routledge, 1996).

14. See, for example, Pope, M., Russel, K., and Watson, K., "Biface form and structured behaviour in the Acheulean," *Lithics: The Journal of the Lithic Studies Society* 27 (2006): 44–57.

15. Ibid.

16. Lycett, S.J., and Gowlett, J.A.J., "On questions surrounding the Acheulean 'tradition,' " *World Archaeology* 40 (2008): 295–315; Ashton, N., and White,

M.J., "Bifaces and Raw Materials: Flexible Flaking in the British Earlier Palaeolithic," in *From Prehistoric Bifaces to Human Behaviour: Multiple Approaches to the Study of Bifacial Technology,* ed. M. Soressi and H. Dibble, 109–123 (Philadelphia: University of Pennsylvania Museum of Archaeology and Anthropology, 2003); Wenban-Smith, F.F., "Handaxe typology and Lower Palaeolithic cultural development: ficrons, cleavers and two giant handaxes from Cuxton," in "Papers in Honour of R.J. MacRae," ed. M.I. Pope and K.D. Cramp, special issue, *Lithics: The Journal of the Lithic Studies Society* 25 (2006): 11–22; Wynn, T., and Tierson, F., "Regional comparisons of the shapes of later Acheulean handaxes," *American Anthropologist* 92 (1990): 73–84.

17. Pope, M.I., "Behavioural Implications of Biface Discard: Assemblage Variability and Land-Use at the Middle Pleistocene Site of Boxgrove," in *Lithics in Action: Lithic Studies Society Occasional Paper No. 8,* ed. E. Walker, F.F. Wenban-Smith, and F. Healy, 38–47 (Oxford: Oxbow Books, 2004); Pope, M.I., and Roberts, M.B., "Observations on the Relationship Between Individuals and Artefact Scatters at the Middle Palaeolithic Site of Boxgrove, West Sussex," in *The Hominid Individual in Context: Archaeological Investigations of Lower and Middle Palaeolithic Landscapes,* ed. C. Gamble and M. Porr, 81–97 (London: Routledge, 2005).

18. Jaubert, J., et al., "Early Neanderthal constructions deep in Bruniquel Cave in southwestern France," *Nature* 534 (2016), http://www.nature.com/doifinder/10.1038/nature18291.

19. Carbonell, E., and Mosquera, M., "The emergence of a symbolic behaviour: the sepulchral pit of Sima de los Huesos, Sierra de Atapuerca, Burgos, Spain," *Comptes rendus palévol* 5 (2006): 155–160.

20. Watts, I., Chazan, M., and Wilkins, J., "Early evidence for brilliant ritualized display: specularite use in the Northern Cape (South Africa) between ~500 and ~300 Ka," *Current Anthropology* 57 (2016): 287–310.

21. Roebroeks, W., et al., "Use of red ochre by early Neandertals," *Proceedings of the National Academy of Sciences* 109 (2012): 1889–1894.

22. Bonjean, D., et al., "A new Cambrian black pigment used during the late Middle Palaeolithic discovered at Scladina cave (Andenne, Belgium)," *Journal of Archaeological Science* 55 (2015): 253–265.

23. Wiessner, P., "Style and social information in Kalahari San projectile points," *American Antiquity* 48 (1983): 253–276; Wiessner, P., "Reconsidering the behavioral basis for style: a case study among the Kalahari San," *Journal of Anthropological Archaeology* 3 (1984): 190–234.

24. Kissel, M., and Fuentes, A., "From Hominid to Human: The Role of Human Wisdom and Distinctiveness in the Evolution of Modern Humans," Philosophy, Theology and the Sciences 3, 2 (2016): 217–44.

25. Bar-Yosef Mayer, D.E., "Nassarius shells: preferred beads of the Palaeolithic," *Quaternary International* 390 (2015): 79–84.

26. Stiner, M.C., "Finding a common bandwidth: causes of convergence and diversity in Paleolithic beads," *Biological Theory* 9 (2014): 51–64.

27. Radovčić, D., et al., "Evidence for Neandertal jewelry: modified white-tailed eagle claws at Krapina," *PLOS ONE* 10 (2015), DOI: 10.1371/journal.pone.0119802.

28. Finlayson, C., et al., "Correction: birds of a feather: Neanderthal exploitation of raptors and corvids," *PLOS ONE* 7 (2012), DOI: 10.1371/annotation/5160ffc6-ec2d-49e6-a05b-25b41391c3d1.

29. Joordens, J.C.A., et al., "Homo erectus at Trinil on Java used shells for tool production and engraving," *Nature* 581 (2014): 228–231.

30. 可能很早就有人用灰尘或灰烬进行涂鸦了，但苦于没有时间机器，我们无法回到过去获得证据。

31. Hodgson, D., "Decoding the Blombos engravings, shell beads and Diepkloof ostrich eggshell patterns," *Cambridge Archaeological Journal* 24 (2014): 57–69.

32. Ingold, T., *Lines: A Brief History* (London: Routledge, 2007).

33. Bednarik, R.G., "A figurine from the African Acheulian," *Current Anthropology* 44 (2003): 405–413; Kissel, M., and Fuentes, A., "From Hominid to Human: The Role of Human Wisdom and Distinctiveness in the Evolution of Modern Humans," *Philosophy, Theology and the Sciences* 3, 2 (2016): 217–44.

34. Porr, M., and de Kara, M., "Perceiving Animals, Perceiving Humans. Animism and the Aurignacian Mobiliary Art of Southwest Germany," in *Forgotten Times and Spaces: New Perspectives in Paleoanthropological, Paleoetnological and Archeological Studies,* 1st ed., ed. S. Sázelová, M. Novák, and A. Mizerová, 93–302 (Brno: Institute of Archeology of

the Czech Academy of Sciences; Masaryk University, 2015).

35. Adovasio, J.M., Soffer, O., and Page, J., *The Invisible Sex: Uncovering the True Roles of Women in Prehistory* (Washington, DC: Smithsonian Press, 2007).

36. McDermott, L., "Self-representation in Upper Paleolithic female figurines," *Current Anthropology* 37 (1996): 227–275.

37. Henshilwood, C.S., et al., "A 100,000-year-old ochre-processing workshop at Blombos Cave, South Africa," *Science* 334 (2011): 219–222.

38. Villa, P., et al., "A milk and ochre paint mixture used 49,000 years ago at Sibudu, South Africa," *PLOS ONE* 10 (2015): e0131273, DOI: 10.1371/ journal.pone.0131273.

39. Aubert, M., et al., "Pleistocene cave art from Sulawesi, Indonesia," *Nature* 514 (2014): 223–227.

40. Pike, A.W.G., et al., "U-series dating of Paleolithic art in 11 caves in Spain," *Science* 336 (2102): 1409–1413.

41. Visit "The Cave of Altamira," Museo de Altamira, accessed July 20, 2016, http://en.museodealtamira.mcu.es/ Prehistoria_ y_ Arte/la_ cueva.html; or, better yet, visit Altamira in person.

42. Ibánez, J.J., González-Urquijo, J.E., and Braemer, F., "The human face and the origins of the Neolithic: the carved bone wand from Tell Qarassa North, Syria," *Antiquity* 88 (2014): 81–94; Kuijt, I., "The regeneration of life: Neolithic structures of symbolic remembering and forgetting," *Current Anthropology* 49 (2008): 171–197; Kuijt, I., "Constructing the Face, Creating the Collective: Neolithic Mediation of Personhood," in *Verbs, Bones, and Brains: Interdisciplinary Perspectives on Human Nature*, ed. A. Fuentes and A. Visala (South Bend, IN: University of Notre Dame Press, 2017); see also Hodder, I., "An Archeology of the Self: The Prehistory of Personhood," in *In Search of Self: Interdisciplinary Perspectives on Personhood,* ed. J.W. van Huyssteen and E.P. Wiebe (Grand Rapids, MI: William B. Eerdmans, 2011), 50-69.

43. Mithen, S., *The Singing Neanderthals: The Origins of Music, Language, Mind and Body* (Cambridge, MA: Harvard University Press, 2007).

44. Mithen, S., "Overview," *Cambridge Archaeological Journal* 16 (2006): 1, 97–100.

45. See commentaries by Clive Gamble, Ian Morley, Allison Wray, and Maggie Tallerman in "Review Feature: The

Singing Neanderthals," *Cambridge Archaeological Journal* 16 (2006): 97–112.

46. Sheets-Johnstone, M., *The Primacy of Movement* (Amsterdam: John Benjamins, 1998).

47. Donald, M., *A Mind So Rare: The Evolution of Human Consciousness* (New York: W. W. Norton, 2001).

48. Higham, T., et al., "Testing models for the beginnings of the Aurignacian and the advent of figurative art and music: the radiocarbon chronology of Geißenklösterle," *Journal of Human Evolution* 62 (2012): 664–676.

49. You can hear a clay replica of the early flutes played here: Jones, J., "Hear the World's Oldest Instrument, the 'Neanderthal Flute,' Dating Back Over 43,000 Years," Open Culture, February 10, 2015, accessed July 20, 2016, http://www.openculture.com/2015/02/hear-the-worlds-oldest-instrument-the-neanderthal-flute.html.

. . . .

第十一章　科学架构

1. "Toothbrush Beats Out Car and Computer as the Invention Americans Can't Live Without, According to Lemelson-MIT Survey," MIT News, January 21, 2003, http://news.mit.edu/2003/lemelson.

2. See the peer-reviewed *Internet Encyclopedia of Philosophy* for details on Thales and many other aspects of philosophical history and theory: O'Grady, P., "Thales of Miletus (c. 620 B.C.E.– c. 546 B.C.E.)," *Internet Encyclopedia of Philosophy,* accessed December 18, 2015, http://www.iep.utm.edu/thales/.

3. Check out the European Space Agency's gravity pages: "Science," European Space Agency Earth Online, accessed July 20, 2016, https://earth.esa.int/web/guest/missions/esa-operational-eo-missions/goce/science.

4. Kaplan, S., "Einstein Predicted Gravitational Waves 100 Years Ago. Here's What It Took to Prove Him Right," *The Washington Post,* February 12, 2016, https://www.washingtonpost.com/news/morning-mix/wp/2016/02/12/einstein-predicted-gravitational-waves-100-years-ago-heres-what-it-took-to-prove-him-right/.

5. See "How Old Is the Universe?," National Aeronautics and Space Administration (NASA), accessed December 18, 2015, http://map.gsfc.nasa.

gov/universe uni_age.html.

6. "Science," in *Merriam-Webster's Collegiate Dictionary Online,* accessed July 20, 2016, http://www.merriam-webster.com/dictionary/science.

7. "Our Definition of Science," The UK Science Council, accessed July 20, 2016, http://www.sciencecouncil.org/ definition.

8. Both the Asimov and Lévi-Strauss quotes come from a great compilation of definitions and thoughts about science put together by the author and blogger Maria Popova in her blog *Brain Pickings*: Popova, M., "What Is Science? From Feynman to Sagan to Asimov to Curie, an Omnibus of Definitions," *Brian Pickings*, accessed July 20, 2016, https://www.brainpickings.org/2012/04/06/what-is-science/.

9. Hunt, G.R., and Gray, R.D., "Diversification and cumulative evolution in New Caledonian crow tool manufacture," *Proceedings of the Royal Society of London B* 270 (2003): 867–874.

10. Boesch, C., et al., "Is nut cracking in wild chimpanzees a cultural behaviour?" *Journal of Human Evolution* 26 (1994): 325–338.

11. Braun, David R., et al., "Oldowan behavior and raw material transport: perspectives from the Kanjera Formation," *Journal of Archaeological Science* 35 (2008): 2329–2345.

12. Morgan, T.J.H., et al., "Experimental evidence for the co-evolution of hominin tool-making teaching and language," *Nature Communications* 6 (2015): 6029, DOI: 10.1038/ ncomms7029; Stout, D., "Stone toolmaking and the evolution of human culture and cognition," *Philosophical Transactions of the Royal Society B* 366 (2011): 1050–1059; Sterelny, K., and Hiscock, P., "Symbols, signals, and the archaeological record," *Biological Theory* 9 (2014): 1–3.

13. Conard, N.J., et al., "Excavations at Schöningen and paradigm shifts in human evolution," *Journal of Human Evolution* 89 (2015): 1–17.

14. See "The Monkey and the Hunter," American Physical Society: Physics Central, June 20, 2013, accessed July 20, 2016, http://www.physicscentral.com/ explore/action/monkey-hunter.cfm; and Wolfe, J., "The Monkey and the Hunter," Physclips, accessed July 20, 2016, http:// www.animations.physics.unsw.edu.au/jw/ monkey_hunter.html, for examples and the math.

15. 其他动物能够理解该公式的基本原理（例如，弓箭鱼能以一定的角度吐水，将昆虫冲入池塘并捕获，详见 http://www.wired.com/2013/11/archerfish-physics/)，但没有动物能将其应用于很多物体，并通过修整物体来进行投掷，从而最终得出该基本公式的全部应用条件。只有我们人类的祖先做到了这一点。

16. See Ehryk, "How to calculate the velocity needed for a rocket to get to a L1 point (escape a body without orbiting)?" Physics, Stack Overflow, March 19, 2014, accessed July 20, 2016, http://physics.stackexchange.com/questions/104337/how-to-calculate-the-velocity-needed-fo r-a-rocket-to-get-to-a-l1-point-escape-a; and Pettit, D., "The Tyranny of the Rocket Equation," for NASA, May 1, 2012, accessed July 20, 2016, http://www.nasa.gov/mission_ pages/station/expeditions/expedition30/tryanny.html.

17. Wadley, L., Hodgskiss, T., and Grant, M., "Implications for complex cognition from the hafting of tools with compound adhesives in the Middle Stone Age, South Africa," *Proceedings of the National Academy of Sciences* 106 (2009): 9590–9594.

18. Wynn, T., "Hafted spears and the archaeology of mind," *Proceedings of the National Academy of Sciences* 106 (2009): 9544–9545.

19. Wadley, L., Hodgskiss, T., and Grant, M., "Implications for complex cognition from the hafting of tools with compound adhesives in the Middle Stone Age, South Africa," *Proceedings of the National Academy of Sciences* 106 (2009): 9590–9594.

20. Sussman, R., *The Myth of Race* (Cambridge, MA: Harvard University Press, 2015); Marks, J., *Why I Am Not a Scientist* (Berkeley: University of California Press, 2009).

21. Like Nicholas Wade's repugnant book: *A Troublesome Inheritance: Genes, Race and Human History* (New York: Penguin, 2014).

22. From Maria Popova in her blog *Brain Pickings*: Popova, M., "What Is Science? From Feynman to Sagan to Asimov to Curie, an Omnibus of Definitions," *Brain Pickings*, accessed July 20, 2016, https://www.brainpickings.org/2012/04/06/what-is-science/.

23. Senior Adviser for Program Innovation for the U.S. National Endowment for the Arts, O'Brien, B., "The Imagine Engine at the Intersection of Science and Art," Live Science, January 3, 2014, accessed July 20, 2016, http://www.livescience.com/42320-intersection-science-art.html.

. . . .

尾 声 创新人生的节拍

1. Montagu, A., *The Human Revolution* (New York: John Wiley & Sons, 1965): 2–3.

2. King, Martin Luther, Jr., "I Have a Dream" (speech, March on Washington for Jobs and Freedom, Washington, DC, August 28, 1963).

3. David Giffels, *The Hard Way on Purpose: Essays and Dispatches from the Rust Belt* (New York: Scribner, 2014).

4. Myre, G., "On Fifth Try, Diana Nyad Completes Cuba-Florida Swim," NPR.org, September 2, 2013, http://www.npr.org/sections/thetwo-way/2013/09/02/218207861/diana-nyad-in-homestretch-of-cuba-florida-swim.

5. Bloch, H., "Failure Is an Option," *National Geographic*, September 2013, http://ngm.nationalgeographic.com/2013/09/famous-failures/bloch-text.

6. 美国农业部将食物沙漠定义为"缺乏新鲜水果、蔬菜和其他健康食品的地区，通常为贫困地区。这主要是由于缺乏杂货店，市场和健康的食品供给"。("USDA Defines Food Deserts," *Nutrition Digest*, American Nutrition Association, 38 (1), accessed July 20, 2016, http://americannutritionassociation.org/newsletter/usda-defines-food-deserts.)

7. Noble, Kimberly G., et al., "Family income, parental education and brain structure in children and adolescents," *Nature Neuroscience* 18 (2015), http://www.nature.com/doifinder/10.1038/nn.3983.

8. Ballard, O., and Morrow, A.L., "Human milk composition: nutrients and bioactive factors," *Pediatric Clinics of North America* 60 (2013): 49–74, DOI: 10.1016/j.pcl.2012.10.002.

9. Wanjek, C., "Reality Check: 5 Risks of a Raw Vegan Diet," *Scientific American*, January 16, 2013, http://www.scientificamerican.com/ article/reality-check-5-risks-of/.

10. "Diarrhoeal Disease," Fact Sheet n. 330, World Health Organization, April 2013, http://www.who.int/mediacentre/factsheets/fs330/en/.

11. DeNoon, Daniel J., "7 Rules for Eating," WebMD, March 23, 2009, http://www.webmd.com/food-recipes/20090323/7-rules-for-eating.

12. 如果食品中有5—7种成分，可能是人为加工的；如果食品中有2种以上的成分是人造化学品，那它就是深加工食品。

13. See this overview from the World

Wildlife Fund: "Overfishing," World Wildlife Fund, accessed July 20, 2016, http://www.worldwildlife.org/threats/overfishing.

14. 详见第八章。

15. The BioAnthropology News Facebook group page is a terrific place to start (https://www.facebook.com/groups/BioAnthNews/).

致　谢

我要向我的妻子，黛维·斯奈维利（Devi Snively）致以最诚挚的感谢。如果没有她的支持、反馈、评论、编辑、质疑、见解和陪伴，就不会有本书和我的事业。我还要向我的父母、兄弟姐妹、亲朋好友致以一生的诚挚谢意，是他们一次又一次地向我们说明了社区与关怀的意义，他们也向我证明了教学的价值。我还想感谢我的犬科家人，它们从我的童年时光起就向我展示了其他物种的重要性。

过去 10 年中，同事、学生和朋友们在与我的来往中询问了许多极具见解的问题，这些挑战让我可以更加有效地思考和解释，本书内容也尤其受到了这些互动的影响。参与这一过程的人不胜枚举，我无法一一列出姓名。在这里我要列出一些直接影响到我的某些思考、研究或写作方面的简要名单，他们与对本书写作尤为相关。我确信自己肯定会由于疏漏一些人，并为此表示诚挚的歉意。我还确信本书肯定存在谬误之处，我对所有不当之处全权负责。

我要感谢（排名不分先后）：Jim McKenna、Joanne Mack、Marc Kissel、Celia Deane-Drummond、Susan Blum、Christopher Ball、Lee Gettler、Greg Downey、Daniel Lende、Katherine C. MacKinnon、Christina Campbell、Rebecca Stumpf、Julienne Rutherford、Michelle Bezanson、Libby Cowgill、Jon Marks、Sue Sheridan、Maurizio Albahari、John Hawkes、Milford Wolpoff、Rachel Caspari、Karen Rosenberger、Karen Strier、Robert Sussman、Paul Garber、Tim Ingold、

Adam van Arsdale、Matthew Piscatelli、John Terrel、Mark Golitko、Harry Greene、Rahul Oka、Vania Smith-Oka、Ian Kuijt、Meredith Chesson、Deborah Rotman、Natalie Porter、Catherine Bolton、Carolyn Nordstrom、Alex Chavez、Patrick Gaffney、Donna Glowacki、Hope Hollocher、Mark Hauser、Douglas Fry、Eben Kirksey、Carolyn Rouse、Susan Anton、Leslie Aiello、Laurie Obbink、Polly Wiessner、James Calcagno、Ian Tattersall、Philip Sloan、Thomas Tweed、Richard Sosis、Aku Visala、Erin Riley、Lisa Jones-Engel、Michael Gumert、Michael Alan Park、Jan Beatty、Oliver Davies、Kevin Laland、Jeremy Kendall、Cordelia Fine、Peter Richerson、Mary Shenk、Luis Vivanco、Robert Welsh、Walter Rushton、Barbara Harvey、Eugene Halton、Cliff Shoults、Ken Dusek、Rita Haake、Walt Haake、Sarah Coakley、James Loudon、Michaela Howels、Nicholas Malone、Anne Kwiatt、Amy Klegarth、Kelly Lane、Jeffrey Peterson、Amanda Cortez、Rieti Gengo、Angela Lederach、Julia Feder、Adam Willow、Becky Artinian-Kaiser、Marcus Baynes-Rock、Felipe Fernandez-Armesto、Wentzel van Huyssteen、Patrick Bateson、Kim Sterelny、Dietrich Stout、Jan-Olav Henrickson、Markus Muehling、Eugene Rogers、William Storrer、Robin Lovin、Conner Cunningham、Ripan Malhi、Neil Arner、Grant Ramsey、Dominic Johnson、Andrew Whiten。

我要特别感谢泰鼎的 Milissa Flashman，她从这个项目一开始就看到了可能性，并且同我合作，对我充满信心。我还要感谢 Emily Loose，她在本书的计划过程中帮助我修正词句、概念、细节等方面。我要永远感谢达顿的 Stephen Morrow，他帮助我界定、设计、发展了这个项目，让它从一个好主意变成你们现在手中的这本书。我还想要衷心地感谢达顿的其他人，他们帮助我让这本书得以付梓，特别是 Eileen Chetti（审稿），Alice Dalrymple 和 Madeline Newquist。